KB102825

21세기에 들[illegible] 세먼지, 생물다양성 감[illegible]고 있다. 특히 기상이변과 지[illegible] 위기는 인류의 생존을 위협하는 재앙 수준에 이르렀다. 사람들은 누가 무엇을 잘못했기에 내가 이런 불편과 피해를 겪어야 하냐며 분노하고 하소연한다. 그러나 환경 문제가 발생하는 연결고리를 살펴보면 우리는 피해자인 동시에 환경 파괴의 원인을 제공하는 가해자이기도 하다.

UN 산하 IPCC의 〈지구온난화 1.5℃ 특별보고서〉에 따르면 지구의 평균 온도 상승을 1.5℃ 내로 억제하기 위해서는 2010년과 비교해서 2030년까지 이산화탄소 배출량을 적어도 45% 정도 줄이고, 2050년까지는 배출량과 흡수량이 상쇄되는 순 배출 '0'인 탄소중립에 도달해야 한다. 하지만 탄소 배출을 줄여 기후를 안정화시키는 것은 간단치 않으며, 또한 많은 불편과 비용을 감수해야 하는 일이다. 관련 과학 기술에 진전이 있어야 하고, 경제와 산업에 부담이 늘며 일상생활 등에서도 친환경적인 행동이 선행되어야 한다.

2021년 ㈔한국산림과학회는 '산림탄소중립위원회'를 구성하여 숲을 통해 탄소중립에 기여하기 위해 전문가들의 지혜를 모으는 활동을 하였다. 그 내용을 모아 세상에 《산림탄소경영의 과학적 근거》라는 이름으로 선보인다. 이 책에서 다룬 기후변화, 탄소중립, 산림, 산림탄소경영 등의 내용이 숲의 보전과 이용에 대한 사회 갈등을 해소하고 탄소중립으로 가는 길에 길라잡이가 되기 바란다. 아울러 우리나라가 국제사회에서 나무와 숲을 온실기체 흡수원으로 활용하며 기후변화 적응을 선도하는 모범국이 되기 기대한다.

공우석 경희대학교 지리학과 교수

우리는 지금 탄소중립 시대에 살고 있다. 기후변화가 가져다준 피해를 극복하려면 21세기 중반까지 탄소중립을 달성해야 한다는 것이 과학자들의 중론이다. 우리나라를 비롯하여 OECD 회원국과 G20 회원국 대부분이 탄소중립을 선언했으며 이를 달성하기 위한 법제화도 추진하고 있다. 이제 탄소중립이 세계적인 흐름이 되었다. 산림은 탄소중립 달성에 기여할 수 있는 잠재력이 높은 것으로 제시된다. 산림은 이산화탄소를 흡수하는 역할뿐만 아니라 레저, 식량, 주거 등의 서비스를 제공한다. 특히 생물다양성의 측면에서 산림의 중요성이 매우 높은 것으로 알려져 있다. 최근 우리나라의 탄소중립 달성을 위한 산림의 역할에 대해 논란이 있었다. 이런 여건에서 ㈔한국산림과학회가 '산림탄소중립위원회'를 구성하여 산림의 역할을 과학적인 측면에서 논의하는 과정을 진행하고 그 결과를 책으로 발간한 것은 매우 고무적인 일이다. 총 7개의 장으로 구성된 이 책은 일반인들도 쉽게 이해할 수 있도록 전문 용어를 쉽게 풀어서 제공하고 있다. 탄소중립에 기여할 수 있는 산림의 잠재력에 과학적으로 접근함으로써 산림의 중요성을 사회에 알릴 수 있는 좋은 자료라고 판단된다.

노동운 한국기후변화학회 회장

북극곰의 터전이 사라지고 있다는 이야기나 남태평양의 투발로섬이
바닷속으로 가라앉고 있다는 소식을 들으며 동화처럼 여기던 시절이
있었다. 그런데 집중 호우와 대형 산불 등 이상기후로 인한 피해를
직접 겪으며 기후변화가 더 이상 남의 이야기가 아님을 알게 되었다.
이제 시민들도 기후변화가 아니라 기후위기라는 말을 사용하는
취지에 공감하며 우리도 무언가 행동을 취해야 한다고 느끼게 되었다.
탄소중립이라는 용어가 어느덧 익숙해졌고, 산림이 탄소중립과 관계가
깊다는 것도 어렴풋이 알게 되었다. 하지만 탄소경영, 탄소중립이라는
용어는 여전히 낯설다. 전문가들 사이에서도 다소 생소한 용어이며
일반 국민이 이해하기에는 어려운 단어이다.
이러한 여건에서 학자들만이 아니라 국민들도 이해할 수 있도록
탄소경영에 대하여 설명하고자 노력한 결실이 세상에 얼굴을 드러내게
되었다. 숲이 탄소와 어떤 관계가 있으며, 숲을 어떻게 다루는 것이
기후위기 대응에 도움이 되는지 설명하는 글이 집대성된 것이다. 물론
필자들이 밝힌 것처럼 누구나 이해하기 쉬운 수준까지 잘 정리된
것이라 하기는 어렵다. 하지만 특정 전문가들의 전유물이 아니라 여러
독자들과 공유하려는 마음을 담은 흔적이 충분히 드러나는 책이다.
이 책에서 설명하는 기후변화와 탄소, 산림, 산림관리 방식 등의
내용은 현재와 미래를 아우르는 조화의 머릿돌이 될 것으로 여겨진다.
산림 분야가 기후위기 타개에 중요한 역할을 하는데 산림탄소경영의
교과서적인 이 책이 도움이 되리라 믿는다. 또한 이 책을 토대로
기후변화와 관련한 산림의 역할에 대한 논의가 더 발전적으로 전개되고
나아가 지구촌이 지속가능한 사회가 되는데 이 책이 크게 기여할 수
있기를 기대한다.

박현 국립산림과학원장

우리는 이제 기후위기 시대를 살고 있다. 기후위기는 바로 지금 여기에서 우리 모두가 겪는 문제가 되었다. 국제사회는 기후위기 대응을 위해 파리협정과 글래스고 기후합의를 통해 지구의 평균 온도가 산업화 이전에 비해 1.5℃보다 더 높아지지 않도록 합의하고 21세기 중반까지 탄소중립을 달성하기로 하였다. 탄소중립이란 이산화탄소 배출은 최대한 줄이고 흡수는 최대한 늘려서 순 배출량이 '0'이 되는 상태를 말한다. 배출을 아무리 줄이더라도 '0'으로 할 수는 없기에 흡수원 확대가 절대적으로 중요하다. 탄소 흡수에서 중추적인 역할을 하는 것은 바로 산림이다. 산림은 탄소 흡수원으로서만이 아니라 생물다양성이나 산사태 방지, 홍수 예방, 여가와 치유, 경관, 목재 자원 활용에 이르기까지 너무나 다양한 역할을 한다. 그렇기 때문에 산림에 대한 시각이나 강조하는 역할이 논자에 따라 다를 수 있다. 그래서 중요한 것이 과학적 사실이다. 여전히 더 많은 조사 연구가 필요하겠지만 과학적 근거를 가지고 사회적 대화와 합의가 이루어지고 그에 기초해서 지속가능한 산림탄소경영이 이루어져야 한다. 이 책은 바로 이러한 사회적 필요를 채워주는 귀한 출발점이 될 것이다. 이 한 권의 책이 모든 걸 충분히 담아낼 수 없겠지만 건강한 사회적 논의를 위한 친절한 길라잡이가 될 것으로 기대한다.

윤순진 서울대학교 환경대학원 교수, 2050 탄소중립위원회 민간공동위원장

기후위기 대응 탄소중립 시대

산림탄소경영의 과학적 근거

일러두기

1. 맞춤법과 외래어 표기법은 국립국어원의 용례를 따랐다.
   다만 전문 용어의 경우 연구서나 논문에서 통용되는 방식을 따랐다.
   또한 출처와 자료의 외국 인명과 외국 지명은 국문을 병기하지 않고
   원어 그대로 썼다.
2. 본문에서는 단행본은 겹화살괄호(《 》)를, 보고서와 논문, 법은
   홑화살괄호(〈 〉)를 썼다. 프로젝트나 사업명은 작은 따옴표(' ')를 썼다.
3. 나무의 학명은 이탤릭체로 표기했다.

기후위기 대응 탄소중립 시대

산림탄소경영의 과학적 근거

이우균 김영환 민경택 박주원 서정욱 손요환 우수영 이경학 이창배 최솔이 최정기

지을

차례

들어가는 글:

기후변화의 영향에서 예외인 지역도, 자유로운 사람도 없다. 지금과 같은 화석연료 기반의 삶은 지속가능할 수 없으며, 일상부터 산업까지 대전환이 필요하다. 국제사회는 이미 2015년, 산업화 이전 대비 지구의 평균 온도 상승을 1.5℃ 이내로 유지하는 것을 목표로 하는 파리협정(신기후체제)에 합의했다. 그리고 2020년, 파리협정의 목표를 달성하기 위해 2050년까지 이산화탄소 배출량과 흡수량이 균형을 이루는 '순 배출 0'을 달성하는 탄소중립carbon neutral에 도달할 것을 선언했다. 이러한 국제사회의 움직임에 따라 우리나라도 2021년, 탄소 흡수원으로서 중요한 역할을 하는 산림에 대한 탄소중립 계획을 발표했다. 그리고 산림탄소중립계획에 대한 다양한 사회적 이견이 드러났다.

이에 ㈔한국산림과학회에서는 산림탄소중립위원회를 꾸려 이 계획에 대한 사회적 논란을 과학적 사실로 규명하고자 하였다. 산림탄소와 관련한 논문, 보고서 등의 과학적 연구를 조사하고 분석하여 몇 가지 쟁점에 대한 과학적 사실을 전달하는 것이 위원회의 역할이었다.

이 책은 산림탄소중립위원회의 활동으로 발간된 보고서 〈산림탄소경영의 과학적 근거〉를 보다 체계적이고 읽기 편하도록 다듬은 것이다. 총 7장으로 구성된 이 책은 기후변화라는 인류 공통의 위기와 그를 해결하려는 다양한 노력에 대한 설명으로 시작해 기후변화가 산림에 미치는 영향과 기후변화에 대응하는 산림관리에 대해 주제를 좁혀가며 과학적인 사실 중심으로 접근하고 있다.

1장 '기후변화-탄소중립-산림'에서는 기후변화가 초래하는 위기 현상과 대응 방안을 국제사회와 국내의 노력 양측에서 살펴본다. 이를 통해 기후변화는 변화 현상을 넘어 인류의 지속성을 위협하는 위험 단계에 이르렀으며, 이를 극복하려면 탄소중립과 같은 획기적 전환이 있어야 한다는 것을 확인한다. 산림은 이산화탄소를 흡수하여 탄소 형태로 저장하고, 탄소가 저장된 나무는 탄소를 많이 배출하는 소재를 대체함으로써 탄소중립에 기여할 수 있다. 1장에서는 이 같은 과학적 사실을 전달하며 이산화탄소 흡수원이자 저장고이며 대체재인 산림을 관리하기 위한 산림탄소계정의 필요성을 소개한다.

2장 '산림을 위협하는 기후변화'는 기후변화가 산림생장과 이산화탄소 흡수량을 감소시킨다는 것을 밝힌 다양한 연구 결과를 소개하는 것으로 시작한다. 또한 기후변화의 영향으로 우리나라에서는 침엽수가 점차 쇠퇴하는 반면, 참나무류 등의 활엽수와 아열대 수종이 증가하는 현상을 증명한 연구 결과들을 소개한다. 이러한 생장 쇠퇴와 수종 변화 외에도 기후변화가 산림 내에서 산사태, 산불, 병해충 피해 등의 산림재해도 증가시키는 심각성도 다룬다.

이어지는 3장 '탄소를 흡수하는 산림'에서는 나무와 산림은 나이 들수록 생장량이 감소하며, 이산화탄소 흡수량도 감소한다는 국내외의 연구 결과를 소개하면서 우리나라 산림의 나이는 생장이 줄어드는 단계에 있다는 것을 지적한다. 이러한 현상을 극복하려면 나무의 나이를 고루 분포하게 하는 산림경영 전략이 필요하며, 산림을 보다 적극적으로 관리함으로써 산림 나이에 따른 생장량과 이산화탄소 흡수량 감소 현상을 막을 수 있다는 연구 결과들을 소개한다. 그리고 이러한 산림관리는 ICT 기반의 산림탄소 통계 시스템으로 통합되어야 한다는 필요성을 언급하며 장을 마무리한다.

4장 '탄소를 저장하는 산림'에서는 산림은 탄소 저장고인 동시에 다양한 생태계 서비스를 제공한다는 사실을 소개한다. 그리고 산림관리를 통해 산림의 생물종 다양성, 수자원 함양 능력, 탄소 흡수 및 저장량, 생태계 다기능성 등의 산림생태계 서비스를 유지하고 증진시킬 수 있다는 과학적 사실을 국내외 다양한 논문을 통해 밝히고 있다.

탄소를 저장한 나무를 목재제품으로 만들어 오래 쓰면 탄소를 많이 배출하는 제품을 대체할 수 있으므로 이산화탄소 배출을 줄이는 데 기여할 수 있다. 5장 '목재제품의 대체효과'에서는 이와 같은 대체재로서 목재의 역할을 소개한다. 그런데 우리나라 산림은 나이 분포, 나무 종류, 소유 구조 및 규모, 국산 목재의 이용 현황 등 여러 측면에서 이러한 대체재 역할을 하기에 한계가 있다는 점도 지적한다. 한편, 일본의 사례를 보면서 우리나라에서 산림탄소 순환경제의 가능성을 제시한다.

6장 '산림탄소계정'은 흡수원-저장고-대체재로서 산림의 역할이 기후변화에 관한 정부간 협의체IPCC 지침에 따라 산림탄소계정으로 평가되고 관리되어야 한다는 내용을 소개한다. 이 장에서는 일본과 우리나라의 산림탄소계정 관리 현황을 소개하면서 우리나라 산림탄소계정의 발전 방향을 제시한다. 즉, 온실가스 산정 수준과 면적 변화 파악 수준을 향상시키고, 산림조성부터 생산 및 소비까지 전 과정을 산림탄소 순환 시스템으로 관리해야 함을 지적하고 있다.

마지막 장인 7장은 '산림탄소경영을 위한 제언'이다. 이 장에서는 탄소중립을 위한 산림관리를 토지 기반의 임업을 통해 실행해야 함을 강조한다. 산림은 땅과 나무로 구성되므로 땅의 토지관리, 나무의 환경 관리 측면을 충분히 고려한 산림탄소경영으로 탄소중립 시대 산림의 역할을 찾아야 한다고 제언한다. 그러자면 적극적이고 포괄적이면서 과학적이고 부문간 시너지를 일으키는 사회 소통형 임업으로 전환이 불가피하다는 것을 지적하고, 탄소 흡수원이자 저장고인 산림과 대체재인 목재가 임업으로서의 지속성을 확보할 수 있는 정책적 지원도 반드시 필요하다는 내용으로 장을 마무리한다.

이 책의 취지는 뚜렷하다. 기후변화의 영향으로 우리나라의 산림에서 고산 침엽수는 쇠퇴일로이고 산불, 산사태, 병해충 피해는 늘고 있다. 또한 산림의 고령화로 생장량과 이산화탄소 흡수량이 줄어드는 단계에 있으며, 산림생태계 기능이 저하되기도 한다. 이대로 간다면 탄소중립은 물론 산림의 생태계 서비스마저도 제대로 발휘되지 못할 것이라는 과학적 사실을 알아야 한다는 것이다. 이 책에서는 이러한 한계를 토지 기반의 과학적 임업을 통해 해결되어야 한다는 것을 강조하고 있다.

어렵게 쓰인 보고서를 책으로 다시 쓰면서 좀 더 읽기 쉽게 만들어 널리 알리고자 하였다. 각 장마다 등장하는 용어를 따로 정리하고 다양한 표와 도표 등으로 내용을 설명하고자 애를 썼으나 생각만큼 되지는 못한 것 같다. 우선 용어는 풀어 써도 어려웠고, 다양한 자료와 방법으로 도출된 연구 결과들을 일목요연하게 정리하는 데에도 분명 한계가 있었다. 그렇다고 검증된 과학적 사실들로 구성되는 교과서와 같은 책도 되지 못하였다. 그러나 연구서와 대중서 중간 지점에서 탄소중립과 생태계 서비스 등에 대한 산림의 역할에 대한 과학적 사실을 체계적으로 정리했다는 면에서는 가치가 있으리라 판단한다.

보고서 준비 단계부터 한 권의 책으로 엮이기까지, 여러 주제를 과학적 사실에 근거해 체계적으로 정리할 수 있도록 많은 분들이 손을 보태주셨다. 연구에 참여한 고려대학교 환경생태공학과의 석·박사 통합과정의 고영진·이정민·홍민아와 석사 과정의 장민주, 기후환경학과 석사 과정의 홍세기, 국민대학교 산림환경시스템학과 박사 과정의 심형석과 석사 과정의 이민기·이용주·이해인, 국립산림과학원 임종수·장윤성·한희 연구사, 경북대학교의 산림과학·조경학부의 박사 수료생 정건휘, 석사 류지연, 석사 과정의 권경원, 서울시립대학교 환경원예학과의 곽명자 연구교수와 박사 수료생 이종규, 석사 수료생 정수경, 충남산림환경연구소 김보미 연구사, 충북대학교 문화재과학협동과정 석사 과정의 이서윤, 평택대학교의 ICT융합학부 김문일 조교수께 감사의 말씀을 드린다. 무엇보다 연구를 후원해주신 산림청의 여러 담당관들께 감사의 인사를 드린다. 또한 본 책을 출판할 수 있도록 적극적인 지지와 도움을 주신 ㈔한국산림과학회에도 특별한 감사의 말씀을 드린다.

부디 이 책이 한 번 발행되는 것에서 그치지 않기를 바란다. 다양한 방식으로 개선되며 우리나라 산림을 토지 기반의 임업으로 지속가능하게 관리하는데 기여하는 것이 저자 일동의 바람이다. 이 책을 펼치는 이들의 수고가 또 다른 지속가능성의 시작일 것이다.

2022년 3월
대표 저자 이우균

1장 기후변화 —

탄소중립 —— 산림

글

이우균(고려대학교 환경생태공학과 교수)
서정욱(충북대학교 목재·종이과학과 교수)
최솔이(고려대학교 환경생태공학과 연구원)
민경택(한국농촌경제연구원 연구위원)
우수영(서울시립대 환경원예학과 교수)

기후변화는 더는 과학자들의 연구 주제 안에 머물지 않는다. 지금 여기에서 일어나는 일상이다. 해마다 세계 곳곳에서 폭염과 산불, 호우와 홍수, 산사태와 같은 이상 기상현상과 재해가 일어나고 있다. 기상 이변의 원인은 명백히 기후변화이다.

유엔기후변화협약UNFCCC▲, 기후변화에 관한 정부간 협의체IPCC▲▲ 등은 기후변화의 가장 큰 원인은 인간의 활동으로 인해 온실가스가 지속적으로 배출되는 것이라고 했다. 국제사회는 기후변화에 대응하고 나아가 이를 방지하기 위해 온실가스 배출 농도에 따른 기후변화 시나리오를 작성하고, 그에 따른 적응 및 감축 노력을 하고 있다. 온실가스 배출을 최대한 줄이고, 남은 온실가스는 흡수하고 제거함으로써 온실가스 배출량과 흡수량의 순 합계를 '0'으로 만드는 탄소중립을 향해 나아가고 있다.

산림은 유엔기후변화협약에서 인정하는 핵심 탄소 흡수원으로서 대기 중의 이산화탄소를 흡수하고 저장하는 능력이 크다. 따라서 산림을 유지 및 확대하고, 지속가능한 산림경영을 이행하고, 이런 활동을 산림탄소계정으로 관리하는 것은 기후변화 대응을 위한 탄소중립에 기여하는 길이다.

▲ 유엔기후변화협약(UNFCCC, The United Nations Framework Convention on Climate Change): 기후변화의 원인이 되는 온실가스 배출 억제를 목적으로 한 국제 협약. 지구온난화를 규제 및 방지하기 위해 1992년 브라질 리우데자네이루에서 체결되고 1994년에 발효되었다.

▲▲ 기후변화에 관한 정부간 협의체(IPCC, The Intergovernmental Panel on Climate Change): 기후변화에 대응하기 위해 1988년 설립된 UN 산하 국제기구.

1. 기후변화 시대

▲▲▲

지구온난화와 기후 재난

2020년 7월, 우리나라에서는 42일간 매일 비가 내렸고 기록적인 긴 장마는 홍수와 산사태로 이어졌다. 비단 우리나라만의 일이 아니다. 중국 허난성 지역에는 단 4일 만에 617.1mm의 호우가 쏟아졌고, 일본의 시즈오카현 역시 폭우로 인한 산사태를 겪었다.

이와 같은 이상 기상현상은 세계 곳곳에서 보고되고 있다. 2021년 여름만 살펴보아도 유럽에서는 1,000년 만에 기록적인 폭우가 발생했으며, 북미에서는 폭염이 길어지며 산불이 걷잡을 수 없이 번져갔다. 미국의 데스밸리 국립공원은 56.7℃, 캐나다 밴쿠버는 48.6℃까지 기온이 치솟았다. 영국에서도 처음으로 폭염주의보가 발령되었다. 시간을 거슬러 올라가면 자연재해의 모습을 한 기상이변 사례는 무수히 많다.

기후변화는 지구온난화에서 시작된다. 지구는 나날이, 급격히 더워지고 있다. 세계기상기구WMO, World Meteorological Organization에 따르면, 2015년에서 2019년 사이 전 지구의 평균 기온은 1850년에서 1900년 사이보다 1.1℃ 상승했다. 그리고 이 기간은 역사

그림 1-1 **1880년부터 2018년까지 전 지구 평균 기온 편차**

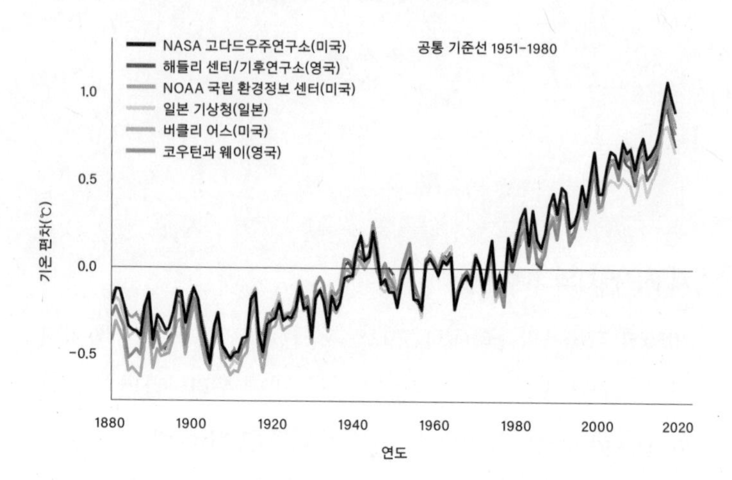

그림 1-2 **현재(1995~2014) 대비 2000~2100년의 동아시아 연평균 기온 변화(℃)**

(국립기상과학원, 2020)

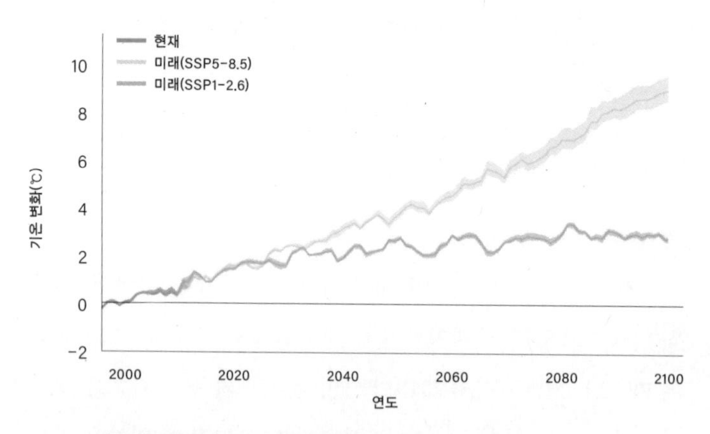

* 실선은 앙상블 평균값을, 음영은 4개 모델의 앙상블 범주를 의미한다.

상 가장 더운 5년으로 기록되었다.

우리나라도 온난화의 흐름에서 자유롭지 않다. 우리나라의 최근 30년 기온은 20세기 초(1912~1941년)보다 1.4℃ 상승했으며, 이런 흐름은 계속될 전망이다. 2020년 국립기상과학원은 SSP5-8.5▲ 시나리오에 따라 우리나라를 포함한 동아시아의 연평균 기온은 2040년까지 1.8℃(±0.1) 높아질 것이며, 이 같은 상승 추세는 점차 강해져 2081년에서 2100년에는 7.3℃(±0.4)까지 높아질 것이라 전망했다. 또한 동아시아의 강수량도 급증해 2041년에서 2060년이 되면 지금에 비해 7%(±5%), 2081년에서 2100년 무렵에는 20%(±12%) 증가할 것으로 예측하고 있다.

이는 예견된 일이었다. IPCC가 발간한 〈지구온난화 1.5℃ 특별 보고서〉(2018), 〈기후변화 및 토지에 관한 특별 보고서〉

▲ 공통사회 경제경로(SSP, Shared Socioeconomic Pathways): 〈IPCC 제5차 평가 보고서(AR5)〉(2014)에서 온실가스 감축의 사회적 필요성과 기후변화 영향에 대한 사회적 적응 부담을 반영하여 작성한 5개의 사회경제 시나리오를 의미한다. SSP는 인구, 경제, 토지이용, 에너지, 생태계, 자원 등의 미래 사회상으로 구성된다. 〈IPCC 제6차 평가 보고서(AR6)〉(2021)에서는 복사강제력 강도에 따른 미래 기후에 대한 예측 시나리오인 대표농도경로(RCP, 49쪽 참조) 시나리오의 개념과 통합되어 사회경제적 예측이 반영된 미래 기후 시나리오의 역할을 한다. 아래의 4개 표준 경로가 가장 많이 사용되며, 사회경제지표를 나타내는 첫 번째 숫자와 기준 복사강제력을 표현한 숫자로 표현된다.

- SSP1-2.6: 재생 에너지 기술 발달로 화석연료 사용이 최소화되고 친환경적으로 지속가능한 경제성장을 가정.
- SSP2-4.5: 기후변화 완화 및 사회경제 발전 정도가 중간 단계를 가정.
- SSP3-7.0: 기후변화 완화 정책에 소극적이며 기술 개발이 늦어 기후변화에 취약한 사회구조를 가정.
- SSP5-8.5: 산업 기술의 빠른 발전에 중심을 두어 화석연료 사용이 높고 도시 위주의 무분별한 개발 확대를 가정.

* IPCC는 〈제4차 평가 보고서〉(2007)부터 온실가스 감축 여하에 따른 기후변화를 예측하기 위한 시나리오를 발표하고 있다.

그림 1-3 **동아시아 지역의 SSP 시나리오에 따른 현재(1995~2014) 대비 2081~2100년의 평균 강수량 변화(%)** (국립기상과학원, 2020)

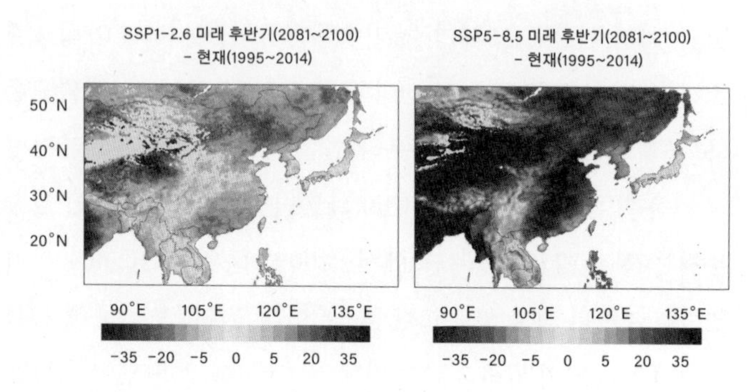

* 옅은 색은 강수량이 거의 없는 지역이며, 색이 짙어질수록 강수량이 많은 지역이다.

(2019)와 〈해양 및 빙권 특별 보고서〉(2019)는 전 지구적으로 기후변화가 가속화하고 있으며, 그로 인한 위험이 심화되고 있음을 강조하고 있다. 특히 〈지구온난화 1.5℃ 특별 보고서〉는 기상 및 기후변화가 인간을 포함한 전 지구 생태계에 직·간접적으로 영향을 미친다는 것을 상세하게 제시하고 있다. 하천과 연안에서 홍수가 발생하고, 농업의 작물 생산량과 저위도 지대의 소규모 어업, 관광업까지 거의 모든 산업 분야가 기후변화의 영향을 받는다. 또한 열에 의한 질병률과 사망률은 올라가고, 온대 수역의 산호초부터 맹그로브숲까지 지구의 모든 존재가 기후변화로 인해 심각한 위협을 받게 된 것이다.

지구온난화 방지의 핵심으로 꼽히는 산림 또한 거의 모든 측면에서 기후변화의 직접적인 영향을 받는다. 나무에 잎이 피고 지는 시기가 달라지는 등 계절에 따른 생물의 변화 양상이 달라지고, 장기적으로 고산지역의 침엽수종은 줄어드는 반면 난대수종은 북상하는 것과 같이 산림의 형태가 달라지기도 한다. 고온, 한파, 가뭄, 폭우, 우박, 태풍 등 혹독한 날씨로 인해 나무가 건강하게 자라지 못하고 병해충 피해를 입거나 빠르게 고사하기도 한다. 특히 기온 상승과 가뭄은 병해충과 산불 발생 위험도를 높여 산림의 2차 피해를 증가시키기도 한다. 기후변화로 인한 피해가 또 다른 피해를 부르며 증폭되는 것이다.

기후변화의 원인은 명백하다. 유엔기후변화협약에서는 '기후변화란 인간 활동에 의해 직접적 또는 간접적으로 전체 대기의 성분이 바뀌는 것과 비교 가능한 시간 동안 관찰된 자연적 기후 변동을 포함한다'고 정의한다. 기후변화에 관한 정부간 협의체는 2014년에 이미 기상 이변 및 연구 자료를 근거로 한 〈IPCC 제5차 평가 보고서(AR5)〉에서 '지구온난화는 명백히 진행되고 있으며, 인위적 온실가스GHGs, Green House Gases의 배출량 증가가 지구온난화의 주원인'이라고 선언하였다. 즉, 인간의 활동에 의한 지속적인 온실가스 배출이 기후변화를 심화시키는 가장 큰 원인이라는 것이다. 기후변화를 일으키는 온실가스에 대응하기 위해 IPCC는 온실가스 배출 농도에 따른 기후변화 시나리오를 작성하고 그에 따른 적응 및 감축에 대한 방향성을 제시하고 있다. 온실가스 배출량과 흡수량의 순 합계를 '0'으로 하는 탄소중립이 그것이다.

온실가스 감축 및 기후변화 방지를 위한 노력

국제사회		대한민국
유엔기후변화협약 체결	1992	
	1993	유엔기후변화협약 비준
유엔기후변화협약 발효	1994	
COP3▲: 일본 교토, 교토의정서Kyoto Protocol 채택 · 당사국 중 38개 선진국(ANNEX I 국가)들은 1990년 대비 5.2%의 온실가스를 감축하기로 함(2008~2012)	1997	치산사방 녹화사업(1973~1997) 완료 · 30여 년간 지속된 녹화사업으로 산림황폐화에서 벗어나 산림녹화에 성공
	1999	기후변화협약 대응 종합 대책 수립 · 미래 온실가스 배출량을 처음으로 예측
COP7: 모로코 마라케시, 마라케시 합의문Marrakesh Accord 채택 · 교토의정서 이행방안 채택	2001	기후변화협약 대응 제2차 종합 대책 수립 · **지속가능한 성장**보다는 **지속가능한 발전**으로 강조점 이동
	2002	교토의정서 비준
COP13: 인도네시아 발리, 발리 행동계획Bali Action Plan 채택 · 포스트-2012 협상 시작	2007	〈지속가능 발전법〉 제정 산림탄소 상쇄제도 도입
COP16: 멕시코 칸쿤, 칸쿤 합의문Cancun Agreement 채택 · 선진국과 개발도상국이 2020년까지 자발적 온실가스 감축약속이행 합의	2010	〈저탄소 녹색성장 기본법〉 제정

국제사회		대한민국
COP17: 남아프리카공화국 더반, 교토의정서 연장 · 2020년부터 모든 당사국이 참여하는 신기후체제 설립에 합의	2011	제1차 국가 기후변화 적응대책 수립 〈한국 기후변화 평가 보고서〉 발간 · 〈IPCC 기후변화 종합 보고서〉에 상응하는 연구 결과를 기반으로 한국의 기후변화를 평가한 보고서
COP18: 카타르 도하, 도하 작업계획Doha Work Programme 채택 · 기후변화에 관한 교육, 훈련, 시민의 인식과 정보 접근 및 참여, 지역 내 국제 협력을 위해 행정력과 재정 투입	2012	
COP19: 폴란드 바르샤바 · 모든 국가에서 2020년 이후 감축 목표를 제출할 것을 촉구하는 문안에 합의 · 기후변화의 영향과 관련된 손실 및 피해에 관한 바르샤바 국제 메커니즘Warsaw International Mechanism for Loss and Damage associated with Climate Change Impacts 합의	2013	〈탄소 흡수원 유지 및 증진에 관한 법률〉 시행 녹색기후기금Green Climate Fund 사무국 출범(인천 송도)
	2014	온실가스 감축 로드맵 수립
COP21: 프랑스 파리, 파리협정서Paris Agreement 채택 · 195개 당사국은 2020년 이후 신기후체제 출범에 합의 · 신 기후체제 산업화 이전 대비 지구의 평균 온도 상승을 2℃보다 훨씬 아래로 유지하고, 나아가 1.5℃ 이내로 억제하기 위해 노력하는 것을 목표로 함	2015	온실가스 배출권 거래제 시행 신기후체제 하의 국별 기여방안 제출(2030년 온실가스 통상배출량BAU▲▲ 대비 37% 감축 목표)

국제사회		대한민국
	2016	**파리협정서 비준** · 제1차 기후변화대응 기본계획 및 2030 국가 온실가스 감축 기본 로드맵 주요 내용 발표 · 제2차 국가 기후변화 적응 대책 수립
〈지구온난화 1.5℃ 특별보고서〉 발간 · 파리협정의 목표를 달성하기 위해 2050년에 탄소중립 경로 제시	2018	**2030 국가 온실가스 감축 기본 로드맵 수정안 발표** · 이행방안 불확실한 국외 감축량 최소화 · 국내 각 부문별 감축량 강화: 국가 감축 목표 온실가스 배출량(BAU) 대비 37% 중 국내 감축을 25.7%p에서 32.5%p로 상향
기후행동 정상회의 **COP25: 스페인 마드리드(의장국 칠레)** · 기후위기 행동의 중요성 강조 · 120여개 국이 기후목표 상향동맹•에 가입 - 탄소중립에 대한 국제사회의 논의 확산	2019	**〈녹색성장 기본법〉에 따라 제2차 기후변화 대응 기본계획 수립** · 기후변화 정책 목표 비전: 지속가능한 저탄소 녹색사회 구현 · 2030년까지 온실가스 배출량 5억3,600만 톤 감축 및 파리협정 이행을 위한 전 부문 역량 강화

▲ COP(Conference of Parties): 유엔기후변화협약 당사국총회. 기후변화를 해결하기 위해 협약국 정상들이 모이는 행사로, 1995년부터 매년 UN에서 개최한다. 개최 회차에 따라 COP3, COP21 등으로 부른다. 예를 들어, 2021년에 열린 제26차 유엔기후변화협약 당사국총회는 COP26이다.

▲▲ 온실가스 배출량(BAU, Business-As-Usual): 인위적으로 온실가스 감축 노력을 하지 않을 경우 2020년에 배출될 온실가스 전망치.

국제사회		대한민국
	2020	**국가 온실가스 감축 목표NDC●● 수정 및 UN 제출** · 임의 변동 가능성이 있는 BAU 방식에서 고정불변하는 절대치 방식(2017년 대비 24.4% 감축)으로 감축 목표 표기법을 변경하는 등 온실가스 감축 의지를 명확히 함 · 한국형 뉴딜-그린 뉴딜 계획 수립 · 도시·공간·생활에서 녹색 전환 강조 · 신재생 에너지 및 녹색 산업에 대한 인프라 확충 계획 발표 · 2050 탄소중립을 국가 비전으로 선언 · 정부 합동 2050 탄소중립 추진 전략 발표 · 세부 전략 마련을 위한 2050 탄소중립 시나리오 마련 계획 발표
COP26: 영국 글래스고 · 134개국에서 탄소중립 공식 선언 (1960년 탄소중립 선언 국가는 EU, 영국, 미국, 중국) · 산림손실·토지황폐화 방지 글래스고 선언: 141개국이 2030년까지 산림손실과 토지황폐화를 막고 복원하겠다고 약속	2021	**국민 의견 수렴 후 2050 탄소중립 시나리오 최종안 발표 (국가탄소중립위원회)** · 2030년까지 NDC 40% 감축으로 상향 조정

● 기후목표 상향동맹: 2050 탄소중립을 목표한 기후동맹으로, 2019년 유엔기후변화협약 당사국총회 의장국인 칠레가 주도하여 설립되었다.

●● 국가결정기여(NDC, Nationally Determined Contributions): 기후변화협약에 따라 나라마다 온실가스 배출량 감축 목표를 설정하고 이를 이행하는 조치로, 국가 온실가스 감축 목표라고도 한다.

2. 탄소중립 시대

평균 온도 상승 1.5℃ 이내

탄소중립은 기후변화 시대 최대의 난제이다. 기후변화를 일으키는 지구온난화가 생기는 가장 큰 이유는 지나친 에너지 사용에 있다. 인간은 이동하고, 컴퓨터를 사용하고, 식사를 하거나 여가를 즐기는 등 일상의 모든 순간에 에너지를 사용한다. 이 에너지는 대부분 화석연료에서 오는데, 이를 사용하는 과정에서 이산화탄소를 비롯한 온실가스가 발생하기 때문이다.

현재와 같은 에너지 다소비 체제가 지속될 경우, 기후변화로 인한 경제적 손실은 매년 세계 GDP의 5~20%에 달할 것으로 전망된다.[1] 인류의 지속가능한 성장에 의문이 제기되는 상황이다. 게다가 팬데믹으로 인해 기후변화의 심각성에 대한 인식이 확산되며 국제사회는 빠른 속도로 기후위기 대응체제에 돌입하고 있다. 그 핵심이 탄소중립이다. 6대 온실가스 중에서 가장 많은 비중을 차지하는 것이 이산화탄소이기 때문이다.

국제사회는 이미 지난 2015년, 제21차 유엔기후변화협약 당사국총회에서 지구의 평균적인 온도 상승을 산업화 이전 대비

그림 1-4 **6대 온실가스** (국가 온실가스 인벤토리, 2018)▲

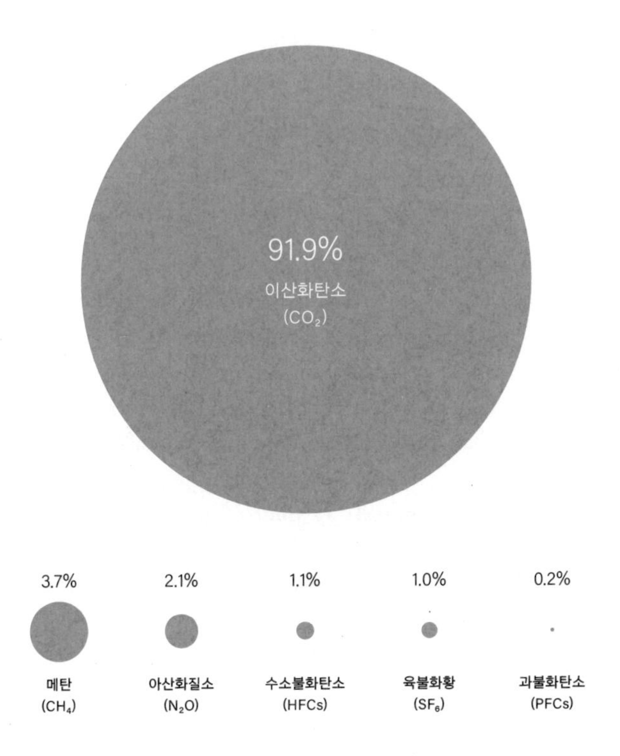

* 6대 온실가스 중 이산화탄소가 압도적으로 높은 비율을 차지한다.

▲ 온실가스 인벤토리: 온실가스의 배출량 및 배출원을 목록별로 자료화하는 것. 국가 석유 자료, 지역 에너지 통계, 전력 통계 등과 같은 에너지 등의 관련 통계 자료를 활용해 온실가스 산정 지침에 따라 온실가스 인벤토리를 산정한다. 온실가스 통계 및 산정된 자료는 〈국가 온실가스 인벤토리 보고서(NIR, National Inventory Report)〉를 통해 파악할 수 있다.

2℃ 이내, 더 나아가서는 1.5℃ 이하로 제한하기 위해 노력하는 파리협정에 합의했다. 신新기후체제라고도 불리는 파리협정의 4조는 장기적인 온도 목표로서 모든 협약 당사국이 21세기 후반에 탄소중립에 도달할 것을 촉구하고 있다.

Article 4

1. In order to achieve the long-term temperature goal set out in Article 2, Parties aim to reach global peaking of greenhouse gas emissions as soon as possible, recognizing that peaking will take longer for developing country Parties, and to undertake rapid reductions thereafter in accordance with best available science, so as **to achieve a balance between anthropogenic emissions by sources and removals by sinks of greenhouse gases** in the second half of this century, on the basis of equity, and in the context of sustainable development and efforts to eradicate poverty.

제4조

1. 제2조에 명기된 장기 온도 목표를 달성하기 위해, 개발도상국에서는 온실가스 배출이 정점에 도달하는 시기가 더 오래 걸린다는 것을 고려하면서, 당사국들은 온실가스 배출의 전 지구적 정점에 가능한 한 빨리 도달하도록 하고 정점 이후에는 최선의 과학을 통해 빠른 감축 조치를 취한다. 이렇게 함으로써 형평성을 기반으로 빈곤 퇴치를 위한 노력과 지속가능한 발전의 맥락에서, **인간에 의한 배출과 흡수원의 흡수(제거)간의 균형을 금세기 후반에 달성하도록 한다.**

넷 제로-탄소중립

탄소중립은 인간의 활동으로 인한 배출원source의 온실가스 배출량과 흡수원sink의 흡수량이 균형을 이루는 상태를 의미한다. 즉 온실가스 배출을 최대한 줄이고, 그래도 남는 온실가스는 산림 등 흡수원을 통해 흡수하거나, 이산화탄소를 포집·저장·활용하는 기술CCUS, Carbon Capture, Utilization and Storage로 실질적인 온실가스 순 배출량을 '0'으로 만드는 것이다. 그래서 넷-제로 배출net-zero emission이라고 부른다.

탄소중립의 개념을 모식도로 보면 그림1-5와 같다. 탄소 배출을 감축하려는 노력 없이 현 배출 추세를 유지한다고 가정했을 때의 탄소 배출량에서 신재생 에너지 보급, 에너지 효율화 등 저탄소 경제 전환으로 감축한 배출량을 제한 것이 총 배출량이다. 그러나 이러한 전환에도 한계가 있어 총 배출량을 '0'으로 만드는 것은 사실상 불가능하다. 따라서 신규조림afforestation, 산림경영forest management 등 탄소 흡수원 증진 활동을 통해 대기로부터의 온실가스 흡수량을 증가시키는 것을 병행해야 일정 시점에 총 배출량과 흡수량이 같아지면서 총 배출량에서 흡수량을 제한 순 배출량이 '0'이 되는 탄소중립에 도달할 수 있다.

탄소중립을 향한 첫걸음으로 파리협정에서 모든 협약 당사국은 2020년까지 자국의 장기 저탄소 발전 전략LEDS▲과 국가결정기여NDC라 불리는 국가 온실가스 감축 목표를 2020년까지 UN에 제출하기로 합의하였다. 장기 저탄소 발전 전략에서는

그림 1-5 **탄소중립 모식도**(세계자원연구소, 2019)

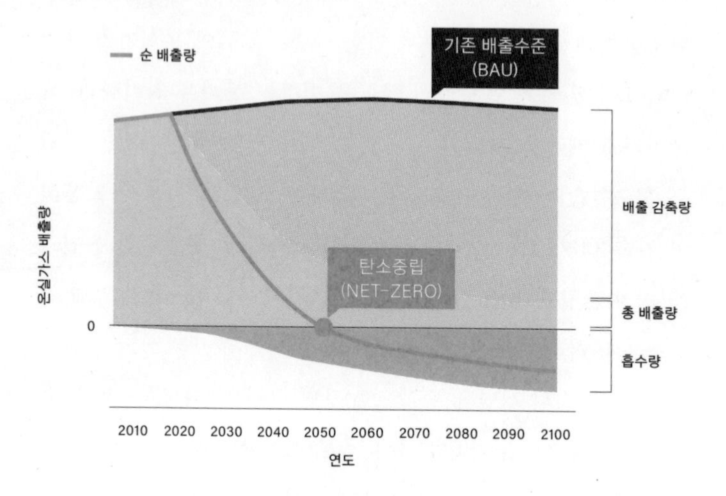

2050년까지 탄소중립을 달성하기 위한 장기 비전과 국가 전략을 제시해야 한다. 탄소중립 이행의 중간점검 성격을 가진 국가결정기여는 2020년 말까지 새 목표를 제출하고, 이후 5년 단위로 이산화탄소 감축 이행을 약속하는 구속력 있는 목표를 제시하도록 하고 있다. 또한 파리협정에는 선진국이 개도국에 온실가스 감축에 필요한 재원을 지원(제9조)하는 등의 의무와 국제 탄소시장 활용(제6조)에 관한 내용이 포함되어 있다. 무엇보다 산림을 탄소 흡

▲ 장기 저탄소 발전 전략(LEDS, Long-term Low greenhouse gas Emission Development Strategy): 화석연료 의존을 줄여 2050 탄소중립 실현하기 위한 장기 온실가스 감축 계획. 파리협정 2조 1항, 4조 19항을 통해 모든 당사국에게 '2050년 장기 저탄소 발전 전략'을 2021년 말까지 제출하도록 요청했으며, 2020년 12월 기준 유엔기후변화협약 사무국에 이를 제출한 국가는 총 20개국이다.

수원으로 인정하면서 온실가스 감축에 있어 산림의 중요성을 강조하고 있다.

대한민국 2050 탄소중립 전략과 산림

우리나라도 2020년 10월 탄소중립을 선언하면서 대한민국 장기 저탄소 발전 전략인 '지속가능한 녹색사회 실현을 위한 대한민국 2050 탄소중립 전략'을 제시하였다. 이 전략에서는 2050년 탄소중립을 목표로 나아갈 것이라는 비전 아래 3대 기본 원칙과 산림 등의 탄소 흡수기능 강화를 포함한 5대 기본 방향, 그리고 세부 추진 전략을 7개 부문(에너지 공급·산업·수송·건물·폐기물·농축수산·탄소 흡수원)으로 나누어 제시하고 있다.

3대 기본 원칙

- 기후변화 대응을 위한 국제사회의 노력에 적극 동조
- 지속가능한 선순환 탄소중립 사회 기반 마련(산림 등 탄소 흡수원의 지속적 확대 포함)
- 국민 모두의 공동 노력 추진

5대 기본 방향

- 깨끗하게 생산된 전기와 수소 활용 확대
- 디지털 기술과 연계한 에너지 효율의 혁신적 향상
- 탄소 제거 등 미래 기술의 상용화

- 순환 경제 확대로 산업의 지속가능성 제고
- 탄소 흡수 기능 강화

토지, 산림, 해양 생태계는 환경을 구성하는 기본 요소이자 이산화탄소를 흡수·저장하는 유력한 환경수단으로 탄소중립 사회 달성에 중요한 역할을 한다. 그래서 '대한민국 2050 탄소중립 전략'의 세부 추진 전략 중 탄소 흡수원 부문에는 산림, 갯벌, 습지 등 자연·생태 기반의 해법을 강화해 탄소 흡수능력을 높여 탄소중립 달성에 기여하는 것으로 나와 있다. 이중 탄소 흡수원으로서 산림의 기능을 증진시키는 활동은 아래와 같다.

- 산림경영 혁신으로 산림 고령화 문제 개선
- 목제품 이용률을 제고하여 탄소 저장량 향상
- 도시숲과 정원 등 생활권 녹지 조성, 훼손지와 주요 생태축의 산림복원, 유휴토지에 조림을 하여 탄소 흡수원 확대
- 수종갱신과 숲가꾸기 활동으로 산림의 흡수능력이 최대가 되는 상태를 지속적으로 유지

즉 이산화탄소 저장능력이 큰 산림을 유지하고 새롭게 조성하며, 목제품 이용을 촉진하고 지속가능한 산림경영을 이행하는 등의 활동은 탄소중립 달성에 기여하는 길이다.

3. 탄소중립 달성에 기여하는 산림

▲▲▲

흡수원, 저장고, 대체재

땅 위에 있는 나무(식물)가 모여 숲을 이룬다. 산림山林은 그러한 숲의 학술 및 행정용어다. 그러므로 산림은 나무와 숲, 땅을 모두 포함한다. 산림에서 나무는 생장生長 과정에서 광합성작용을 하면서 이산화탄소를 흡수sequestration하고, 산소를 대기로 돌려보낸다. 이 과정에서 흡수된 이산화탄소는 나무와 땅에 탄소의 형태로 저장storage된다. 저장된 탄소는 벌채, 고사, 부후, 연소를 거쳐 다시 대기로 돌아가고 다음 세대의 산림이 이를 또 흡수·저장하는 과정을 반복한다. 이처럼 산림은 탄소 흡수와 배출을 반복하면서 장기간 탄소를 저장하고 대기의 이산화탄소 농도를 조절한다. 그래서 산림은 지구 생태계에서 중요한 탄소 저장고로 손꼽힌다.

산림에서 수확된 나무는 목제품으로 활용되는 동안에도 탄소를 고스란히 저장하고 있다. 수확된 목재에 저장된 탄소의 양은 건조된 목재 무게의 약 50%이므로, 목재 1m³에 고정될 수 있는 탄소량은 약 250kg이다. 이를 이산화탄소로 환산하면 약

917kg이다. 1m³의 목재를 활용한 제품을 활용하면 약 917kg의 이산화탄소를 저감하는 셈이다. 그래서 수확된 목제품HWPs, Harvest Wood Products은 산림에 저장된 탄소를 사회로 옮기는 역할을 하는 것이다. 또한 수확된 목제품은 생산과 사용과정에서 많은 탄소발자국을 남기는 철강이나 콘크리트, 알루미늄이나 플라스틱을 대체substitute할 수 있고, 화석연료의 대체재가 될 수도 있다. 무엇보다 목재는 적절히 관리하면 지속적으로 이용할 수 있는 재생가능한 자원이라는 것이 강점이다.

산림탄소경영의 중요성

이처럼 탄소 흡수원이자 저장고이며, 탄소 다배출 제품의 대체재 역할을 하는 산림은 탄소중립 사회 달성에 중요한 역할을 한다. 파리협정 채택 이후 온실가스 감축을 위한 탄소 흡수원으로서 산림의 역할이 강조되며 전 지구적으로 산림의 중요성이 증대되고 있는 것도 이 때문이다.

탄소 흡수원으로서 역할을 잘 수행하려면 산림의 이산화탄소 흡수량 관리가 중요하다. 그런데 나무가 흡수하는 이산화탄소의 양은 숲이 나이가 들수록 줄어들게 된다. 국립산림과학원에 따르면 우리나라에서는 2050년에는 51년생(6영급) 이상의 산림 면적이 전체 산림의 70% 이상이 될 것으로 예측된다. 산림의 고령화를 그대로 둔다면 탄소 흡수량이 감소하게 되는데, 이는 탄소 흡수 기능이 떨어지는 나무를 수확해 목제품으로 활용하고 그

그림 1-6 **산림과 목재제품의 탄소 순환**

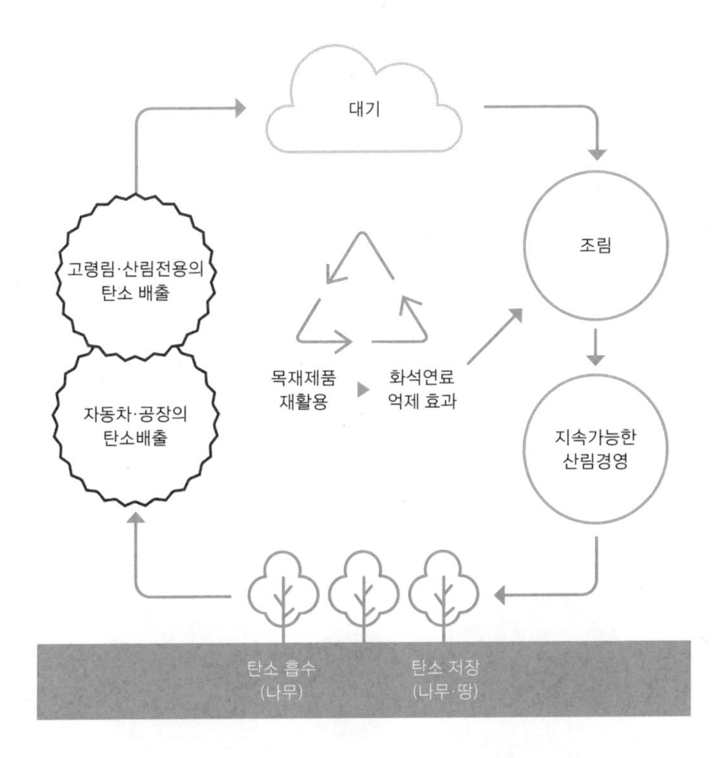

- 대기 중 이산화탄소를 흡수하는 온실가스 흡수원(sink, sequestration): 나무가 자라면서 탄소동화작용을 통해 이산화탄소를 흡수.
- 흡수한 탄소를 오랫동안 저장하는 탄소 저장고(storage): 일정 나이가 된 나무로 목제품을 만들고, 같은 자리에 다시 나무를 심는 식으로 숲을 조성하면 다시 심은 나무가 온실가스를 흡수해 전체적으로는 역배출(negative emission) 효과를 내므로 흡수되는 이산화탄소량을 극대화할 수 있음.
- 온실가스 다배출 제품 대체(substitute): 수확된 목재제품으로 온실가스를 많이 배출하는 제품을 대체함으로써 온실가스 감축에 기여.

자리에 다시 나무를 심음으로써 해결할 수 있다. 살아 있는 50년생 소나무 1그루가 1년 6개월 동안 흡수하는 이산화탄소의 양과 길이 3m, 폭 10.5cm인 목재기둥에 저장할 수 있는 이산화탄소의 양은 8.3kg로 동일하다. 이 목재기둥은 이산화탄소를 저장한 상태로 제품으로 활용할 수 있다. 목재의 이러한 특성은 목재가 생산과 사용과정에서 많은 탄소발자국을 남기는 철강재, 알루미늄, 콘크리트, 플라스틱을 대체하는 뛰어난 소재가 될 수 있다는 점을 시사한다.

따라서 오래된 나무는 수확해 탄소가 저장된 목재로 적극 활

그림 1-7 **산림을 통한 탄소 흡수량** (산림청, 2021)

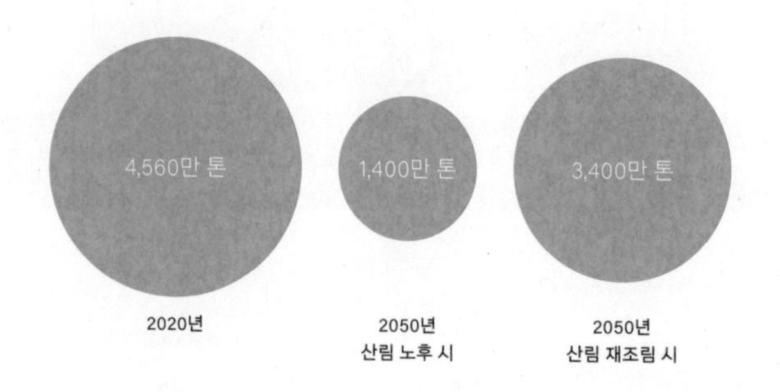

표 1-1 **산림 연령별 잣나무의 탄소 흡수량** (산림청, 2021)

수령	그루당 탄소 흡수량(kg)	헥타르당 그루 수	헥타르당 탄소 흡수량(kg)
20년	8.6	1,362	1만1,800
45년	14.2	583	8,300

용하고, 나무를 베어낸 자리는 어린 수목으로 재조림reforestation한다면 더욱 건강한 숲을 가꿀 수 있다. 또한 이 과정을 반복함으로써 이산화탄소를 흡수하는 산림의 기능을 극대화할 수 있다. 우리나라 산림은 1970~1980년대에 집중 조성되어 현재 주요 임령林齡, stand age이 30~40년생이다. 임령이 40년 넘는 오래된 나무를 목제품과 바이오 에너지로 활용하고, 고령림을 재조림하는 산림 경영활동을 지속함으로써 탄소 순환을 유지하고 온실가스 감축에 크게 기여할 수 있다.

그림 1-8 **나무의 생장 및 목재 이용 과정에서 탄소 축적** (산림청, 2009)

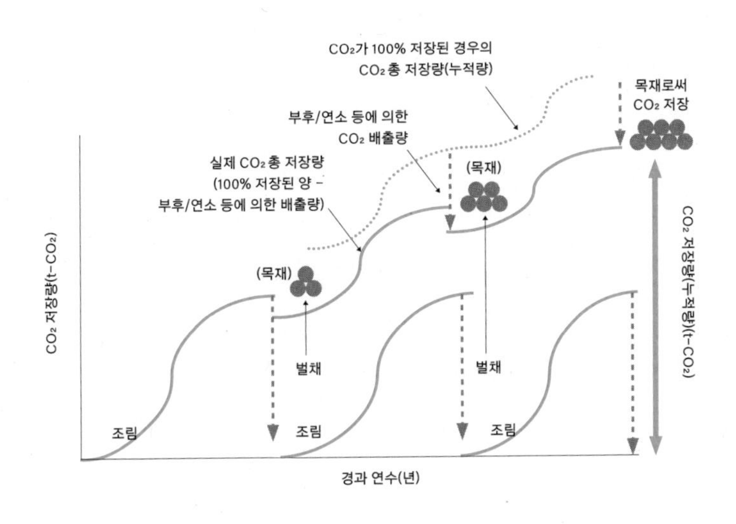

4. 산림탄소계정 관리

토지이용에 따른 탄소 흡수량 변화

뛰어난 탄소 흡수원이자 저장고인 산림은 탄소 배출원이 되기도 한다. 2019년 IPCC에서 발간한 〈기후변화 및 토지에 관한 특별 보고서〉는 토지가 식량과 물을 공급하는 중요한 기반이긴 하지만 잘못된 농업·산림·기타 토지이용으로 인해 배출되는 온실가스의 양이 전 세계 온실가스 배출량(545억 톤)의 22%인 120억 톤을 차지한다고 경고한다.

1981년부터 2010년까지 30년 동안 한반도의 토지이용 변화에 따른 육상 생태계의 탄소 수지carbon budget를 VISIT Vegetation Integrated Simulator for Trace gases 모델을 활용해 정량화한 연구[2]에 따르면 북한 지역의 경우, 산림이 경작지로 전용됨에 따라 육상 생태계가 탄소 흡수원에서 탄소 배출원으로 변경된 것으로 나타났다.

이처럼 산림의 탄소 배출량의 대부분은 개발도상국의 산림 파괴 활동이 차지하고 있다. 그래서 기후변화 당사국회의에서는 산림전용deforestation 및 황폐화forest degradation 해결을 위한 다양한 합의를 도출하고 있다.

그림 1-9 **지역별 산림 및 전 세계 산림면적 변화** (《세계산림자원평가 2020》, FAO, 2020)

• 10년 단위 및 지역에 따른 연간 산림면적 변화(1990~2020)

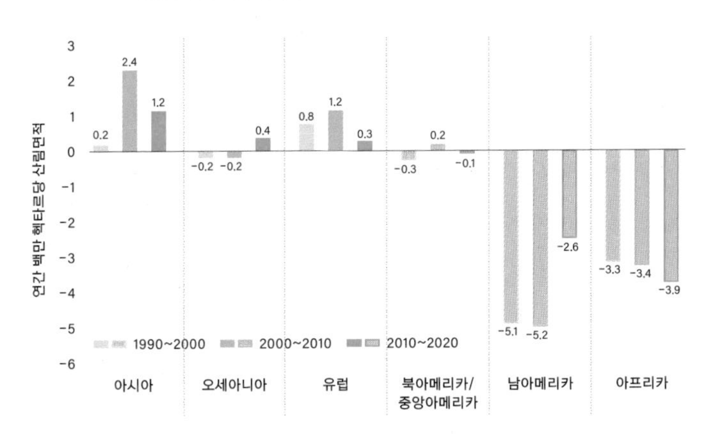

* 남아메리카와 아프리카의 산림이 감소하고 있음을 알 수 있다.

• 10년 단위의 세계 산림면적 변화(1990~2020)

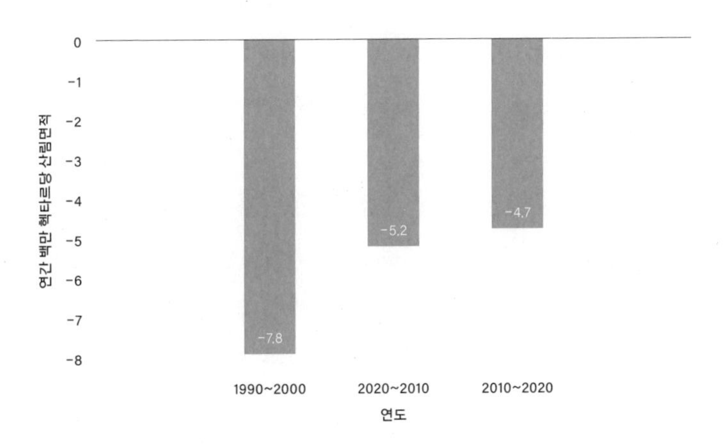

2020년 기준 세계의 산림면적은 40억 헥타르로 육지면적의 31%이다. 이는 1990년 이후 178백만 헥타르가 감소한 수치인데, 주로 남아메리카와 아프리카의 산림이 감소하였다.

2020년 기준 세계 산림의 입목立木, standing tree 바이오매스에 약 295 기가톤(75ton/ha)의 탄소가 저장된 것으로 평가되었다. 특히 남아메리카, 중앙 및 서부아프리카 지역이 헥타르당 약 120톤의 탄소를 저장하고 있어 다른 지역보다 탄소 저장량이 높은 것으로 평가되었다. 이 지역의 산림이 감소한다는 것은 전 세계 산림의 탄소 저장량도 줄어든다는 의미이다. 실제로 지난 30년간 전 세계 산림 바이오매스 탄소 축적량은 668 기가톤에서 662 기가톤으로 감소한 것으로 확인되었다.

산림탄소계정 관리 필요성

한반도의 토지이용 변화에 따른 육상 생태계의 탄소 수지에 대한 연구로 돌아가보면, 남한 지역에서도 산림 및 농지 전용 등으로 육상 생태계의 탄소 흡수 기능은 약화되었다. 하지만 흡수원 역할은 유지하고 있는 것으로 분석되었다. 이러한 연구 결과는 국가 규모의 산림보존과 산림관리의 중요성을 잘 보여준다. 또한 국가 단위의 탄소 균형carbon balance을 위해서는 산림황폐화에 대응하는 산림 및 토지이용에 대한 관리가 필요함을 시사한다.

즉, 산림밀도를 관리해 산림의 생장과 이산화탄소 흡수량은 증진시키고 산림에 저장된 탄소가 배출되지 않도록 관리하는 한편 탄소를 저장하고 있는 목제품을 장기간 활용함으로써 온실가스 고배출 제품을 대체하는 것이다. 이 같은 산림경영활동이 산림탄소계정으로 측정measuring되고, 보고reporting되고, 검증verifying됨으로써 온실가스를 감축하는 것과 동시에 토지 기반의 탄소 흡수량을 관리할 수 있다. 이를 통해 2050년 온실가스 순 배출량 '0'을 달성하는 탄소중립에 도달할 수 있을 것이다.

그림 1-10 **산림의 탄소 저장량 변화** (《세계산림자원평가 2020》, FAO, 2020)

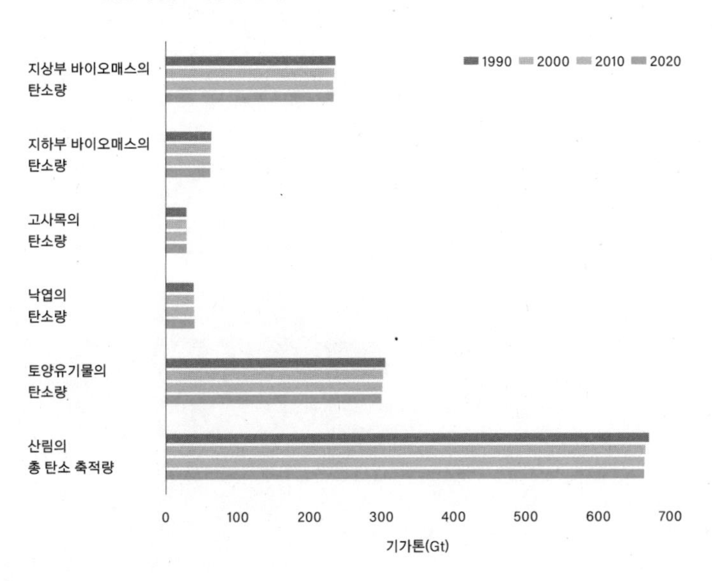

2장

산림을 위협하는 기후변화

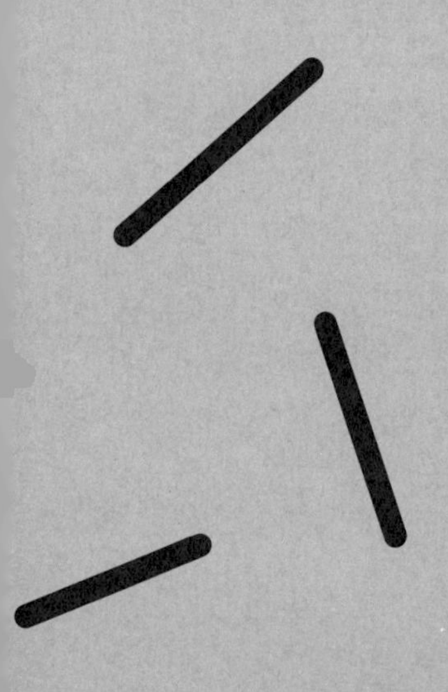

글

이우균(고려대학교 환경생태공학과 교수)
서정욱(충북대학교 목재·종이과학과 교수)
김영환(국립산림과학원 연구관)

나무로 구성된 숲의 생장은 숲의 나이(age), 땅의 좋고 나쁨을 나타내는 지위(site quality), 밀도(density) 등 산림 내 생장인자(growth factor)에 의해 결정된다. 이 외에도 기온, 강우량과 같은 기후인자(climate factor)의 영향을 받는다. 기후가 변하면 나무와 숲의 생장과 탄소 흡수량이 달라지고, 숲을 구성하는 나무의 종류도 달라진다. 실제로 우리나라 산림에서는 침엽수림이 쇠퇴하고 있으며, 앞으로 아열대 수종이 증가할 것으로 예측되고 있다. 또한 산사태나 산불, 병해충과 같은 자연재해 발생도 증가하고 있다. 산림재해는 자연의 문제만이 아니다. 생활권 주변 산지에서 발생한 재해는 곧 인간의 피해로 이어진다. 이처럼 기후변화는 산림의 생장과 구조, 생산성과 수종의 분포 등 숲의 모든 부분을 위협한다.

1. 기후변화가 산림에 미치는 영향

▲▲▲

산림생장과 기후

기후변화에 따른 다양한 수종의 생장 변화를 분석하기 위해 전통적으로 나무의 연륜 자료를 활용한 연륜연대학▲ 분석 기법을 사용한다. 이 방법은 나무의 연간 생장량과 기후인자의 관계를 확인하는 유용한 방법으로 인정받고 있다.[1]

연륜연대학적인 기법으로 기후와 임목 생장의 연관성을 분석한 연구는 다양하다. 신갈나무와 소나무의 연륜 생장은 이전 연도 9~10월의 평균 온도와 음의 상관관계▲▲, 당해 3월의 온도와는 양의 상관관계를 가진다는 분석 결과가 발표되었다.[2] 강원도 지역의 활엽수의 생장과 17개 기후 변수 간의 상관관계를 검토한 연구에서는 직경 생장은 한랭지수, 건조지수, 상대습도와 통계적으로 유의미하며, 수고 생장은 건조지수 및 월평균 일조시수, 재적 생장의 경우는 상대습도 및 건조지수와 유의미한 상관관계가

▲ 연륜연대학(dendrochronology): 나이테를 통해 과거의 강수량과 계절 등 나무가 겪은 기후와 환경을 연구하는 학문.

▲▲ 음의 상관관계에서는 독립변수의 값이 증가하면 종속변수의 값은 오히려 감소한다. 반면 양의 상관관계는 독립변수의 값이 증가하면 종속변수의 값도 증가한다.

있는 것으로 확인되었다.[3] 목편 자료를 기반으로 백두대간 중 해발고도 700m 이상에서 자생하는 소나무의 직경 생장과 월 기후 요소를 분석한 결과, 강수보다는 기온의 영향을 더 크게 받는 것이 공통적으로 확인되었는데 특히 당년 8월의 기온과 양의 상관관계가 확인되었다.[4]

기후변화에 따른 나무의 생장은 분포 지역과 위도 등에 따라 생장 반응이 다르게 나타난다. 기후는 나무 생장을 결정하는 주요 인자이지만, 수종과 입지에 따라 기후인자에 반응하는 정도가 달라질 수 있다.[5] 눈이 많이 오는 수목한계선(고위도 및 고지대)과 가까운 지역에서 자라는 나무의 생장은 일반적으로 온도와 양의 상관관계를 가진다. 수분은 눈에서 충분히 얻을 수 있지만, 온도는 나무의 생장에 필요한 만큼 따뜻하지 않기 때문이다.[6] 고위도에서 수행된 일부 연구에서는 온도가 오르면 생육 개시는 빨라지고 생육 종료는 늦춰져서 생장 기간이 늘어나면서 결과적으로 생장이 증가하였다.[7] 이상의 연구 사례는 수분 조건이 양호한 고위도·고산 지역에만 적용된다. 추운 지역일지라도 지속적인 온도 상승으로 수분 스트레스가 증가되면 생육이 감소로 전환된다는 연구도 있다.[8] 중위도에 위치한 대부분의 고산지역에서는 온도 상승에 따른 수분 스트레스 증가로 주요 수종인 침엽수가 고사하거나 생장량이 감소하고 있다.[9]

나무의 광합성기작을 반영하는 과정 기반 모델process based model을 활용하여 유럽 14개 지역을 대상으로 기후변화 시나리오

그림 2-1 **스페인 피레네산맥 수목한계선(OR, TE)에 위치한 소나무*Pinus uncinata*와 러시아 우랄산맥 수목한계선(CH, UR)에 위치한 잎갈나무*Larix sibirica*의 생장과 온도의 상관관계** (Sanchez-Salguero 등, 2018)

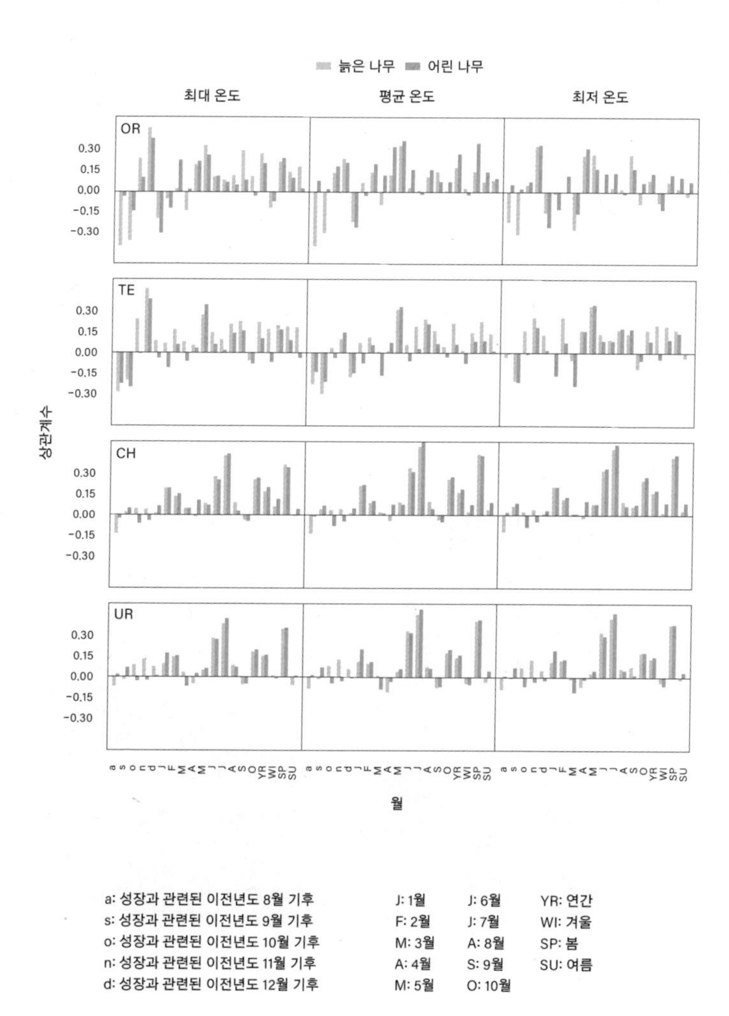

a: 성장과 관련된 이전년도 8월 기후
s: 성장과 관련된 이전년도 9월 기후
o: 성장과 관련된 이전년도 10월 기후
n: 성장과 관련된 이전년도 11월 기후
d: 성장과 관련된 이전년도 12월 기후

J: 1월
F: 2월
M: 3월
A: 4월
M: 5월

J: 6월
J: 7월
A: 8월
S: 9월
O: 10월

YR: 연간
WI: 겨울
SP: 봄
SU: 여름

그림 2-2 **핀란드 고위도 지역 소나무*Pinus sylvestris*의 직경 생장** (Seo 등, 2011)

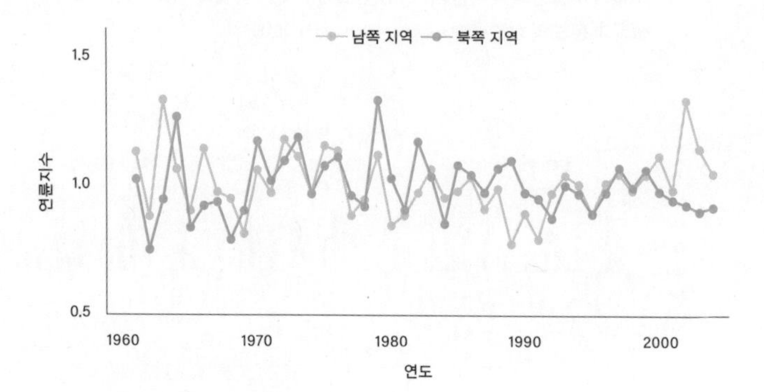

* 온도 상승에 따른 수분 스트레스 증가로 2000년 이후 생육 감소 현상이 수목한계선 부근 일부 지역(northern site)에서 관찰됨.

그림 2-3 **가뭄(수분) 스트레스 증가에 따른 아시아 지역 침엽수 생육 쇠퇴 및 고사 현황** (Allen 등, 2010)

1. 중국 산시성 소나무*Pinus tabuliformis*
2. 중국 윈난 지역 소나무*Pinus yunnanensis*
3. 터키 보즈키르-콘야Bozkir-Konya 지역 전나무*Abies cilicicia*
4. 한국 한라산 구상나무*Abies koreana*

에 따른 산림의 순 연간 생장 변화량▲을 파악한 결과에서는 2030년까지의 순 연간 생장 변화량이 $0.9m^3ha^{-1}y^{-1}$이며, 2050년은 $0.79m^3ha^{-1}y^{-1}$로 감소한 것으로 나타났다.[10] 모델과 인벤토리 데이터 등의 불확실성으로 인해 결과의 신뢰도가 떨어질 수 있으나, 기후변화는 유럽 지역 산림에 악영향을 미칠 것이라고 언급하였다. 칠레에서도 연륜 분석으로 산림의 생장을 예측하는 연구가 수행되었다.[11] 이 연구는 RCP4.5▲▲와 RCP8.5의 시나리오를 활용하여 각 수종의 생장 변화를 예측하여 미래의 기후변화가 산림의 생장에 부정적인 영향을 미치는 것으로 파악하였다. 또한 이 연구는 산림생장이 기후변화에 취약하다는 것을 언급하고 있으며, 기후변화가 식생에 미치는 전 지구적 변화의 악영향에 대응해야 함을 강조하고 있다.

▲ 순 연간 생장 변화량: 수령(나무 나이) 또는 임령(숲 나이)이 1년 증가함에 따라 증가하는 생장량.

▲▲ 대표농도경로(RCP, Representative Concentration Pathways): 〈IPCC 5차 평가 보고서(AR5)〉(2013)에 따라 인간 활동이 대기에 미치는 복사량을 통해 온실가스 농도를 결정하고 이에 따른 미래 기후 예측을 수행한 시나리오이다. 같은 복사강제력에 대해서 온실가스 감축과 기후변화 적응을 다양하게 할 수 있는 사회경제가 나타날 수 있다는 개념에서 대표(representative)라는 표현을 사용한다. 〈IPCC 제6차 평가 보고서(AR6)〉(2021)에 접어들면서는 사회경제적 예측이 이루어진 공통사회 경제경로(SSP, 19쪽 참조)에 통합되었다. RCP 시나리오는 태양 복사에너지와 2100년 이산화탄소 농도를 고려하여 아래와 같이 총 4종으로 이루어진다.

- RCP2.6: 지금부터 즉시 온실가스 감축을 수행한 경우(2100년 대기 중 이산화탄소 농도 420ppm 기준)
- RCP4.5: 온실가스 저감정책이 상당히 실현되는 경우(2100년 대기 중 이산화탄소 농도 540ppm 기준)
- RCP6.0: 온실가스 저감정책이 어느 정도 실현되는 경우(2100년 대기 중 이산화탄소 농도 670ppm 기준)
- RCP8.5: 현재 추세대로 온실가스를 배출하는 경우(2100년 대기 중 이산화탄소 농도 940ppm 기준)

그림 2-4 **기후변화에 따른 임목축적 차이** (MOTIVE연구단, 2016)

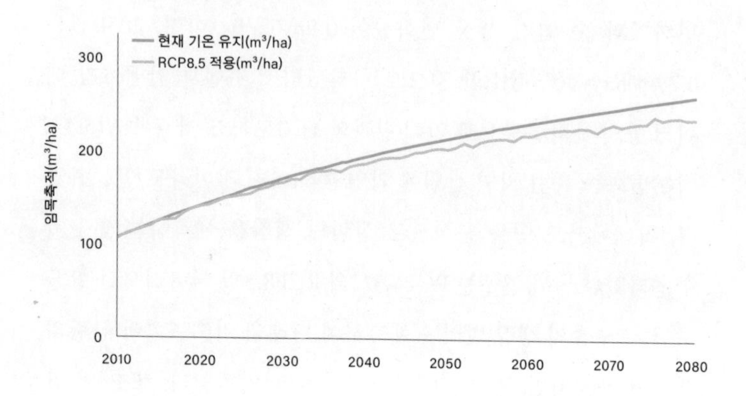

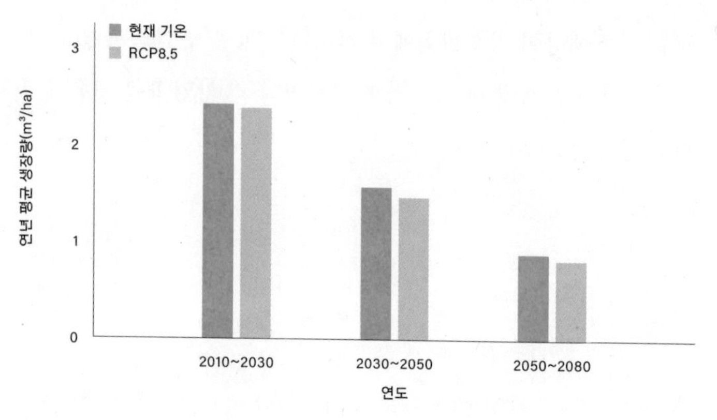

산림생장량 감소

국내에서는 기후변화에 따른 생장량 변화를 예측하기 위하여 지역 단위 또는 전국 단위의 모니터링을 시행하는 등 다양한 모델이 개발되고 있다. 국내 전국 산림지에 대한 동적 생장 모형▲을 활용하여 기후변화에 따른 산림생장량을 예측한 결과, 현재 기후가 유지될 경우 평균 임목축적은 2010년 130m³/ha에서 2030년 184.5m³/ha, 2050년 222.2m³/ha, 2080년에는 257.0m³/ha까지 증가할 것으로 추정되었다.[12] 그러나 RCP8.5 시나리오를 적용하면 기후변화의 영향으로 2030년에는 평균적으로 약 -1.3m³/ha(183.2), 2050년에는 약 -3.6m³/ha(218.6), 2080년에는 약 -6.1m³/ha(250.9)의 생장량 저하가 발생할 것으로 평가되었다.

소나무 감소, 참나무 증가

제5차 국가산림자원조사 자료를 활용하여 국내 주요 수종인 소나무, 낙엽송, 밤나무, 신갈나무, 참나무류에 미래 RCP8.5 시나리오를 적용하여 생장 변화를 분석한 연구에서도 참나무류를 제외한 주요 수종의 생장이 둔화되는 것으로 예측되었다.[13] 같은 자료를 활용해 평균 기온 및 강수량의 기후요인을 반영한 국내 주요

▲ 동적 생장 모형(Dynamic Growth Model): 관리 방법에 따라 임분의 생장을 다양하게 예측할 수 있는 임분 차원의 생장 모델. 관리 방법을 고려하기 위하여 임분 생장이 밀도에 따라 다양하게 추정될 수 있는 생장식을 이용한다. 본 모형을 활용함으로써 다양한 시업에 따른 임분의 생장 및 변화를 예측할 수 있다.

수종의 흉고직경DBH 추정 모델▲을 개발한 연구에서도 소나무, 낙엽송, 잣나무 등의 침엽수는 기온이 오를수록 생장이 더디어지는 반면 참나무류의 생장은 촉진되는 것으로 분석되었다.[14]

제5차 국가산림자원조사에서 획득한 목편 연륜 자료를 활용해 소나무와 참나무의 표준 생장량standard growth을 추정하여 직경 생장 및 기상인자와의 관계를 정량적으로 산출한 연구에서는 소나무의 생장은 온량지수▲▲가 85℃ 이상이면 감소하는 추세로 나타난 반면, 참나무 생장은 온량지수가 120℃가 넘는 생육 환경에서도 계속 증가했다.[15] 이는 기온이 오르면 소나무든 참나무든 생장이 촉진되기 마련이지만, 일정 수준 이상으로 온도가 상승하면 소나무의 생장은 오히려 감소한다는 것을 보여준다. 우리나라의 온도 범위는 이미 소나무의 생장이 둔화되는 범위에 있다.

이러한 과학적 분석 결과를 기반으로 IPCC 기후변화 시나리오(A1B)●에 따른 생장량 변화를 추정해 본 결과, 소나무는 일부

▲ 흉고직경(DBH, Diameter at Breast Height) 추정 모델: 임분 단위 변수(임령, 지위지수, 헥타르당 임목본수) 외에 기상 및 지형 인자까지 고려하여 기후 및 지형 요인에 따른 국내 주요 수종의 생장을 추정하기 위해 개발된 모형. (Piao, 2018)

▲▲ 온량지수(WI, Warmth Index): 식물 생장이 잘 이루어지기 위해서는 일정 기준 이상의 온도가 일정 기간 이상 유지되어야 한다는 생각에서 고안된 지수로 식물의 분포뿐만 아니라, 식물의 개화와 생장 등의 식물 계절과도 밀접한 연관이 있다. 월평균 기온 5℃ 이상인 달에 대해 월평균 기온과 5℃와의 차이를 1년 동안 합한 값으로 산정한다. (Kira, 1945)

● IPCC 기후변화 시나리오: 〈IPCC 제3차 평가보고서〉(2001)의 배출 시나리오에 관한 특별 보고서에서 설명된 SRES(Special Report on Emission Scenario) 시나리오의 일종으로 이산화탄소 배출량에 따라 A1B, A2, B1 등 6개의 시나리오로 구분할 수 있다. SRES 시나리오 중 A1 시나리오 집단은 지역 간의 수입의 격차가 상당히 줄어듦에 따라 지역 간의 수렴, 가능성의 축적 및 사회 문화적 교류의 증대를 의미하며, 에너지 시스템의 기술 변화 대체 방향에 따라 세 그룹(A1F1, A1T, A1B)으로 나눌 수 있다.

표 2-1 **우리나라 주요 수종(소나무, 신갈나무, 참나무류, 낙엽송, 밤나무)과 기후인자와의 관계** (최고미 등, 2014)

종	지표	추정 계수	표준 오차	t 값	유의 확률
소나무	Y축 절편 값	1.849577	0.071798	25.76	<.0001
	지형습윤지수	0.033409	0.007017	4.76	<.0001
	기온	−0.04229	0.004827	−8.76	<.0001
	강수량	0.000455	0.000053	8.58	<.0001
신갈나무	Y축 절편 값	1.192091	0.107748	11.06	<.0001
	지형습윤지수	0.041677	0.011157	3.74	0.0002
	기온	0.029905	0.004713	6.35	<.0001
	강수량	0.000197	0.0000713	2.77	0.0057
참나무류	Y축 절편 값	1.4934	0.09583	15.58	<.0001
	지형습윤지수	0.04192	0.00905	4.63	<.0001
	기온	0.02482	0.00687	3.61	<.0001
	강수량	0.000088	0.00007606	1.16	0.2449
일본잎갈나무	Y축 절편 값	3.094949	0.321943	9.61	<.0001
	지형습윤지수	0.011651	0.022153	0.53	0.599
	기온	−0.08996	0.01417	−6.35	<.0001
	강수량	0.000197	0.000236	0.84	0.4036
밤나무	Y축 절편 값	2.988744	0.333025	8.97	<.0001
	지형습윤지수	−0.01902	0.022933	−0.83	0.407
	기온	−0.08362	0.026773	−3.12	0.0018
	강수량	0.00053	0.000293	1.81	0.071

*소나무, 일본잎갈나무, 밤나무에서 기온의 계수가 음수이다.

표 2-2 **주요 수종별 기후인자를 고려한 흉고직경 추정 모델** (Piao 등, 2018)

종	흉고직경 추정 모델	
	비공간 변수	공간 변수
소나무	$DBH=43.896\cdot e^{-22.959(\frac{1}{age})}\cdot SI^{0.485}\cdot Nha^{-0.216}$	$+0.698-0.040\cdot T_{mean}-0.0004\cdot P_{Season}$
일본잎갈나무	$DBH=37.753\cdot e^{-18.456(\frac{1}{age})}\cdot SI^{0.369}\cdot Nha^{-0.177}$	$-1.367-0.267\cdot T_{mean}+0.005\cdot P_{Season}$
잣나무	$DBH=56.486\cdot e^{-24.406(\frac{1}{age})}\cdot SI^{0.314}\cdot Nha^{-0.167}$	$+9.390-0.258\cdot T_{mean}-0.007\cdot P_{Season}$
갈참나무류	$DBH=177.200\cdot e^{-18.896(\frac{1}{age})}\cdot SI^{0.153}\cdot Nha^{-0.290}$	$-7.162-0.002\cdot T_{mean}-0.001\cdot P_{Season}$

*침엽수종에서 온도(Tmean)의 계수가 음수이다.

DBH:흉고직경, age: 수령, SI Site Index: 지위지수, Nha: 헥타르당 나무 수, Tmean: 평균 온도, Pseason: 계절별 강수량

고산지대를 제외한 대부분 지역에서 생장량이 감소하는 것으로 나타났으며 참나무류의 생장량은 전국적으로 증가할 것으로 추정되었다.

우리나라 주요 4개 수종(소나무, 낙엽송, 잣나무, 참나무류)의 직경 생장과 온량지수, 유효강우지수▲, 지형습윤지수▲▲와의 관계를 정량적으로 분석한 연구 결과에서도 침엽수(소나무, 낙엽송, 잣나무)는 온량지수가 증가할수록 생장도 증가하다가 최고점에 도달한 후 감소하는 경향을 확인할 수 있었다.[16]

산림탄소 흡수량 감소

기후변화에 따른 임목의 생장 둔화는 이산화탄소 흡수량 저하로 이어진다. 임목은 대기 중의 이산화탄소를 흡수하는 광합성활동으로 탄소로 저장하면서 생장하기 때문이다. 국내 산림의 우점종인 소나무와 굴참나무의 생장량과 탄소 흡수량의 관계를 평가한 연구에서는 기후변화에 따른 임목의 생장 둔화로 미래에는 탄소 흡수 효율이 지속적으로 감소할 것으로 예측했다.[17]

또한 기후변화가 지속되면 활엽수림에 비하여 침엽수의 탄

▲ 유효강우지수(PEI, Precipitation Effectiveness Index): 식생 발달을 위해 필요한 강수량. 강우 강도, 계절, 기온, 토지피복 등에 영향을 받는다. 월 강우 증발산 비율(PEratio)의 합으로 식물의 생장과 밀접한 관계가 있다. 월누적 강수량과 월평균 기온을 이용하여 월별 강우발산 비율을 구하고, 그것을 누적하여 이 지수를 구한다.

▲▲ 지형습윤지수(TWI, Topographic Wetness Index): 강우로 빗물이 지표에 떨어졌을 때 사면 경사와 경사 방향을 고려하여 강우가 어떤 방향으로 흘러가는지, 그리고 흘러갔을 때의 양을 수치로 표현한 데이터이다.

그림 2-5 **온량지수에 따른 소나무와 참나무류의 표준 생장량 분포** (Byun 등, 2013)

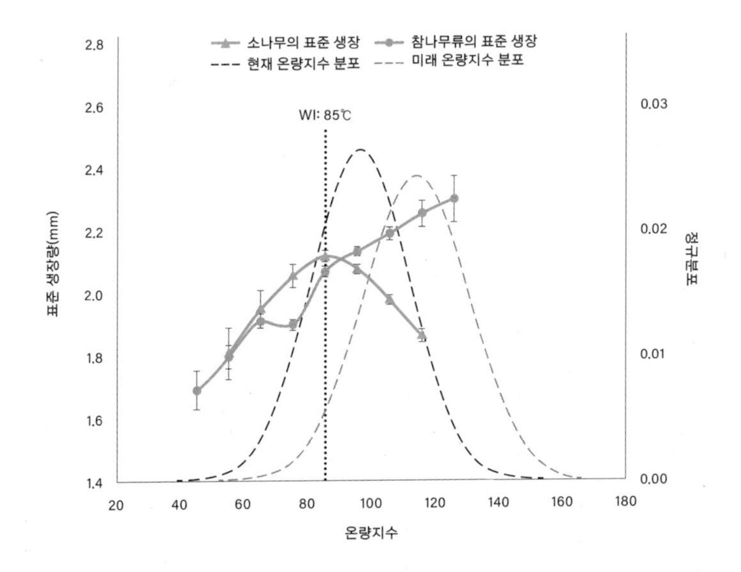

그림 2-6 **기후변화에 따른 수종별 표준 생장량 변화 추정** (Byun 등, 2013)

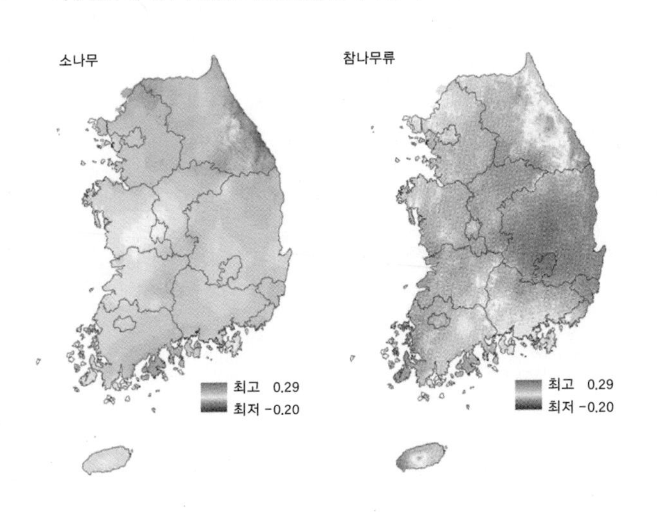

그림 2-7 **온량지수, 유효강우지수, 지형습윤지수와 표준 생장량의 상관관계**
(Kim 등, 2017)

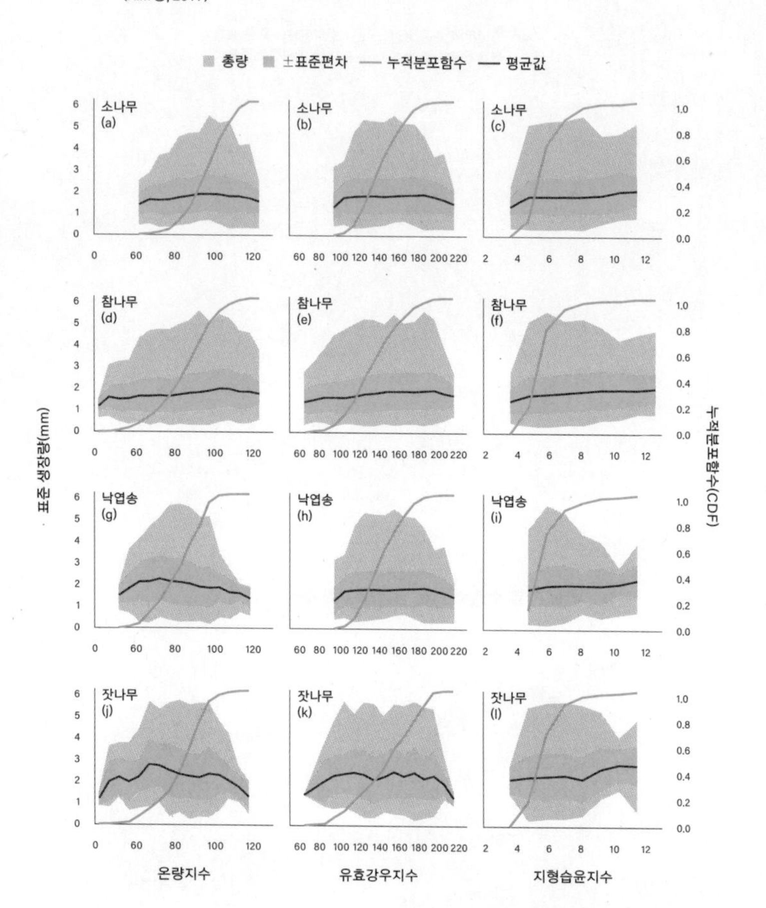

그림 2-8 **기후변화에 따른 산림탄소 저장량(a)과 흡수량(b)** (MOTIVE 연구단, 2016)

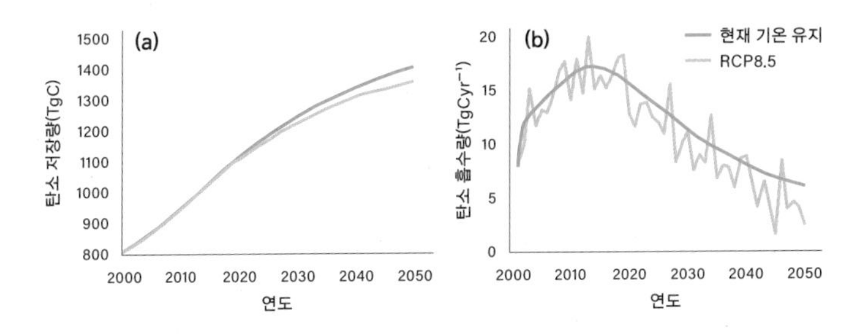

그림 2-9 **기후변화에 따른 산림탄소 흡수량** (MOTIVE연구단, 2016)

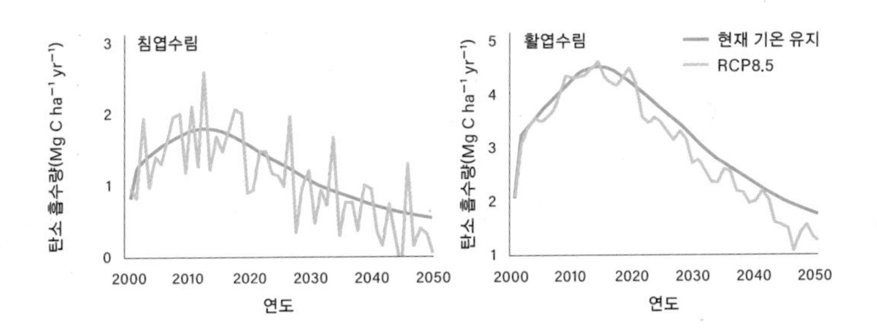

소 흡수량이 더 저하된다.[18] 우리나라 산림의 탄소 흡수량은 활엽수림에서 평균 4.6~4.9 Mg C $ha^{-1}yr^{-1}$로 나타났고, 침엽수림에서 2.8~ 3.0 Mg C $ha^{-1}yr^{-1}$으로 추정된다. 특히, RCP8.5 시나리오와 현재 기온 유지 시나리오▲를 비교하면 탄소 흡수량은 침엽수림에서 평균적으로 30% 감소한 반면, 활엽수림에서는 12% 감소하는 것으로 나타났다.

▲ 현재 기온 유지(CT) 시나리오: 기후변화가 나타나지 않고 2100년까지 유지되는 시나리오를 의미한다.

2. 산림의 수종 분포 변화

▲▲▲

침엽수림의 고사량 증가

기후변화는 수종 분포 변화에도 영향을 미친다. 기후변화에 의한 기온 상승으로 국내에서는 난대림 분포 범위가 늘어나는 반면 한대림의 분포 범위는 줄어들 것으로 예측된다.[19] 또한 고산·아고산 지대의 침엽수림에서 고사 속도가 점점 빨라지는 현상이 나타나고 있다. 기후변화에 의한 기온 상승과 가뭄 일수 증가는 향후 고산 침엽수 고사율을 높일 것이다.[20]

여러 연구가 이런 안타까운 예견을 뒷받침한다. 기후변화에 따른 수종별 고사의 정도를 파악하기 위하여 소나무, 일본잎갈나무, 잣나무, 굴참나무, 신갈나무의 5개 수종을 대상으로 우세목▲ 수고에 따른 최대임목본수▲▲의 패턴을 파악하고, 최대임목본수를 활용한 임분 단위의 고사 모델 개발과 고사에 대한 기온의 영

▲ 우세목(Dominant tree): 수관이 상층 임관을 형성하는 잘 자란 나무로 수관급 분류에서 1급목인 나무이다. 인공 조림지에서는 수목의 유전적 요인, 환경적 차이, 작업 방법의 차이 등에 의해 임목 간 경쟁이 이루어져 생장 우열이 나타나게 되는데, 이때 생장의 상태가 더 뛰어난 수목을 우세목이라고 한다. (산림청, 2022)

▲▲ 최대임목본수(MSN, Maximum stem number): 헥타르당 단면적이 최대가 되는 임목본수. 나무 수가 최대임목본수를 넘어가면 고사가 발생한다고 본다.

그림 2-10 **임령에 따라 증가하는 우세목 수고별 임목본수와 최대임목본수 곡선**

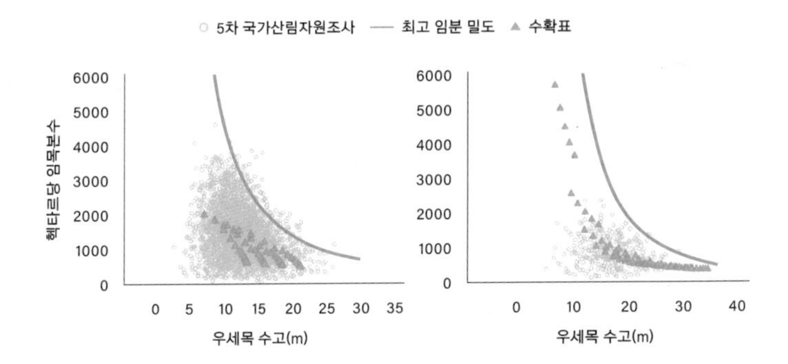

그림 2-11 **수종별 고사 모형의 잔차와 계절별(2006~2013) 기온과의 관계** (Kim 등, 2017)

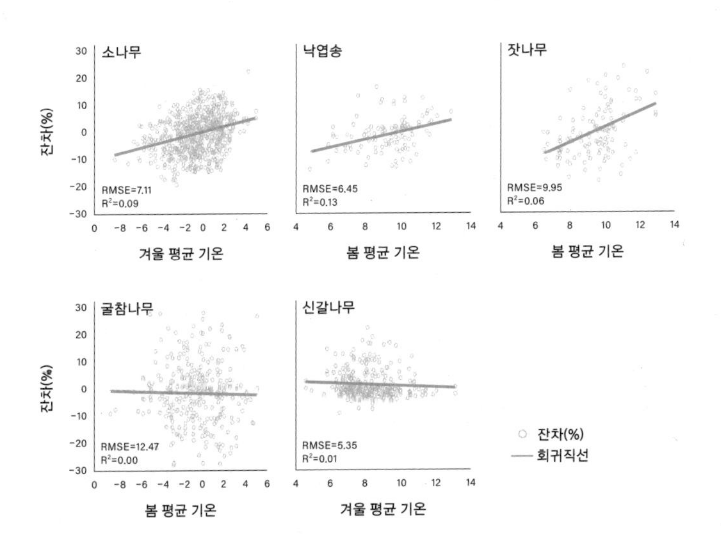

향을 평가한 바 있다.[21] 이 연구에서는 침엽수종(소나무, 일본잎갈나무, 잣나무)은 기온이 증가함에 따라 고사율이 증가하고, 참나무류(굴참나무, 신갈나무)는 반대로 고사율이 감소하는 것으로 나타나, 기후변화에 참나무보다 침엽수종이 민감하다는 것을 보여주고 있다.

1985년부터 2000년까지의 충주댐 유역의 위성 영상을 통해 토지 피복 변화 모니터링에 기반한 개선된 CA(Cellular Automata)-Markov 기법을 이용하여 식생 변화 양상을 파악한 연구 결과는 2000년 대비 2090년에는 활엽수림과 혼효림은 각각 14.3%, 11.6% 증가하는 반면 침엽수림은 24.9% 감소하는 것으로 나타났다.[22]

침엽수림이 감소하는 것을 넘어 고산지역의 침엽수종은 사라지고 있다. 기후변화에 따른 멸종위기 침엽수종 분포 변화를 우리나라 산림의 특수성을 반영하고 기후의 영향을 고려할 수 있는 잠재 수종 분포 모형인 HyTAG▲를 이용해 평가한 연구가 있었다.[23] 연구 결과, 기후변화로 인해 고산 침엽수종의 분포는 2050년대에 2000년대 대비(32%) 생육 가능 면적이 1/3 수준(10%)으로 감소하고 2080년대에는 그 감소가 심각한 수준(2%)에 이를 것으로 분석되었다. 가문비나무의 경우 2050년 잠재 가능 분포 면적 비율이 10%, 2080년에는 2%로 감소하는 것으로 예측되었

▲ HyTAG(Hydrological and Thermal Analogy Groups): 온량지수, 유효강우지수, 최저온도지수를 활용해 수종별 최적 생육 분포 범위를 도출하는 모형. 고려대학교 환경GIS/RS연구실에서 개발했다.

그림 2-12 **과거 및 미래의 멸종위기 침엽수종의 분포 변화**

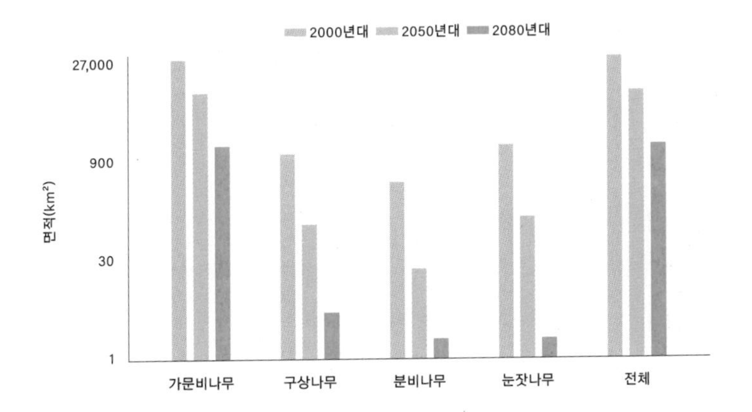

그림 2-13 **2000년대, 2050년대, 2080년대의 고산 침엽수종의 분포 변화 예측**
(유소민 등, 2020)

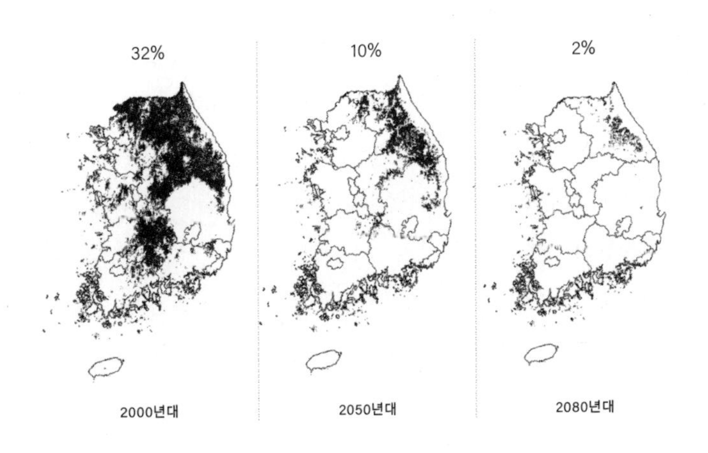

다. 또한 2050년이 되면 분비나무는 0.2%, 구상나무는 1%로 줄어드는 것으로 나타났다. 기후변화가 멸종위기 침엽수종의 급격한 쇠퇴에 영향을 끼칠 것으로 예상되며, 이는 곧 탄소 흡수 및 저장, 수자원 공급, 생물 다양성 등의 생태계 서비스 저하로 이어질 수 있다.

종 분포 모형SDMs, Species Distribution Models 중 MaxEnt Maximum Entropy model 모형을 이용해 대표적 아고산 식물인 구상나무와 분비나무의 기후변화 민감성을 RCP8.5시나리오에 따라 평가한 결과에서는 구상나무의 현재 기후 잠재 분포지는 48.4km², 2050년 46.88km², 2070년 41.97km²로 점차 감소하는 경향을 보였다. 그리고 분비나무에서는 그 감소 폭이 현재 1,549,90km², 2050년 203.29km², 2070년 89.62km²로 더 크게 나타났다.[24]

수종 분포 변화와 아열대 수종의 증가

우리나라의 주요 산림 식생대는 난온대 지역, 온대남부 지역, 온대중부 지역, 온대북부 지역, 한대 지역으로 구분할 수 있다. 그런데 지구온난화로 기온이 상승함에 따라 아열대 수종으로 구성된 난대림 북상하면서 온대중부 및 북부 지역의 수종이 달라질 것으로 예측된다.

온량지수, 유효강우지수, 최저온도지수▲를 활용해 수종별 최적 생육 분포 범위를 도출할 수 있는 HyTAG 모형을 개발하고, 이를 이용하여 우리나라에서 IPCC 기후변화 시나리오(B1, A1B,

A2)에 따른 국내 산림분포의 잠재적 변화를 예측한 연구가 있었다.[25] 이 연구 결과는 IPCC A1B 시나리오상 미래(2046~2065년)와 먼 미래(2080~2099년)에 전체적으로 연간 온량지수, 유효강우지수, 최저온도지수가 모두 증가할 것이라고 예측하고 있다. 이는 우리에게 익숙한 냉온대 혼효림과 냉온대 활엽수림의 분포 면적이 가까운 미래(2046~2065년)부터 줄어들기 시작해 먼 미래(2080~2099년)가 되면 사라질 것이라는 뜻이다. 온대 혼효림 및 활엽수는 점점 줄어들며 기존 분포 위치를 벗어나 먼 미래(2080~2099년)에는 동부 산악 지역으로 면적이 감소할 것으로 예측된다. 대신 온난대 혼효림과 상록수림, 아열대 상록수림은 넓어져 중부 지역으로 분포 면적을 확장하는 것으로 나타난다.

그림 2-14 **기후변화에 따른 수종 분포 변화**
(Choi 등, 2021)

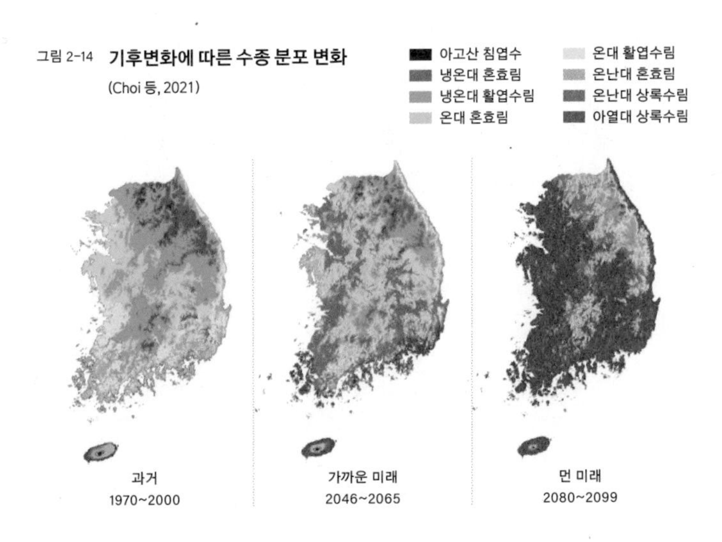

그림 2-15 **한반도 산림 서식 적합도 예측 결과** (Lim 등, 2018)

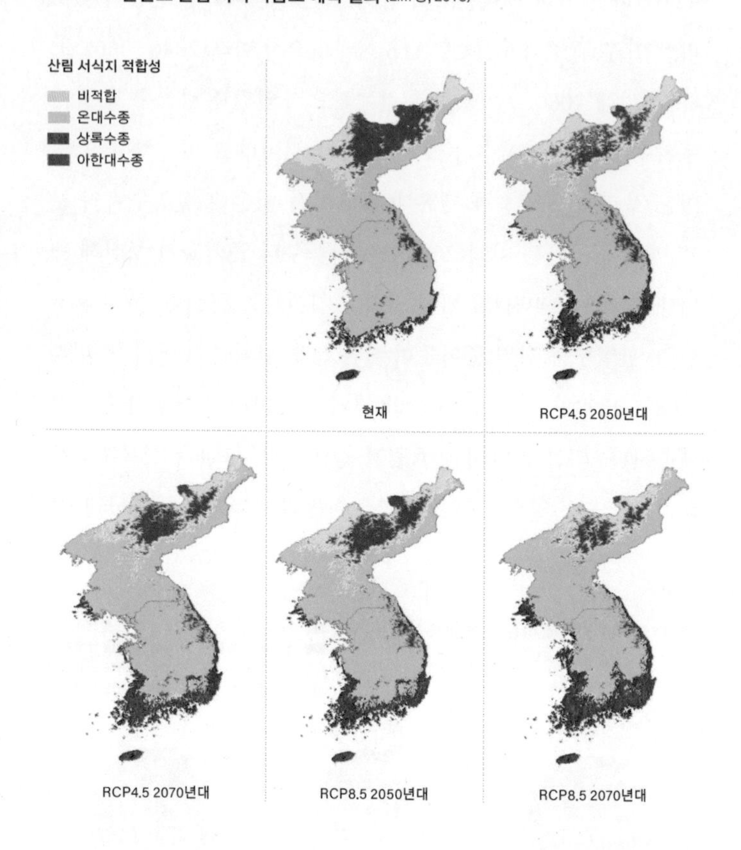

단위: km², (%)

산림 유형	기준선	RCP4.5 2050년대	RCP4.5 2070년대	RCP8.5 2050년대	RCP8.5 2070년대
상록수	8,372(3.68)	22,302(9.79)	28,100(12.34)	27,254(11.97)	43,731(19.21)
온대	149,811(65.79)	139,074(61.08)	138,652(60.09)	132,375(58.14)	137,245(60.28)
아한대	39,128(17.18)	26,938(11.83)	24,907(10.94)	29,906(13.13)	16,779(7.37)
비적합지	30,383(13.34)	39,380(17.29)	36,035(15.83)	38,159(16.76)	29,939(13.15)

한반도를 대상으로 아고산림, 온대림, 온난대 상록수림의 서식 적합도 개념으로 미래 영향을 평가한 결과도 RCP8.5 시나리오에서는 온난대 상록수림의 서식 적합 지역이 베이스라인 기준 69.47%에서 79.49%로 북한 동·서해안에서 모두 분포할 수 있을 정도로 북상하면서 면적이 증가할 것으로 예측하였다. 반면, 남한에서는 아고산림의 서식 적합 지역은 베이스라인 기준 17.18%에서 7.37%로 지속적으로 감소하여 먼 미래에는 매우 적은 지역만 적합할 것으로 예측되고 있다.[26]

기후 모델과 종 분포 모형을 앙상블하여 예측한 결과에서도 난대성 산림이 북상하며 서식 면적이 2050년 기준 41~261%, 2070년 기준 76~390% 증가하는 것으로 예측한 바 있다. 반면, 아고산림의 서식 면적은 23~90%, 2070년 기준 7~89% 감소하는 것으로 예측하고 있다.[27]

▲ 최저온도지수(MTCI, Minimum Temperature Index of the Coldest month): 최저 기온은 산림의 생육과 분포, 생장 등과 매우 밀접한 연관이 있으며, Neilson(1995)이 고안한 MTCI는 식생의 내한성(cold resistance)을 표현하는 지표로 알려져 있다. 이 지수는 Bachelet 등(2001)에서 동적 식생 모형에 적용되었으며, 식생의 분포와 밀접한 관련이 있다. (Neilson, 1995; Bachelet 등, 2001; Choi 등, 2011)

3. 산림재해

산사태

기후변화는 종종 재난의 모습으로 찾아온다. 집중호우의 강도와 빈도가 높아지고, 급격한 토지이용 및 피복 변화 등으로 인해 산사태 피해 규모도 점차 증가하고 있다. 생활권 주변 산지에 집중호우나 산사태가 일어나면 인명 피해를 초래하기도 한다. 우리나라의 산사태 발생 면적과 복구비는 1970년대에 비해 2010년대로 갈수록 지속적으로 증가하는 경향을 보이고 있는데, 산사태 발생 빈도는 앞으로도 계속 증가할 것으로 예상된다.[28]

산사태의 주요 요인으로 지질, 토양, 토지이용 현황 등과 강수량을 들 수 있다. 국내에서는 기후변화로 인한 누적 강우량 및 강우 강도 증가가 산사태를 유발하는 것으로 볼 수 있다. 국립산림과학원에 의하면 우리나라의 누적 강우량은 1960년대보다 2010년 이후 3배 증가했으며, 강우 강도는 2.5배 증가한 것으로 나타났다.

누적 강우량, 강우 강도, 선행 강우량 및 극한기후와 산사태 사이의 관계 등을 분석하여 강우 특성에 따른 산사태 발생 형태를

그림 2-16 **최근 10년간 산지 토사재해 피해 면적과 인명 피해(2010~2019)**

(국립산림과학원)

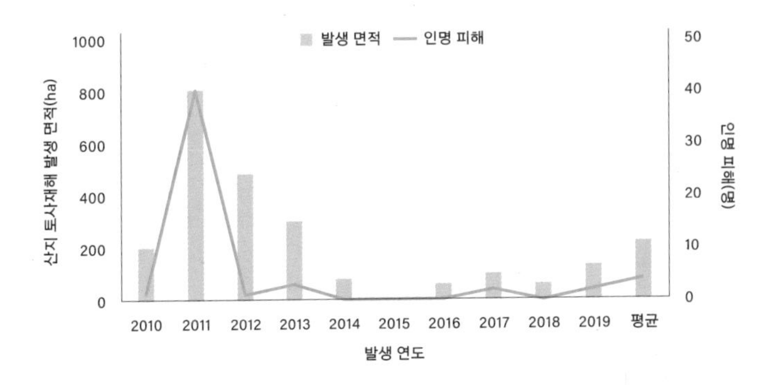

그림 2-17 **2011년 수도권 산사태를 통해 분석한 인자별 산사태 위험 지도**

(차성은 등, 2018)

○ 산사태 발생 지점
산사태 위험이 가장 낮은 지역
산사태 위험이 낮은 지역
산사태 위험이 중간 정도인 지역
산사태 위험이 높은 지역

지형공간인자만 활용

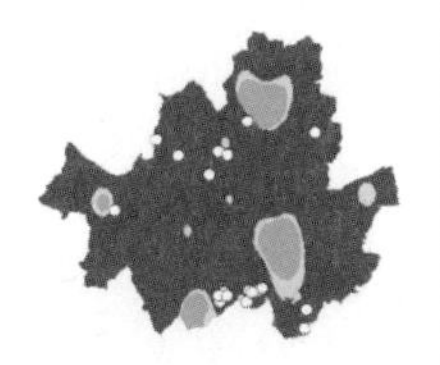

기후인자만 활용

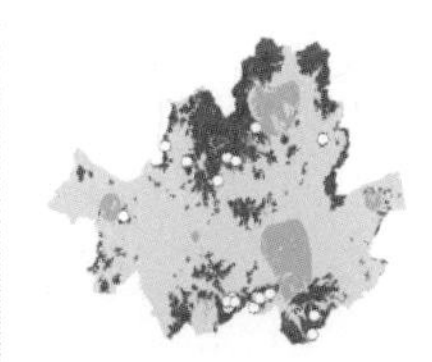

기후인자와 지형공간인자 모두 활용

분석하는 연구가 수행된 바 있었다. 이 연구는 산사태는 연속 강우 개시 이후 집중호우에 의해 발생하며, 강우 강도가 30mm/hr, 누적 강우량 200mm 이상일 때 발생하는 것으로 보고하고 있다.[29] 산사태 예측 정확도는 지형인자와 기후인자를 동시에 고려할 때 높일 수 있다는 연구도 보고되고 있다.[30] 즉, 지형적으로 위험 지역에 폭우 및 장시간 강수 등의 극한 기상이 이어지면 산사태 발생이 크게 증가하는 것이다.

병해충

병해충에 의한 산림피해 위험은 이상기상 현상에 생리적으로 적응하지 못한 수목과 산림에서 크게 나타난다. 국내 산림은 소나무재선충병, 참나무시들음병 등으로 큰 피해를 입은 경험이 있으며, 그 외 다양한 산림 병해충이 숲의 건강성에 영향을 미치고 있다.

병해충이 확산되는 이유는 크게 기후요인과 기후 외 요인으로 나눌 수 있다. 기후요인으로는 병해충 생태에 직접적으로 작용하여 개체 수 변화를 초래하는 온도와 기주 수목의 건정성과 밀접한 강수량을 들 수 있다.[31] 매개충 발육기와 활동기의 온도 상승은 유충 사망률을 감소시키고 성충 활동 시기를 확대하여 개체 수 증가의 원인이 되며, 매개충 활동과 밀도 증가는 병해충 확산의 직접적 원인이다. 특히 강수량의 감소는 기주의 건전성을 저하시켜 피해가 커지는 이유가 될 수 있다.

2018년 한국농촌경제연구원에서 소나무재선충병과 참나무시들음병의 주요 인자를 분석한 결과, 소나무재선충병은 겨울 최저 기온, 봄 평균 기온, 여름 평균 기온, 가을 최저 기온, 봄 상대 습도, 겨울 적설량, 인구 변수가 피해율과 양의 상관관계를 가지며, 여름 평균 기온의 제곱항, 여름 강수량과 피해율은 음의 상관관계가 있는 것으로 나타났다. 북방수염하늘소의 주 우화시기가 봄이고 솔수염하늘소의 우화시기가 봄과 여름임을 고려할 때, 봄 기온이 높아질수록 매개충의 우화시기가 빨라져 소나무재선충병에 대한 피해율이 높아질 것으로 예상된다.

참나무시들음병은 겨울 최저 기온과 봄 최고 기온이 상승할수록 피해율이 증가하는 것으로 나타났다. 반면, 강수량은 참나무시들음병 피해율과 음의 상관관계를 갖는 것으로 나타나고 있다.

앞으로도 기후변화로 인해 월평균 최저 기온 및 최고 기온이 상승할 것이다. 2050년대부터 강원도 일부를 제외한 남한 전역이 솔수염하늘소의 서식 적합지가 될 것으로 예상된다. CLIMEX 모형과 RCP8.5 기후 시나리오를 이용하여 우리나라의 솔수염하늘소의 현재와 미래 공간 분포를 예측한 연구는 월평균 최저 기온 및 최고 기온의 상승과 같은 기후변화로 인해 국내 솔수염하늘소 발생 적합지가 점차 북상하여 2050년대부터는 강원도 일부를 제외한 남한 전역이 솔수염하늘소 서식 적합지가 될 것으로 전망한 바 있다.[32]

표 2-3 **소나무재선충병 피해 함수 추정 결과(평균 한계 효과)** (한국농촌경제연구원, 2018)

설명 변수 및 종속 변수	계수	표준 오차	P 값
겨울 최저 기온(it-1)	0.000274***	0.0000915	0.003
봄 평균 기온(it)	0.0006445***	0.000161	0.000
여름 평균 기온[45]과 그의 제곱(it)	-0.0006603***	0.0001844	0.000
가을 최저 기온(it)	0.000367***	0.0001414	0.009
봄 상대 습도(it)	0.0001835***	0.0000593	0.002
가을 상대 습도(it)	0.00000279	0.0000411	0.946
여름 평균 강수량(it)	-0.00000566**	0.00000263	0.032
겨울 적설량(it-1)	0.0001368*	0.0000729	0.061
돌발더미(ct(2013))	0.0022579***	0.000484	0.000
인구: POP(it)	0.00000001**	0.0000000041	0.011

표 2-4 **참나무시들음병 피해 함수 추정 결과(평균 한계 효과)** (한국농촌경제연구원, 2018)

설명 변수 및 종속 변수	계수	표준 오차	P 값
비방제 피해목 면적(it)	0.000031***	0.00000859	0.000
흉고직경: SPT(it)	0.000042***	0.00000820	0.000
인구	6.91e-09***	0.000000002	0.000
겨울 최저 기온(it-1)	0.000213*	0.000126	0.089
겨울 평균 강수량(it-1)	-0.000058***	0.000014	0.000
겨울 상대 습도[48](it-1)	0.000020	0.000022	0.910
봄 최고 기온(it)	0.000333**	0.000146	0.022
봄 상대 습도(it)	0.00000089	0.000060	0.988
봄 평균 강수량(it)	0.00000088	0.00000696	0.900
여름 최고기온과 그의 제곱:	-0.000382**	0.000193	0.048
여름 평균 강수량(it)	-0.000003740*	0.0000021	0.075
가을 최고 기온(it)	0.000092	0.000164	0.574
가을 상대 습도(it)	0.000026	0.000100	0.798
가을 평균 강수량(it)	-0.000017***	0.000005780	0.003
국유림(i)	0.000102	0.000168	0.544

산불

기후변화로 인한 강수 패턴이 달라지면서 가뭄 현상이 증가하고 산불 발생의 위험성도 점점 높아지고 있다.[33] 우리나라에서 발생하는 산불은 사람의 부주의로 인한 경우가 대부분(89%)이다.[34] 그 외 자연 산불의 원인으로는 대기 중 낮은 습도와 높은 온도, 산림 내 건조한 낙엽 등을 꼽을 수 있다.

우리나라의 산림의 43%가량을 차지하는 침엽수는 불에 잘 탄다. 그래서 산불이 발생하면 더 위험하다. 또한 우리나라의 봄과 가을은 건조 정도가 심하고, 해풍·푄 현상 등 기후 및 바람의 영향으로 전국에서 산불 발생이 심화되고 있는 실정이다.[35]

기후변화와 산불의 영향 관계를 규명하려 한 다수의 연구들은 기상변화가 산불 발생에 직접적인 영향을 미친다는 점을 보고하고 있다. 전국을 대상으로 지역별 산불 발생 원인과 기상조건의 관계를 구명하기 위해 통계적 분석을 적용하여 제주도를 제외한 8개 광역 지자체 산불 발생 확률 모형을 개발한 연구에서는 산불 발생과 실효 습도와는 음의 상관관계, 일 최고 기온, 평균 풍속 등에서는 양의 상관관계를 갖는 것으로 확인되었다.[36] 또 다른 연구는 1990년 이후 기후변화에 대응하기 위한 산불 발생 확률 모형의 변화를 비교하고, 2000년대 이후의 산불 발생 확률 모형을 적용하여 기후변화와 산불 발생 간의 인과관계가 있는 것으로 파악하였다.[37] 실제로 1980년대부터 2000년대까지 산불 발생 횟수가 크게 증가하였는데, 건조 기간 증가 및 산림 연료량 증가가 주

요 원인인 것으로 파악되었다.[38]

최근 발생한 산불의 강도와 빈도를 분석한 연구는 빈도보다는 강도에서 더 군집된 형태의 결과가 나타나는 것을 확인하였다.[39] 이는 작은 산불은 국지적으로 파편화되어 나타나지만 강도 높은 산불은 기후·환경인자에 영향을 받고 있음을 시사한다.

그림 2-18 **1990~2000년대의 산불 발생 빈도 변화** (원명수 등, 2016)

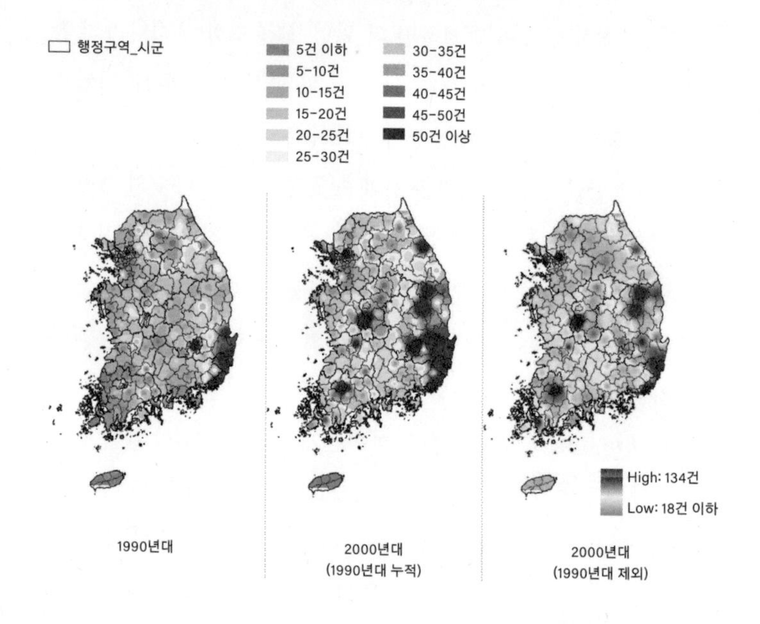

3장

탄소를 흡수하는 산림

글

이우균(고려대학교 환경생태공학과 교수)
김영환(국립산림과학원 연구관)
박주원(경북대학교 산림과학·조경학부 교수)

탄소 흡수원이자 저장고이며, 탄소 다발생 제품의 대체재로서 탄소중립에 기여하는 산림의 가치는 나무의 생장에서 비롯된다. 나무가 왕성하게 자랄수록 이산화탄소 흡수량도 늘어나고, 나무의 생장이 더뎌지면 이산화탄소 흡수량도 줄어든다. 그런데 우리나라 산림은 고령화로 생장 및 탄소 흡수량이 줄어드는 단계이다. 기후변화로 인한 생장 둔화 및 침엽수종 쇠퇴, 온대수종이 감소하는 수종 분포 변화, 재해 증가 등은 산림의 탄소 흡수량 감소를 더욱 심각하게 하고 있다. 산림을 방치하면 이런 현상은 더욱 심해질 것이다. 기후변화 대응을 위한 적극적인 산림관리가 필요한 때이다.
우리나라의 산림은 1970년대 이후 조림에 성공해 대부분의 산림이 생산기를 지나 고령림으로 접어들고 있어 산림의 생장은 둔화되고 탄소 흡수량 감소가 뚜렷하게 나타나고 있다. 따라서 임령 증가에 따른 과밀과 고사가 발생되지 않도록 산림의 밀도를 적절히 관리할 필요가 있다. 적기의 숲가꾸기 등 산림관리를 통해 입목 고사를 최소화하고, 벌기에 도달한 산림에서 목제품을 수확하는 등 임목자원을 활용해 산림의 경제적·사회적 가치를 높여야 한다. 산림청의 '제6차 산림기본계획'에 근거하여 현재보다 산림관리 규모를 늘려야 임령에 따른 탄소 흡수량 감소세를 둔화시킬 수 있다.
여러 연구들이 지금보다는 산림관리의 규모와 양을 늘려야 탄소 흡수량 감소세를 누그러뜨릴 수 있다고 분석하고 있다. 국제사회에서는 경영되는 산림에서 흡수하는 탄소량만 산림의 탄소 흡수량으로 인정한다. 현재 우리나라의 산림경영 대상지 현황 관련 국가 정보는 국가 단위 통계 자료, 피복 현황을 확인할 수 있는 공간 자료, 여러 국가 데이터베이스 등으로 흩어져 있다. 서로 분리되어 있어 이를 산림탄소계정으로 통합시킬 필요가 있다. 지속가능한 산림경영 기반의 탄수 흡수원 관리가 필요하다.

1. 나무와 숲의 생장량과 탄소 흡수량

고령화할수록 줄어드는 것들

생장량 감소

나무의 생장은 나이테(연륜tree ring)의 폭을 통해 알 수 있다. 나이테는 나무가 왕성하게 자랄수록 간격(연륜폭)이 넓어지다가 일정 나이에 최고점에 도달하면 점차 감소하는 경향을 띤다. 인간이 어린 시절 쑥쑥 자라다가 어느 순간 성장을 멈추는 것과 같다. 그러므로 나이테를 통해 나무의 생장량을 파악할 수 있다.

1970년부터 2005년 사이의 우리나라 주요 수종 5개의 생장

그림 3-1 **연륜 생장의 횡단면(좌)과 종단면도(우)**

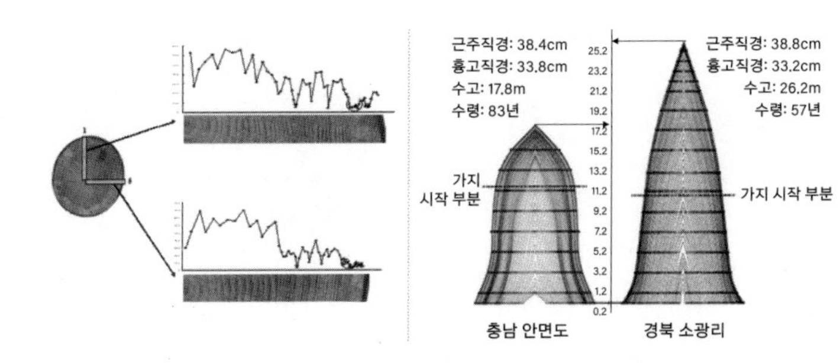

을 연륜폭으로 분석한 결과, 수령樹齡, tree age 즉 나무의 나이가 증가할수록 모든 수종에서 직경 생장이 대체로 감소하는 것으로 나타났다.

물론 나무의 생장이 나이에만 좌우되는 것은 아니다. 날씨와 같은 기후인자도 나이테의 폭에 영향을 미치기는 한다. 하지만 이 역시 생장 초반에 연륜폭이 증가하다 최고점에 도달한 후 감소하는 경향 자체에는 큰 영향을 주지 못한다.

연륜 정보는 목편core을 채취해 얻을 수 있다. 우리나라에서는 전국의 산림에 대한 기본 통계 기초 자료를 확보하는 국가산림

그림 3-2 **수령에 따른 수종별 생장량**

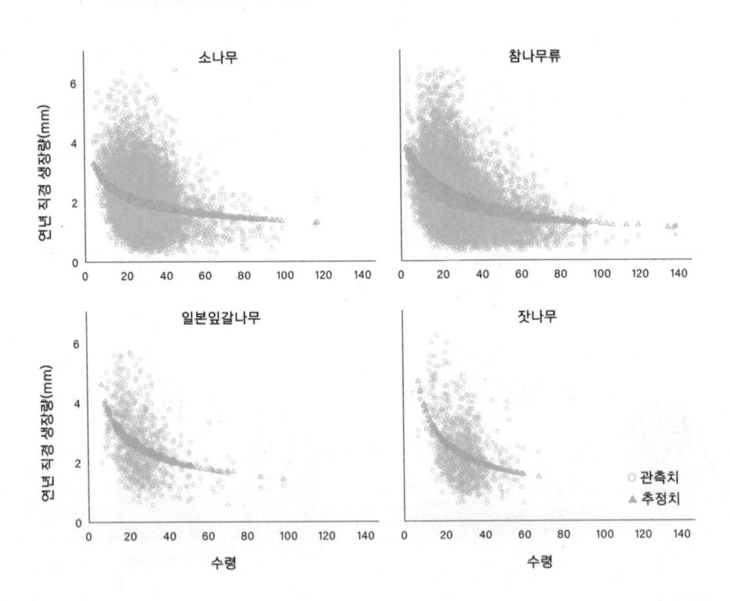

자원조사NFI▲를 국가사업을 시행하고 있는데, 이때 목편을 채취해 나이테를 1/100mm로 측정해 보관하고 있다.

숲의 생장도 나이에 좌우된다. 숲 나이인 임령이 높아질수록 나무의 생장량이 줄어드는데, 이는 시간의 흐름에 따른 산림의 생장 변화를 표현하는 총 생장량 또는 총 생산량gross production 곡선으로 알 수 있다. 생산량은 간벌 및 자연 고사 등으로 인해 일반적으로 초반에는 점증적over-proportional 증가 추세를 드러내다 변곡점에서 최대로 도달한 후 점감적under-proportional으로 증가하는 누운 S자 형태를 보인다.

평균 생장량은 총 생장량(Y)을 임령(t)으로 나눈 양(Y/t)이며, 연년 생장량은 수학적으로 총 생장량을 임령에 대해 미분한 양(dY/dt)을 나타낸다. 평균 생장량과 연년 생장량은 모두 초반에 점차 증가하다가 최고점에 달한 후에 점차 감소하는 경향이 있다. 연년 생장량 곡선은 총 생장량 곡선이 변곡점에 이르는 시점에서 최고점에 달하고, 평균 생장량 곡선은 연년 생장량 곡선과 만나는 시점에서 최고점에 도달한다.

이는 생장 초기에는 평균적으로 생장하는 양보다 최근 1년간 생장하는 양이 많지만, 평균 생장량이 최고점에 도달한 이후에는 최근 1년간 생장하는 양이 평균보다 작다는 것을 의미한다. 따라

▲ 국가산림자원조사(NFI, National Forest Inventory): 전국 산림을 4km×4km로 나누어 고르게 표본점을 설정하고, 매년 전체 표본점의 20%씩 조사한다. 이를 통해 5년 주기로 국가의 모든 산림에서 필요한 자료를 얻을 수 있다.

그림 3-3 **산림의 최대 본수 곡선, 총 생장량, 평균 및 연년 생장량 모식도**

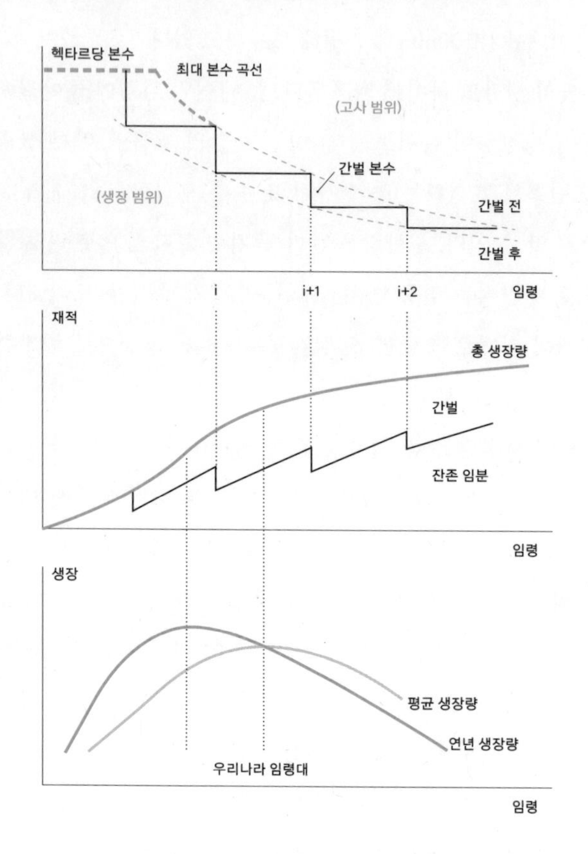

서 평균 생장량이 최대가 되는 시점에 나무를 벌채하면 재적 측면에서는 최적의 효율을 얻을 수 있다.

30~40년생이 대부분인 우리나라의 산림은 시간이 지날수록 생장량이 점점 낮아지게 될 것이다. 이미 생장량이 감소하는 추

세 범위에 있는 것이다. 결국 산림에 축적되는 부피는 계속 증가하겠지만, 그 증가 추세는 둔화되는 것이다. 이는 산림의 고령화로 산림에서 매년 흡수되는 탄소량이 줄어드는 것을 의미한다.

탄소 흡수량 감소

〈2020 국가 온실가스 인벤토리 보고서〉에 따르면, 우리나라 산림의 탄소 저장량은 꾸준히 증가하고 있으나, 연간 순 흡수량은 2008년 이후 급격히 감소하고 있다. 1990년 말 4억8천만 톤이었던 우리 산림의 이산화탄소 저장량은 2018년 말에는 18억9천만 톤으로 4배 가까이 증가하였다. 연간 이산화탄소 순 흡수량은 1990년 3,828만 톤에서 2000년 6,138만 톤으로 급격히 증가하며 2008년 6,150만 톤으로 최고치를 기록한 이후, 2018년에는 4,560

그림 3-4 **우리나라 산림의 이산화탄소 저장량 및 순 흡수량 추이**
(〈2020 국가 온실가스 인벤토리 보고서〉, 온실가스종합정보센터, 2020)

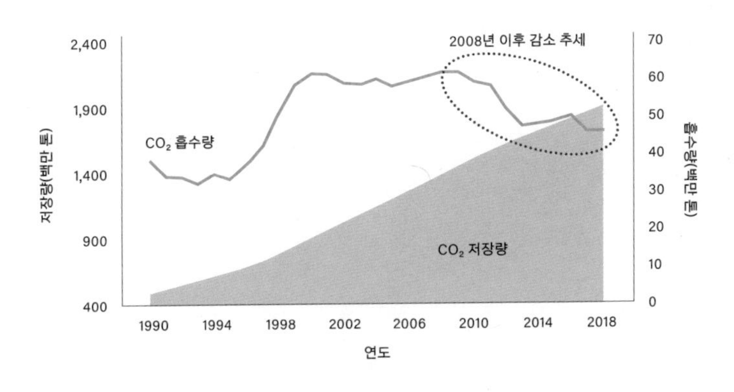

만 톤으로 급격히 감소하였다.

국립산림과학원은 이러한 생장 및 탄소 흡수량이 줄어드는 이유를 임령 증가로 파악하고 있다. 우리나라 산림은 침엽수와 활엽수 모두 20~30년생까지 가장 왕성한 생장을 보이다가 이후에는 점차 생장량이 감소한다.

실제로 한 연구에서 소나무는 3영급▲(21~30년)에서 이산화탄소 흡수량이 10.77톤/ha/년으로 최대가 되지만, 이후 흡수량이 감소하여 4영급(31~40년)에서는 3.51톤/ha/년으로 줄어드는 것으로 나타났다. 참나무는 이산화탄소 흡수량이 2영급(11~20

그림 3-5 **우리나라 산림의 임상별 생장량** (국립산림과학원, 2020)

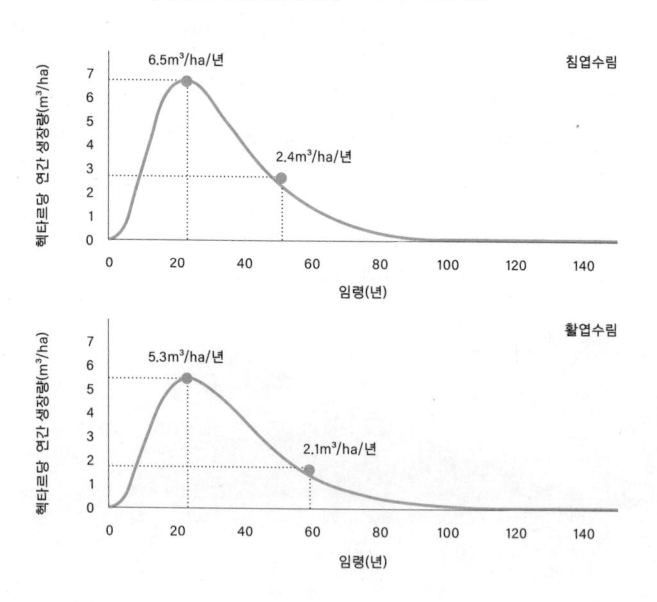

년)에서 16.08톤/ha/년으로 최대가 되고, 3영급 이후 급격하게 감소하여 4영급에서는 8.65톤/ha/년 흡수에 그치는 것으로 분석되었다.[1]

우리나라 산림은 1970~1980년대에 대규모로 조성되어서 31년생에서 50년생(4, 5영급)의 산림이 전체 산림면적의 2/3 정도를 차지하고 있다. 다시 말하자면 우리나라 산림의 대부분이 생장이 가장 왕성한 시기를 지나 점차 둔화되는 시기에 접어들었다는 것이다.

이러한 고령화의 영향으로 51년생 이상 산림의 면적 비율은

그림 3-6 **우리나라 산림의 임상별 생장량** (국립산림과학원, 2020)

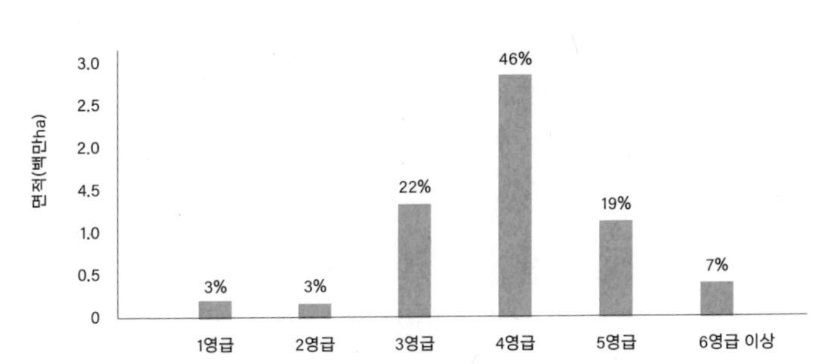

▲ 영급(age class): 나무의 나이를 10년 단위로 구분하는 산림용어로 1~10년생은 1영급, 11~20년생은 2영급 등으로 분류한다. 우리나라 산림의 영급 구조는 6영급으로 이루어져 있으며, 현재 30년 이상 된 나무가 전체 산림의 70% 이상을 차지하고 있다. 이처럼 산림의 불균형한 영급 구조가 국내 산림이 마주하고 있는 가장 큰 문제라 할 수 있으므로 영급 구조를 개선해야 한다고 주장하는 추세이다.

2020년 10%에서 2030년 33%로 증가하는 반면, 같은 기간 헥타르당 연년 생장량은 4.3m^3에서 2.6m^3으로 40% 가까이 줄어들 것으로 전망되고 있다.[2] 국립산림과학원은 2050년이면 51년생 이상 산림면적이 전체 산림의 70%를 넘어설 것으로 예상하고 있다. 이에 따라 이산화탄소 흡수량도 감소할 것이다. 2018년 현재 우리나라 산림은 4,560만 CO_2톤▲을 흡수하고 있지만, 산림 고령화가 계속된다면 2050년대에는 이산화탄소 흡수량이 1,302만 톤까지 떨어질 것으로 예측된다.[3]

임령과 탄소 흡수량 및 저장량 간의 관계

임령에 따라 생장량과 탄소 흡수량이 줄어드는 경향은 국외의 다양한 연구에서도 확인할 수 있다. 북아일랜드 티론주Tyrone 자연림의 가문비나무*Picea sitchensis*가 가장 왕성하게 생장하는 임령은 35년으로 확인되었다.[4] 중국 588개 지역에서 측정된 순일차생산량NPP▲▲, 바이오매스, 토양유기탄소SOC, Soil Organic Carbon에 따르면 탄소 흡수량이 가장 높은 임령은 14~43년이다.[5]

온대림과 한대림 지역에서 18~800년생 산림을 대상으로 조사한 결과에서는 80년생 이후 나무의 탄소 흡수량이 떨어지며, 나이가 들수록 탄소 흡수량이 감소하는 추세는 한대림보다는 온대림 지역에서 뚜렷한 것으로 드러났다.[6] 다른 연구에서도 일반적으로 온대림 지역 산림은 11~30년생에서 탄소 흡수량이 최고치에 도달하고 이후 나이가 들어감에 따라 흡수량이 감소하는 것

그림 3-7 **수령과 탄소 흡수율과의 관계** (Zhou 등, 2015)

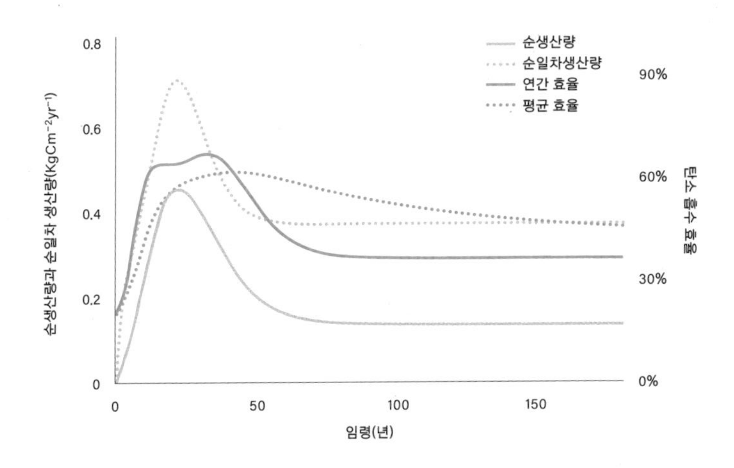

으로 나타났다.[7] 다만 세계적으로 생장이 매우 우수한 서북미 지역의 온대우림에서는 70년생 이후에도 탄소 흡수량이 계속 늘어나는 것으로 보고되고 있다.

열대 및 온대 지역에서 403개 수종, 67만 개체목을 조사한 연구에서는 지역이나 수종에 관계없이 크기가 큰 개체목들이 지속적으로 생장하며 크기가 작은 나무보다 탄소 흡수량이 더 큰 것

▲ 이산화탄소톤: 배출된 온실가스의 양을 이산화탄소를 기준으로 환산한 단위. CO_2톤, 또는 tCO_2으로 표기한다.

▲▲ 순일차생산량(NPP, Net Primary Production): 식물의 광합성에 의해 저장된 탄소량에서 식물의 호흡량을 제외하고 식물체에 저장되는 탄소의 양.

순생태계생산량(NEP, Net Ecosystem Production): 식물과 토양의 호흡량을 제외하고 산림생태계 내에 장기간 저장되는 탄소량으로, 순생산량이라고 하기도 한다.

그림 3-8 **영급에 따른 온대림, 한대림, 열대림의 순일차생산량 및 순생태계생산량**
(Pregitzer 등, 2008)

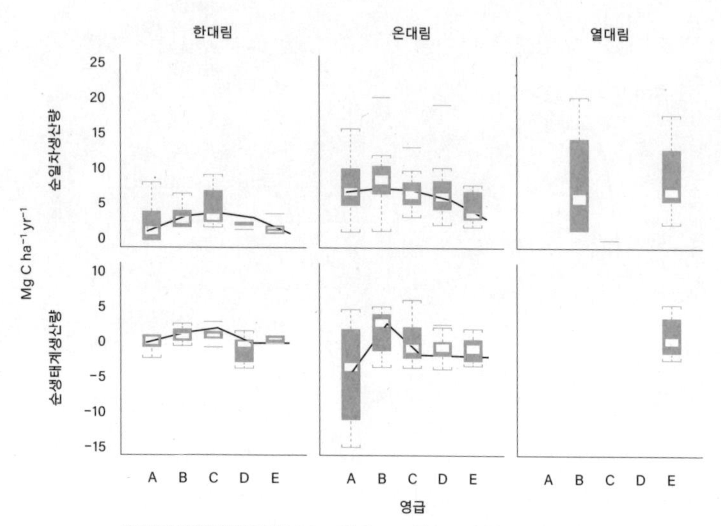

온대림과 열대림의 영급구분: A: 0-10년, B: 11-30년, C: 31-70년, D: 71-120년, E: 121-200년
한대림의 영급구분: A: 1-30년, B: 31-70년, C: 71-120년, D: 121-200년, E: 200년<

그림 3-9 **워싱턴 서부 지역의 임령에 따른 연간 탄소 저장량 변화** (Lippke 등, 2011)

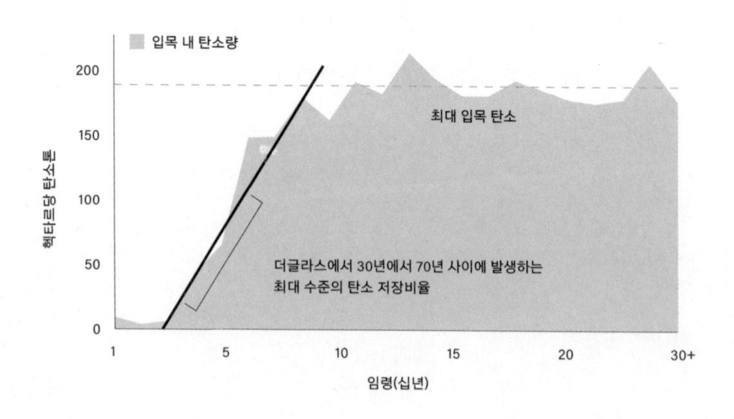

으로 나타났다. 하지만 이는 주변 입목과 경쟁하지 않는 상태에서 자라는 거대 개체목을 조사한 결과이므로, 산림에서는 임분밀도▲ 등의 영향으로 나이가 들수록 흡수량이 줄어들 수 있다고 연구자들은 언급하고 있다.[8]

앞서 제시한 연구 결과에서 임령이 증가하면 산림의 생장량 및 탄소 흡수량은 저하되지만 생장·흡수 활동은 지속된다는 것을 확인할 수 있다. 이는 산림의 생장량이 저하되면 이산화탄소 흡수량은 줄어들지만, 탄소 흡수는 지속되므로 임령이 증가할수록 나무에 저장되는 탄소량이 점차 증가하여 산림의 탄소 저장량은 일정한 수준으로 수렴하게 된다는 것을 의미한다.

▲ 임분밀도: 임분에서 임목이 차지하는 부분의 양적인 척도로, 개체목 수준의 생장에 큰 영향을 미친다. 임분밀도가 높으면 단위 면적당 임목축적은 높아지지만, 개체목의 직경 또는 재적 생장에는 취약해진다. 따라서 전체 임목본수와 개체목 크기 간의 균형을 이루기 위한 밀도 관리가 중요하다.

2. 산림탄소 흡수원 관리

영급 구조 개선

산림 부문의 탄소 흡수량을 장기적으로 늘리기 위해서는 벌기에 도달한 산림의 갱신을 통해 장령림 위주의 영급 구조를 조정하고 임목의 생장을 촉진시켜야 한다.

우리나라는 황폐화된 산림을 복구하기 위해 1970년대부터 범국가적으로 산림을 재조림하였으며, 이에 따라 현재 국내 산림지의 영급은 대부분 4~5영급을 나타내고 있다.[9] 우리나라 산림의 대부분은 곧 벌기령에 도달한다. 따라서 2040년대에는 갑자기 많은 양의 목재를 수확해야 하고, 이에 따라 산림의 탄소 저장량이 급격히 감소할 수도 있다.[10] 캐나다에서 개발한 탄소수지 모형 CBM-CFS3, Carbon Budget Model- Canadian Forest Sector을 활용해 우리나라의 산림탄소수지 동향을 추정한 연구에서 1992년에서 2034년까지 우리나라의 탄소 축적은 증가하지만, 이후에는 지속적으로 감소하는 것으로 나타났다. 이러한 경향성은 기후변화에 따른 생장량 감소와 고사, 영급 불균형에 적절하게 대응하지 못한 산림관리에서 비롯된 것으로 분석된다. 기후변화에 대응하려면 산림의 적절한 영급 조절 관리가 필요하다는 것을 시사하는 것이다.

이러한 영급 불균형을 완화하기 위해서는 지속가능한 산림 경영이 시행되어야 한다. 숲가꾸기 사업은 임목 간 생육 경쟁, 빛, 수분, 공간 스트레스 등을 감소시켜 산림의 생육 환경을 개선하고, 기후변화 적응 능력을 높여 온실가스 흡수를 증진시킬 수 있다.

적극적인 산림관리

산림을 '경영한다'는 것은 '고사가 발생하지 않도록 밀도 관리를 하는 것'으로 볼 수 있다. 그 과정에서 수확된 목제품과 남겨지는

그림 3-10 **CBM-CFS3 모형에 따른 국내 산림지 총 탄소 저장량 변화 결과** (Kim 등, 2016)

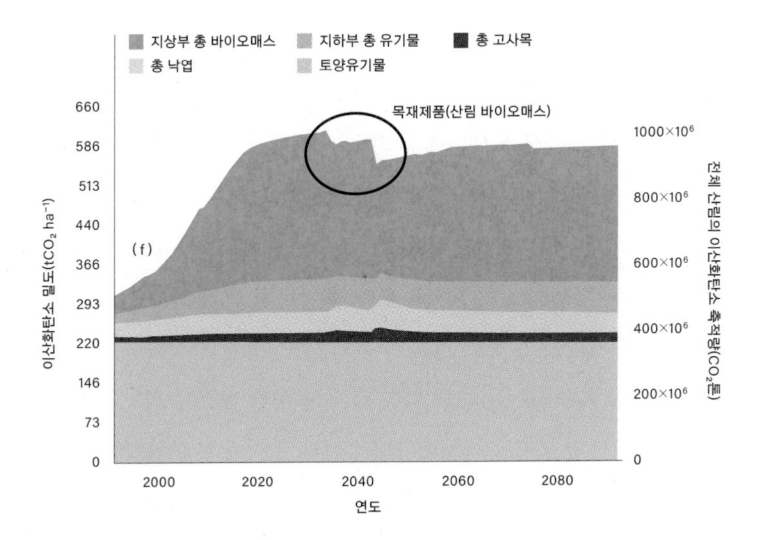

산림(잔존 임분)이 존재하게 된다. 탄소 흡수원 관리 측면에서는 숲가꾸기 등 산림관리를 통해 남겨지는 산림의 경쟁을 완화시켜 나무의 생장은 촉진하고 탄소 흡수량이 증진되도록 하는 것이다. 탄소 흡수 측면에서 벌채를 확대하면 단기적으로 숲에서의 배출량 증가가 수반될 수 있다. 그러므로 생산된 목재를 오래 쓰는 방안도 함께 강구되어야 한다. 즉, 국가 수준의 지속가능한 영급 균형 및 산림 흡수원 관리와 함께 국산 목재의 공급 목표도 함께 세워야 한다.

현재 우리나라의 연간 벌채량은 전체 임목축적의 0.5% 수준에서 유지되고 있으며, 연간 임목축적의 증가량 즉 생장량과 비교하면 약 20% 수준을 유지하고 있다. OECD의 환경보고서 〈한눈에 보는 환경 2020 Environment at a Glance 2020〉에 따르면 우리나라의 연간 생장량 대비 벌채량 비율은 OECD 국가들의 절반 이하로 매우 낮은 수준이다. 벌채량이 적다 보니 전체 목재 수요 대비 국산 목재의 자급률은 16%에 불과한 실정이다. 따라서 탄소중립을 달성하려면 산림의 생산율을 높일 필요가 있다.

한국형 산림탄소 모델을 활용하여 우리나라 주요 수종별 법정 벌기령과 '제6차 산림기본계획'에 기반한 연간 벌채 면적을 적용한 시나리오, 그리고 현재 수준의 연간 벌채 면적을 유지하는 시나리오의 2010~2050년 기간 탄소 흡수량 변화를 비교한 연구가 있다.[11] 분석 결과, '제6차 산림기본계획'에 기반한 시나리오는 현재 수준을 유지한 시나리오에 비해 탄소 흡수량이 2030년까지는 소폭 감소하나 2030년 이후로는 증가한다. 그리고 이 증가 폭은 계속해서 커지는 것으로 나타났다. 벌채 후 조성된 유령림幼齡林, young forest 초기에는 탄소 흡수량이 미미하지만, 숲이 성숙함에 따라 임목의 생장이 활발해지고 탄소 흡수량이 큰 폭으로 증가하는 자연적인 현상이 모델에 반영된 것으로 보인다. 연구 결과에 따르면 2050년 연년 이산화탄소 흡수량은 각각 2,030만 톤/년(지나친 산림보존 및 보호 시나리오), 2,190만 톤/년(RCP8.5+현

그림 3-11 **시나리오에 따른 미래 탄소 저장량과 탄소 흡수량**(Kim 등, 2021)

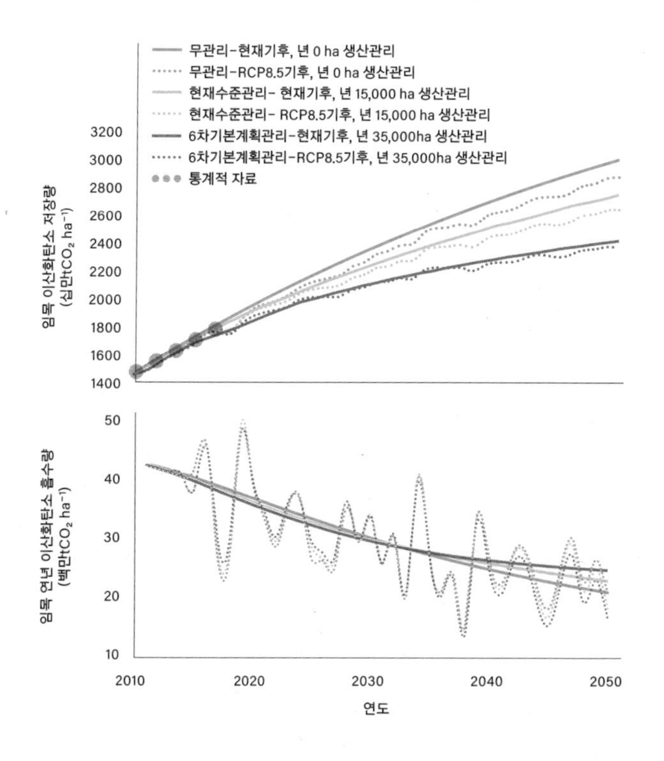

재 산림관리 수준), 2,380만 톤/년(RCP 8.5+제6차 산림기본계획에 따른 산림관리)으로 전망되었으며, 이는 무리한 산림파괴가 아닌 과학적인 산림관리를 통해 탄소 흡수량이 유지 및 증진할 수 있다는 것을 시사한다.

'제6차 산림기본계획'에 기반한 현재의 1.6배 숲가꾸기는 국가 온실가스 감축 계획 달성에 기여하는 것으로 분석된다.[12] 현재 기후 적용(시나리오1), 기후변화(시나리오2: RCP8.5) 적용, 기후변화와 현재 산림관리 수준 적용(시나리오3), 기후변화와 이상적 산림관리(시나리오4: 6차 산림관리 기본계획에 따른 간벌 및 벌기령 적용) 등의 시나리오별 연 생장량은 2030년대에 2.98m^3/ha, 2.88m^3/ha, 2.88m^3/ha, 2.89m^3/ha이며, 2050년대는 각각 2.05m^3/ha, 1.97m^3/ha, 1.99m^3/ha, 2.3m^3/ha로 추정된다.

산림 전체에 대한 이산화탄소 흡수량은 2030년 기준으로 연간 3,461만 CO_2톤, 3,355만 CO_2톤, 3,241만 CO_2톤, 3,359만 CO_2

그림 3-12 **산림관리 시나리오에 따른 연년 생장량과 탄소 흡수량 변화** (Hong 등, 2022)

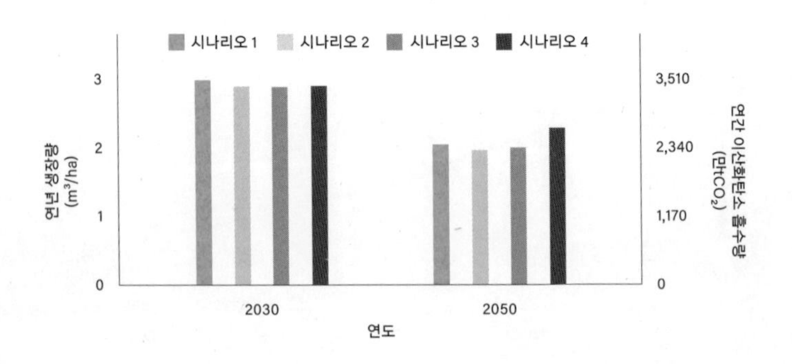

톤이며, 2050년 기준으로 연간 2,378만 CO_2톤, 2,303만 CO_2톤, 2,335만 CO_2톤, 2,700만 CO_2톤이다. 산림을 적절하게 관리한다면 국가 온실가스 감축 목표를 달성할 수 있는 수준이다.

반면 기후변화는 진행되는데 산림을 적절히 관리하지 못한다면 산림생장량과 이산화탄소 흡수량은 감소될 것이다. 현재의 관리 수준은 기후변화 대응 및 지속가능한 산림 측면에서 소극적이라 판단된다. 따라서 향후 적극 관리가 필요하며, 최적의 산림 관리 및 적응 전략을 구축하기 위해서는 현재 숲가꾸기로 지출되는 비용인 연간 2,400억 원의 수준보다 2030년대에는 연간 7,233억 원, 2050년대에는 연간 6,185억 원의 비용이 더 필요할 것으로 분석된다.[13]

국가 온실가스 감축 목표 상향

탄소중립위원회에서는 '2050 탄소중립 시나리오'를 수립하면서 2030년 국가 온실가스 감축 목표도 상향하였다. 2018년 우리나라의 온실가스 순 배출량은 727.6백만 톤인데 이를 2030년까지 40% 수준인 436.6백만 톤으로 줄이기로 한 것이다. 이를 위해 산림에서는 25.5백만 톤을 흡수하는 것을 목표로 제시하였다. 한편, 2050 탄소중립을 위해서는 23.6백만 톤을 흡수하는 것으로 계획했다.

'2050 탄소중립 시나리오'에서는 산림 부문의 흡수원 확보 수단으로 '녹화기를 거쳐 수확기에 이른 우리 숲의 지속가능성을

표 3-1 **2030년 국가 온실가스 감축 목표 상향안 및 2050 탄소중립 시나리오**

단위: 백만톤CO_{2-eq}

구분	부문		2018년	2030년 NDC 상향안	2050 탄소중립 시나리오	
					A안	B안
순 배출량			727.6	436.6	0.0	0.0
배출원(에너지, 산업, 수송 등)			727.6	507.1	80.4	117.3
흡수원	흡수원	소계	-	-26.7	-25.3	-25.3
		산림	-	-25.5	-23.6	-23.6
		기타	-	-1.2	-1.7	-1.7
	탄소 포집·활용·저장(CCUS)		-	-10.3	-55.1	-84.6
	직접 공기 포집(DAC)		-	-	-	-7.4

증진하기 위하여 산림순환경영을 강화하는 것'을 제안하고 있다. 여기서 '산림순환경영'은 '나무를 심고-가꾸고-수확하여 지속 가능하게 이용함으로써 경제·사회·환경적 부가가치를 창출하는 것'을 의미한다. 이에 대해서는 6장에 언급되어 있다.

2050 탄소중립 시나리오의 산림 부문 대책을 요약하면 이렇다. 우선 유휴 토지에 숲 조성, 도시숲 확대 등으로 '신규조림'을 확대하는 것이다. 또한 숲가꾸기 등 산림순환경영 강화, 생태 복원, 산림재해 피해 방지를 통한 산림의 '흡수능력'을 강화시키는 것이다. 숲가꾸기 확대를 통해 흡수능력을 강화할 수 있다는 내용은 앞 장에서 다루었다.

또한 수확된 목제품, 특히 탄소를 오랫동안 저장하는 장수명 목제품을 널리 이용함으로써 목제품을 통한 '사회의 탄소 저장고'

를 확대하는 것이다. 목재는 용도에 따라 탄소 저장 기간이 다르다(건축용 〉 가구용 〉 종이). 그러므로 건축용 목재와 같이 제품 수명이 긴 용도로 이용하는 것을 늘리는 것이 탄소중립에 유리하다. 목제품을 사용함으로써 온실가스 다배출 제품을 대체하는 효과를 볼 수 있기 때문이다. 산림의 목제품 대체재 효과에 대해서는 5장에서 자세히 다루고 있다.

이외에도 '2050 탄소중립 시나리오'에서는 탄소 흡수 기능을 비롯한 산림의 생태계 서비스 증진을 함께 제안하고 있다. 즉, '산림의 공익기능 증진을 위한 숲가꾸기를 확대하고, 탄소 흡수능력, 생태계 영향 등을 종합적으로 고려하여 미래 수종을 선정하여 우리 숲을 보다 건강하고 가치 있게 만들어 가야 한다'라고 강조하고 있다. 탄소 저장고인 산림의 생태계 서비스에 대해서는 4장을 참고하길 바란다.

3. ICT 기반 탄소 흡수원 관리

흩어진 산림 자료들

국제사회에서는 경영되는 산림managed forest에서 흡수하는 탄소량만 산림의 탄소 흡수량으로 인정한다. 유엔기후변화협약에 제출된 〈온실가스 통계 보고서〉에 주로 활용된 산림 활동 자료는 위치를 반영한 산림변화면적ARD, 신규조림, 재조림, 전용 파악을 위한 자료와 실제 산림 내에서의 경영(숲가꾸기, 조림, 벌채 등) 자료, 산림복구면적과 임목축적 자료 등으로 구분된다. 이러한 산림면적 변화와 흡수원 관리가 기록되어 온실가스 통계 시스템으로 통합되어야 한다.

국가 인벤토리에서 산림탄소계정을 산정할 때, 산정 수준에 따라 산림의 수종 및 시업에 대한 시·공간적 활동 자료가 요구된다. 이를 활용하면 높은 온실가스 산정체계 수준(tier) 및 토지이용 변화 파악 수준(approach)에서 보다 정확한 산정이 가능하다. 즉, 높은 수준의 산림탄소 계정은 산림경영활동에 대한 시·공간적인 자료 정보를 활용함으로써 달성할 수 있다.

현재 전국 산림경영 대상지 현황에 관련한 국가 정보는 임업

통계연보와 산림 기본통계 등 국가 단위 통계 자료와 FGIS Forest Geographic Information System의 임상도나 토지 피복도 등의 피복 현황을 확인할 수 있는 공간 자료, 산림관리 통합 정보, 산지 정보 시스템, 국유림 관리 시스템 및 사유림 경영 정보 시스템의 국가 데이터베이스 등이 있다. 우리나라에서는 이러한 산림 정보를 ICT Information and Communications Technology 기반으로 관리하고는 있으나 서로 분리되어 있어 이를 산림탄소계정(6장 참조)으로 통합시켜야 한다.

국내외의 산림시업 공간 정보

임업통계연보

임업통계연보에서 조림, 숲가꾸기, 벌채 허가 면적 등을 확인할 수 있다. 하지만 이는 기초지자체 행정구역 단위 통계로 정밀 위치 정보를 포함한 공간 정보는 담지 않은 한계가 있다. 또한, 산림청 산지관리시스템과 새올 산림업무시스템을 연동해 개략적인 주소 기반 위치 정보도 확보할 수 있으나, 검증 가능한 정밀 산림 수확 경계 공간 정보 확보에는 한계가 있다.

국유림의 산림시업 공간 정보

국유림 관련 공간 정보는 국가산림통합정보체계 중 국유림 경영정보 시스템과 산림자원 통합관리 시스템에서 관리되고 있다. 2006년부터 2008년까지 구축된 국유림 경영정보 시스템에서는

표 3-2 **산림청의 〈임업통계연보〉 구성 항목 현황**

구분	내용
산림면적	연도별, 지역별, 소유별, 임상별 산림면적 및 임목축적
전용면적	산지의 타 용도 전용 및 산지 일시 사용 허가·신고 현황에 대한 지역별, 연도별, 용도별 통계 면적 제공
숲가꾸기	조림지 가꾸기, 큰나무 가꾸기, 기타로 구분하여, 풀베기, 덩굴 제거, 어린나무 가꾸기, 경제림 가꾸기, 공익림 가꾸기에 대한 지역별, 연도별 면적 통계 제공
조림	임상별, 재원별, 소유별, 지역별, 연도별 조림 시적 및 활착률에 대한 면적 통계 제공
벌채	지역별 연도별 임목 벌채 허가 면적과, 용재, 조경재에 대한 임산물 생산 실적 통계 제공
보호구역 현황	지역별, 연도별 산림보호법에 의한 산림보호구역 지정 면적과 산지 구분 현황 통계 제공

국유림에 대한 4개 주제도(위치도, 경영 계획도, 목표 임상도, 산림 기능 구분도)를 국유림 임·소반도(1:5,000)에 정렬하여 제작하고 있다. 임·소반 번호와 수치 지적도의 지번과 연계함으로써 속성 정보와 공간 정보를 동시에 제공하고 있다. 국유림 경영 데이터베이스는 산림조사부, 영림계획부, 갱신대장 등 과거 국유림 경영 자료를 포괄적으로 수용함과 동시에 향후 생산되는 경영 자료의 구축·관리 체계를 포함하도록 설계되었다. 반면 산림자원 통합관리 시스템은 주로 조림, 숲가꾸기, 벌채 사업에 대한 계약 정보를 다루고 있어 개별 사업에 대한 공간 정보를 취득하는 데 기여할 수 있다.

공유림과 사유림의 산림시업 공간 정보

현재 사유림 업무지원 포털을 통한 신규 사업에 대하여 대상지 공간 정보 수집 체계를 구축하고 있다. 이 사업은 지적 단위 공간 정보 관리에서 사업지 경계 단위 관리로 진행 중이다. 2021년 디지털 숲가꾸기 사업에서는 2018년부터 2020년까지 시행된 공·사유림 사업의 공간 정보를 구축하고 있다. 이전 사업의 공간 정보 구축은 준공도서와 공간 정보 도면 불치의 문제로 현재 미흡한 상황이다.

국외 산림시업 공간 정보

위성영상 기반 토지 피복 정보에서는 산림 변화 탐지는 가능하나 일반적으로 해상도가 낮고 산림수확 항목으로 특화된 시계열적 자료가 없다는 한계를 지니고 있다. 산림수확 특화 공간 정보로는 미국 농무부 산림청USDA FS, U.S. Department of Agriculture, Forest Service에서 개발한 산림수확이 경관에 미치는 영향을 분석한 시뮬레이터 HARVEST가 있다. USDA FS HARVEST는 데이터베이스를 ESRI Geodatabase 형태로 저장하고 FACTS Forest Service Activity Tracking System에 예산 배정 및 보고된 목재수확 작업과 미국 농무부 산림청 자체 보고에만 한정하고 있다.

일본의 경우, 2005년부터 임야청의 지리정보시스템GIS, Geographic Information System 기반 국가 산림자원 데이터베이스NFRD, National Forest Resources Database를 활용하여 입목지(인공림, 천연림),

무입목지, 죽림으로 구분하고 산림경영 기록에 대한 자료를 포함시키고 있다. 또한 항공 사진, 현장조사를 통한 모니터링을 수행하여 자료를 검증하고 있으며, 이러한 자료를 활용하여 국가 온실가스 인벤토리를 산정하고 있다.

표 3-3 **위성영상 토지 피복 정보**

자료명	MODIS Land cover Products (MCD12Q1)	NOAA-AVHRR Global Land Cover Classification	GlobeLand30	CCI Land cover
활용 영상	MODIS (미국)	NOAA-AVHRR(미국)	Landsat(미국)	SPOT, AVHRR, PROBA-V, MERIS FR&RR(유럽)
영상 서비스	2000~현재	1979~현재	1972~현재	1986~현재 (SPOT)
영상 해상도	최대 250m	최대 1.1km	30m	SPOT 기준 최대 30m
토지 피복 제공 국가	미국(USGS)	미국(NOAA)	중국(NGCC, National Geomatics Center of China)	유럽(CCI, European Space Agency의 Climate Change Initiative)
피복도 해상도	전 세계 최대 1km	전 세계 최대 1km	전 세계 최대 30m	300m
피복도 갱신주기	2001~현재 매년	1981~1994 영상	2000년과 2010년 두 시기 대상 비교	1992~2015 매년
비고		시계열 제공하지 않음		5개 위성 활용 25년 간의 세계 토지 피복도 구축(매년)

산림 공간 정보 활용 흡수원 관리 연구 현황

국내외 양측 모두 원격탐사 및 GIS 등의 ICT 기술을 활용한 산림시업 공간 정보 구축 연구는 부족한 편이다. 유역 및 지역 단위 산림시업 의사결정 연구가 대부분이며, 구체적인 장소 및 시간 기반으로 산림시업 정보가 구축 및 활용되는 수준에 도달하지 못하고 있다. 따라서 산림시업 정보를 시공간적으로 파악하기 위한 과학적인 연구가 추가로 시행되어야 하며, 이를 토대로 산림시업과 탄소 흡수량 및 저장량에 대한 연계 평가가 수행되어야 한다.

국내에서는 GIS를 이용한 실무형 산림경영 전산 모델을 개발하기 위해 사업 지역에 대한 GIS 자료 중첩으로 대상지 후보 선정 및 시계 분석을 통한 경관 정보를 반영하는 연구가 있었다.[14] 산림 경계에서 벌채 제한 지역을 제거하는 방식으로 벌채 가능 지역을 산출하거나,[15] 산림수확 시뮬레이터 HARVEST를 응용한 벌채지 공간 배치 사례 연구를 통하여 국내 벌채지를 선정한 경우도 있었다.[16]

고려대학교 환경GIS/RS연구실에서는 전국의 산림을 1km×1km 해상도로 공간 단위화하여 경사·방위·고도·지형지수 등의 지형 정보, 1:5,000 임상도를 기반으로 한 임령·밀도·지위지수 등의 임상 정보, 기온·강수량·습도 등의 기상 정보, 국가산림자원조사 목편 자료의 생장 정보 등이 통합된 시공간 정보를 구축하였다. 이를 이용하여 기후변화가 산림생장에 미치는 영향[17], 수종 분포에 미치는 영향[18], 고산 침엽수종 고사에 미치는 영향[19],

산불 및 산사태 발생 등 재해에 미치는 영향[20] 등과 기후변화 시나리오에 따른 탄소 흡수 및 저장량 예측[21] 등의 연구를 수행한 바 있다.

국외에서는 GIS 공간 자료를 기반으로 목표 벌채량에 따른 벌채 임분을 선정하는 시스템 개발 연구를 통해 신속하고 비용 효율적인 벌채지 선정 의사결정 과정에 기여한 연구가 있었다.[22] 이 시스템에서는 현장조사 자료, 지위지수, 재적량 및 생장량, 수확량 자료를 활용하여 임분별 생장량, 지위지수, 벌채 가능량에 대한 공간 자료를 생성하고 있다. 벌채지 탐지를 위한 벌채 전-후 Sentinel-2 위성영상을 활용해 벌채지를 추출하는 연구도 있었다.[23] Worldview/GeoEye(0.46m 해상도), Planet(3m 해상도) 영상을 레퍼런스 데이터로 학습 및 검증 자료로 활용하고 있으며, 소규모 벌채지의 경우 더 높은 공간해상도의 영상을 필요로 한다. 위의 연구들이 벌채지를 선정하는 연구라면 벌채 지역의 최적 수확 방식을 선정하는 연구도 있다. 계층적 의사결정 과정AHP, Analytic Hierarchy Process을 GIS와 접목한 연구에서는 경사, 벌채 가능량, 벌채 강도, 토심, 흉고직경 분포, 집재 거리, 수확 방식 등의 공간 자료 활용을 통해 적정 수확량을 결정할 수 있도록 하였다.[24]

산림청의 ICT 기반 산림시업 시공간 정보

현재까지 우리나라 산림시업 공간 정보 통합 시스템에 대한 구축은 미비하지만 개별 시스템은 잘 갖추어진 편으로 파악되고 있다.

차후 산림청에서는 전국 산림시업 공간 정보 수집 및 취합 활용의 기반을 갖출 예정이다. 산림청과 지방자치단체 연계를 통해 산림사업 정보를 공유하고, 산림사업(조림, 숲가꾸기 등) 업무 시스템의 담당자 교육을 통해 시스템을 정착한다는 계획이다(2021년 산림청 주요 업무 계획). 또한, 산림사업에 대한 공간 정보를 수집하고 취합해 대·내외 산림 관련 데이터를 융합 분석하여 과학적인 산림 정책 의사결정이 가능한 빅데이터 통합 플랫폼을 구축할 계획이다. 이러한 산림시업에 대한 통합 공간 정보는 실제 산림의 탄소 순환을 파악하는 데에도 매우 유용하게 활용될 수 있다.

4장

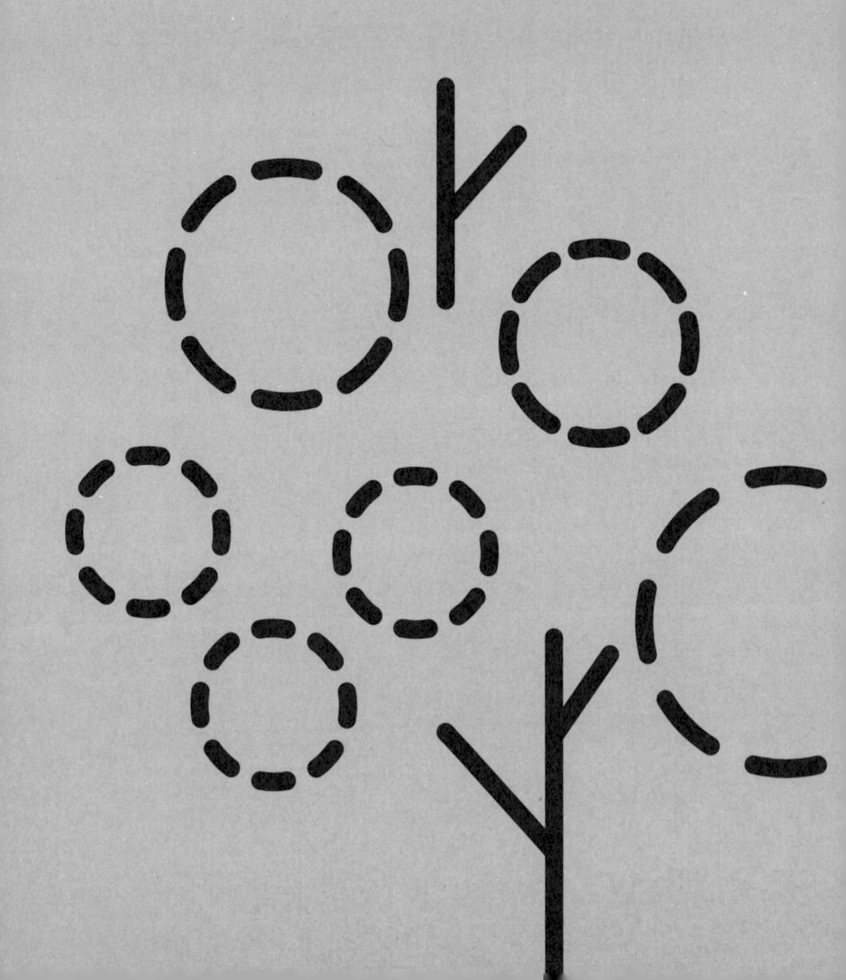

탄소를 저장하는 산림

우수영(서울시립대 환경원예학과 교수)
이창배(국민대학교 산림환경시스템학과 교수)
손요환(고려대학교 환경생태공학과 교수)

인류는 급속한 발전을 통해 산업화·도시화를 이뤄냈지만 여전히 인간에게 필요한 모든 것을 생태계에서 제공받고, 생태계에 의존하며 살아가고 있다. 이처럼 생태계가 우리에게 무언가를 제공하는 것을 '생태계 서비스'라고 한다. 생태계 서비스는 크게 공급 서비스, 조절 서비스, 문화 서비스, 지원 서비스의 4개 범주로 나뉘는데 탄소를 저장하는 산림의 기능 또한 생태계 서비스의 하나이다.
산림생태계 서비스는 적절한 산림경영활동으로 증진시킬 수 있다. 숲가꾸기는 녹색 댐 효과와 산불을 방지하는 역할을 할 수 있고, 친환경적인 목재수확은 생물다양성을 증가시킬 수 있다. 또한 목재수확 후 조림을 시행하면 강우 유출량이 감소하는 등 수자원과 수질을 변화시킨다. 목재수확 후에도 생태계 서비스가 회복되는 것이다.
그러므로 친환경적이고 적절한 산림경영활동을 통해 탄소를 저장하는 산림의 생태계 서비스를 지속시킬 수 있다. 다만, 산림생태계의 기능과 서비스를 탄소 흡수와 저장에만 둔다면 수질 개선, 생물다양성과 같은 산림의 다른 중요한 기능과 서비스를 간과할 수도 있다. 그러므로 산림생태계 전반에 대한 종합적인 연구를 수행할 필요가 있다.

1. 생태계 서비스

▲▲▲

생태계 서비스와 생태계 디스서비스

생태계 서비스ecosystem services[1]는 인간이 생태계의 기능에서 얻는 직접적 또는 간접적 재화와 서비스 혜택, 다양한 편익으로 인간의 생활을 영위하게 하며 건강하고 행복한 삶을 사는 것을 돕는 역할을 한다.[2] 생태계 서비스 개념은 숲이 인간에게 제공하는 서비스를 정량화하지 않으면 열대림을 포함한 숲을 보전하고 관리하기 어렵겠다는 논의에서 출발했다. 이 개념은 1981년 스탠포드 대학 생물학과 교수인 폴 R. 에를리히와 그의 아내이자 같은 학교의 보존생물학센터 부소장인 앤 H. 에를리히가 처음 사용했다. 이후 여러 학자들이 〈자연의 서비스: 자연 생태계에 대한 사회 의존성〉[3], 〈세계 생태계 서비스와 자연 자본의 가치〉[4] 논문을 발표하며 생태계 서비스에 대한 논의가 더욱 확산되었다.

유엔은 〈새천년 생태계 평가MEA, Millennium Ecosystem Assessment (2005)〉 보고서에서 생태계 서비스가 인간의 웰빙, 행복, 삶의

질, 지속가능한 발전을 돕는 효용이 크다는 것을 알렸다. 2010년에는 유엔의 '생태계와 생물다양성의 경제학TEEB, The Economics of Ecosystems and Biodiversity' 프로젝트에서 생태계 자체는 자본으로 "생태계 서비스의 흐름은 인간 사회가 자연 자본으로부터 받는 배당금(dividend)"이라고 하였다. 자연 자본의 재고를 유지하는 것은 생태계 서비스의 미래 흐름을 지속할 수 있게 해주고, 결과적으로 인간의 웰빙이 지속될 수 있도록 도와준다. 인간은 자연 생태계와 밀접한 관계를 맺고 있으며, 자연 생태계는 인간에게 다양한 생태계 서비스를 제공한다. 인간은 이들 서비스를 제공받아 경제적인 생산을 통해 필요한 것들을 만들며 건강과 삶의 질을 높인다.

그런데 인간이 자연에 주는 영향으로 인해서 생태계가 피해를 받게 되면서 생태계 디스서비스ecosystem disservices가 초래되었다. 생태계 디스서비스는 생물다양성 손실, 조류독감, 아프리카돼지열병, 신종 코로나바이러스 감염증COVID-19 등의 질병 관련 공중보건 이슈를 포함한 생태계에 해악을 미치는 모든 기능을 의미한다. 사회-생태 체계에서 인간의 웰빙에도 부정적인 영향을 주는 생태계의 기능이라고 할 수 있다.

생태계 서비스의 개념은 초기부터 현재까지 여러 학자들에 의해 다양하게 정의되고 확대되어 왔다.

표 4-1 **생태계 서비스의 개념** (이준호(2018)와 국립생태원(2016)으로부터 재구성)

연구자	개념
Westman(1977)	'자연의 서비스' 최초 언급; 생태계가 제공하는 다양한 편익
Ehrlich와 Ehrlich(1981)	일반인에게 제공되는 생태계 서비스
Costanza 등(1997)	인간이 생태계 기능에서 직접 또는 간접적으로 얻는 혜택
Daily(1997)	생태계와 생물종이 지속하고 인간 생활을 영위하게 하는 상태와 과정
Cork 등(2001)	토양, 물, 대기, 유기물과 같은 자연 자산이 인간에게 중요한 생산물로 변환된 것
Kremen 등(2002)	인간에게 유용한 생태계 기능의 묶음이며, 생존에 중요한 기후 조절, 대기질 정화, 수정 작용, 미적 가치와 같은 기능
Diaz 등(2005)	인간의 삶을 가능하고 가치 있게 만드는 데 기여하는 생태계로부터 얻는 혜택
MEA(2005)	인간이 생태계에서 얻는 혜택
Farber 등(2006)	다양한 시간적, 공간적 스케일에서 작용하는 지원과정의 결과
Boyd 등(2007)	직접적으로 소비하거나 인간 복지를 이루기 위한 생태적 구성요소
Eicher 등(2007)	생태계 서비스라고 불리는 생물 자원은 생산과정과 소비자의 복지 모두에 투입되는 것
Fisher 등(2009)	인간의 삶의 질 향상에 이용되는 생태적 측면
TEEB(2010)	생태계의 직접적 또는 간접적인 인간 후생 기여도
IPBES(2015)	인간이 생태계에서 얻는 이익, 식량 및 물과 같은 공급 서비스, 홍수 및 질병 예방과 같은 조절 서비스, 휴양 및 영적 장소로서의 문화 서비스가 포함된 개념
국립생태원(2016)	생태계가 인간 복지Human Well-being에 직·간접적으로 기여하는 것으로서, 사람들이 '생태계에서 얻는 편익'을 의미

생태계 서비스의 유형

2005년에 발표된 〈새천년 생태계 평가〉에서는 생태계 서비스를 기능에 따라 공급 서비스, 조절 서비스, 문화 서비스, 지원 서비스의 4가지 유형으로 구분한다.

공급 서비스

생태계가 인간이 살아가는 데 필요한 식량, 목재, 섬유 등의 재화를 공급하는 서비스이며, 건축, 인적 및 사회적 자본과 결합된다.

조절 서비스

생태계 구성요소들이 다양한 상호작용을 통해 대기, 기후, 수질, 자연재해 등을 조절하는 서비스이며 산간 지역에서 숲이 산사태를 막는 역할을 하는 것이 조절 서비스의 일종이다.

문화 서비스

생태계 공간에서 얻는 여가·휴양·교육과 같은 무형의 서비스이다. 휴양과 생태관광, 경관미, 예술적 영감, 문화유산, 교육, 영적 및 종교적 가치 등 주로 삶 속에서 직·간접적으로 영위하는 것들로 정의와 분류, 계량화가 어려운 범주이다.

지원 서비스

공급·조절·문화 서비스가 잘 발휘되도록 지원하는 서비스이다.

표 4-2 **생태계 서비스의 종류와 예시**

구분	목록	예시
공급 서비스 Provisioning Services	원자재(목재), 수자원 및 식용자원, 유전자원, 약용자원 등	목재자원 제공, 나무에서 열리는 과실, 약재로 활용 가능한 수목 등
조절 서비스 Regulating Services	기후조절, 공기정화, 물정화, 자연재해 조절, 생태적 조절 등	산림의 온실가스 흡수, 유거수 감소로 인한 홍수 및 산사태 예방, 방풍림 역할, 미세먼지 흡착을 통한 공기 정화 등
문화 서비스 Cultural Services	휴양 서비스, 문화유산 서비스, 심미적 서비스, 교육 서비스, 영적·종교적 서비스 등	산림치유 및 휴양, 아름다운 경관 제공 등
지원 서비스 Supporting Services	서식처 제공, 생태계 다양성 서비스 등	멸종위기종에게 서식처를 제공해 종 다양성 증가 등

그림 4-1 **공급 서비스 수요-공급 개념도** (국립생태원, 2016)

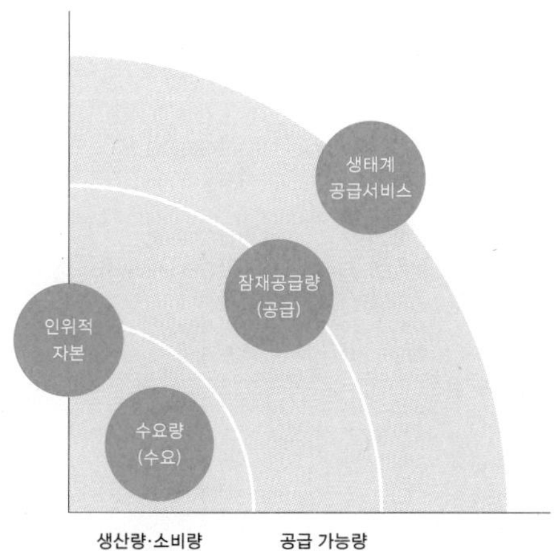

표 4-3 **주요 생태계 서비스 분류 시스템과 유형 비교**

구분	Costanza 등(1997)	MEA(2005)	TEEB(2010)	CICES(2017)
공급 서비스	식량 생산	식량	식량	바이오매스-영양
	물 공급	신선한 물	물	물
	원자재	섬유 등 장식자원	원자재 장식자원	바이오매스-섬유, 에너지 및 기타
	유전자원	유전자원 생화학·천연 의약품	유전자원 약용자원	
	x	x	x	바이오매스-기계적 에너지
조절 서비스	가스 조절	대기질 조절	대기 정화	가스 및 대기 흐름의 조절
	기후 조절	기후 조절	기후 조절	대기 조성 및 기후 조절
	교란 규제 (폭풍 및 홍수 방지)	자연재해 조절	방해 방지 또는 조절	공기 및 액체 흐름의 조정
	물 조절 (예: 자연 관개 및 가뭄 방지)	물 조절	물의 흐름 조절	액체 흐름의 조절
	폐기물 처리	수질 정화 및 폐기물 처리	폐기물 처리 (특히 정수)	폐기물, 독성 및 기타 피해물질 조절
	침식 제어 및 침전물 보유	침식 조절	침식 방지	질량 유량의 매개
	토양 형성	토양 형성 [지원 서비스]	토양 비옥도 유지 관리	토양 형성·구성 유지 관리
	수분(pollination)	수분	수분	수명주기 유지 관리 (수분 포함)
	생물학적 통제	해충 및 인간 질병의 규제	생물학적 통제	병해충 방제 유지 관리
문화 서비스	레크리에이션 (생태 관광·야외 활동)	레크리에이션 및 생태 관광	레크리에이션 및 생태 관광	물리적 및 경험적 상호작용
	문화 (예술·교육·과학 등)	미적 가치, 문화적 다양성	문화, 예술 및 디자인에 대한 영감	
		영적·종교적 가치	영적 체험	영적, 상징적 상호작용
		지식 시스템 교육적 가치	인지 발달을 위한 정보	지적 및 대표 상호작용
지원 서비스	양분 순환	양분 순환 및 광합성, 1차 생산	x	x
	Refugia:절멸 면제 지역(양묘장, 이주 서식지)	생물다양성	수명 주기 유지 관리(특히 양묘장), 유전자 풀 보호	수명 주기 유지관리, 서식지 및 유전자 풀 보호

토양 형성, 유전자 보호, 영양 순환, 서식지 제공, 산림 생물다양성과 같은 기본 생태계 프로세스를 의미한다. 직접적인 혜택이나 이용이 아닌 내재화된 생태계 기능과 과정으로 인식되지만, 생태계 서비스를 인간 중심적이고 자연 도구적 관점에만 머물지 않게 하고 그 복잡성과 상호작용을 이해하는 데 있어 의의가 있는 요소이다.

인간사회와 상호작용

생태계 서비스의 범주는 인간의 웰빙과 연결되고 상호작용한다. 다음 그림에서 볼 수 있듯 인간의 삶의 질에는 안전, 삶을 위한 기본 재료, 건강, 양질의 사회적 관계 등의 여러 구성요소가 있을 수 있다.[5]

그림 4-2 **생태계 서비스 범주와 인간 웰빙의 구성요소 간의 연결** (Masiero 등, 2019)

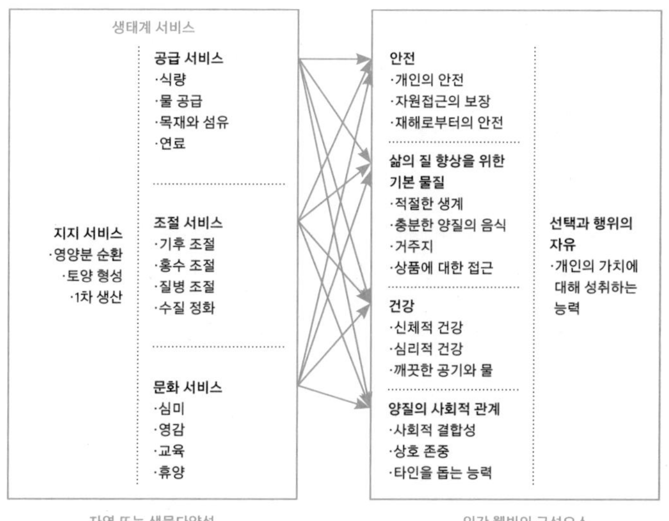

인간의 활동만 생태계 서비스에 영향을 미치는 것은 아니다. 대기와 지표, 해양에서 일어나는 다양한 생지화학적 과정에 따라 인간과 생물이 살아가는 다양한 환경이 결정된다.[6] 다양한 환경은 생태계를 구성하는 생물 집단 사이의 풍부도와 분포, 동태, 기능적 변이에 영향을 미친다. 또한 환경에 따른 생물다양성의 차이는 생태계의 생산과 분해과정에서 얻을 수 있는 서비스에 영향을 준다.[7]

생물다양성을 위협하는 요인으로는 서식처 변화, 외래 침입종, 기후변화, 남획·남벌 등 자원의 과잉 사용, 질병의 확산, 영양염류 부하와 오염nutrient loading and pollution 등을 들 수 있다. 생물다양성을 직접적으로 위협하는 이런 요인들은 대부분 전 세계적인 인구 증가와 고소비·과소비 사회로의 변화 등과 같은 간접적 원인에서 기인한다.[8]

서식지 손실, 악화 및 단편화

인구 증가와 경제 발전에 따라 사람들은 자연을 훼손하여 도시와 도로를 건설했으며, 환경을 고려하지 않고 자연자원을 무분별하게 이용해 왔다. 이로 인하여 서식지 감소 및 단편화를 초래하였으며, 우리가 누릴 수 있는 생태계 서비스 또한 줄어들게 되었다.[9]

외래 침입종 확산

경제와 문화 등 전 영역에서 세계화가 확대되며 교역량이 급격히 늘고 있다. 그리고 이는 외래 침입종이 증가하는 원인이 되고 있다. 외래 침입종은 원래와 다른 생태계로 이동하거나 무역 혹은 교류 과정에서 혼입되어 들어와 퍼져 나간 생물을 의미한다. 이들은 본래 살던 생물의 서식지를 빼앗고 마구잡이로 먹이를 사냥하여 먹이사슬의 균형을 무너뜨리기도 한다. 또한 고유종 개체수 감소와 생태계 교란을 초래하여 피해를 일으킨다.[10]

환경 오염

산업시설이나 일반 가정에서 나오는 폐기물과 독성물질은 생물이 살기 힘든 환경을 초래하고, 선박에서 나오는 기름이나 페인트와 같은 독성물질 등은 해양 생물인 홍합류의 생존을 위협하고 있다. 또한 정화되지 않은 채 배출되는 독성물질은 하천과 토양 오염을 비롯해 생태계를 훼손하는 주범으로, 결국 인간에게 정화 비용을 부과하는 결과를 초래한다.[11]

기후변화

현재 지구의 온도 상승속도는 중요한 생태계 자원인 산호초, 산악 지역, 물 순환을 파괴하며 변화시키고 있다. 또한 기후변화는 해수면 상승, 홍수, 가뭄과 같은 사막화 현상을 야기하며 생태계 서비스에 악영향을 준다.[12]

자원 남용

과도한 사냥, 낚시처럼 천연자원을 과도하게 착취하는 것은 개체군 감소 혹은 멸종위기라는 결과를 초래할 수 있다.

부영양화

부영양화는 하천과 호수에 유기물과 영양소가 들어와 물속의 영양분이 많아지는 것이다. 부영양화는 산소 고갈, 광범위한 수질 저하, 해산물 독성 증가 등 다양한 부정적 효과를 부르며 이러한 현상은 결과적으로 어류와 기타 수생식물의 생존에 영향을 준다.

수분 매개자pollinator에 대한 압력

세계적으로 꽃가루 매개자의 대부분을 차지하는 벌, 파리, 딱정벌레, 나비, 나방 등은 과일과 채소 등의 작물이 수분하는 데 결정적인 역할을 한다. 곤충들의 수분 서비스를 경제적 가치로 환산하면 2005년 기준 전 세계적으로 2,150억 달러로 추산된다.[13] 이처럼 곤충의 수분 작용은 생물다양성과 생태계 서비스를 뒷받침하는 중요한 생명 유지 메커니즘이다. 그러나 수분 매개자인 곤충은 무분별한 토지이용에 따른 서식지 파괴, 기후변화, 외래종, 해충과 병원균의 확산 등으로 인하여 압력을 받게 된다.[14] 이들이 받는 압력은 곧 인간의 식량 안보와 건강, 생태계 기능에 심각한 영향을 준다.[15]

유엔 〈새천년 생태계 평가〉의 주요 결과 (Masiero 등, 2019)

1. 지난 50년 동안 인간은 식량, 담수, 목재, 섬유 및 연료에 대한 수요 증가를 충족시키기 위해 인류 역사상 그 어느 시기보다도 더 빠르고 광범위하게 생태계를 변화시켜왔으며, 이는 생물다양성의 상당하고 돌이킬 수 없는 손실을 초래하였다.

2. 생태계의 변화는 인간 복지와 경제 발전의 실질적인 순이익에 기여했지만, 이러한 이익은 많은 생태계 서비스의 저하와 비선형 변화의 위험 증가 및 일부 사람들의 빈곤을 악화하는 형태로 사회 비용을 증가시켰다. 이러한 문제가 해결되지 않으면 미래 세대가 생태계에서 얻을 수 있는 혜택이 크게 줄어들 것이다.

3. 생태계 서비스는 금세기 전반기에 훨씬 더 악화될 수 있으며 새천년 개발 목표를 달성하는 데 장애가 된다.

4. 서비스에 대해 증가하는 수요를 충족시키면서 생태계의 악화를 되돌리는 문제는 부분적으로 충족될 수 있지만, 이를 위해서는 현재 진행되지 않는 정책, 제도 및 관행의 상당한 변화가 필요하다. 부정적인 균형을 줄이거나 다른 생태계 서비스와 긍정적인 시너지를 제공하는 방식으로 특정 생태계 서비스를 보존하거나 향상시키기 위한 많은 옵션이 있다.

산림생태계 서비스

산림은 지구에서 살아가는 생명에 필수적인 천연자원의 주요 원천 중 하나를 제공하며, 지구 생물다양성의 상당 부분을 수용하고 유전자원을 저장할 수 있는 복잡한 생태계이다. 지구 생태계에서 살아가는 생명에 음식, 연료 및 섬유질을 제공하는 것 외에도 산림은 공기를 정화하고, 물을 여과하고, 홍수와 침식을 조절하고, 생물다양성과 산림 유전자원을 유지하고, 레크리에이션, 교육 및 문화적 풍요로움을 위한 기회를 제공한다. 또한 산림이 탄소를 격리(또는 방출)하는 것은 기후조절의 한 형태로, 이 역시 산림이 제공하는 중요한 생태계 서비스이다.

그림 4-3 **산림생태계의 기능** (국립산림과학원, 2018)

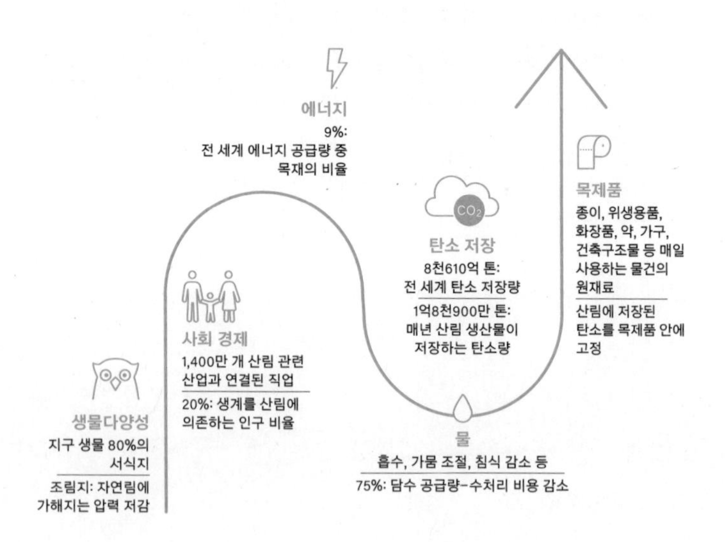

산림생태계는 물, 공기, 음식, 목재, 약품 그리고 재해방지와 같은 생활에 필수적인 모든 것을 제공하며, 흔히 간과하기 쉬운 정신과 문화, 그리고 환경조절 역할을 수행한다.[16] 이를 통해 경제적·물질적·건강적·감정적·사회적인 여러 면에서 사람들에게 혜택을 주는 다양한 상품과 서비스를 제공함으로써 인간의 웰빙과 국가 경제에 기여해 왔다.

산림이 제공하는 생태계 서비스는 4가지 유형 아래 17가지로 나눌 수 있다.

그림 4-4 **산림생태계 서비스의 분류체계** (MEA, 2005; TEEB, 2010; 산림청, 2018)

공급 서비스	조절 서비스	문화 서비스
·원자재(목재) ·수자원 ·식용자원 ·유전자원 ·약용자원	·수질정화 ·기후조절 ·공기정화 ·자연재해조절	·휴양 서비스 ·문화유산 서비스 ·심미적 서비스 ·교육 서비스 ·영적·종교적 서비스

지원 서비스
(산림 생물다양성, 토양 형성, 산림 유전자원 보호 등)

2018년 산림청 국립산림과학원에서 우리나라 산림의 공익적 가치를 평가한 결과, 숲은 우리에게 연간 221조 원의 가치를 제공하는 것으로 나타났다. 국민 1인당 연간 428만 원의 공익적 혜택을 받는 셈이다. 산림은 온실가스 흡수와 저장, 산림경관, 토사유출 방지, 산림휴양, 수원함양, 산림정수, 산소 생산, 생물다양성, 토사붕괴 방지, 대기질 개선, 산림치유, 열섬 완화 등의 다

그림 4-5 **산림의 공익기능 평가** (국립산림과학원, 2018)

그림 4-6 **산림의 기능별 평가** (국립산림과학원, 2018)

단위: 조 원

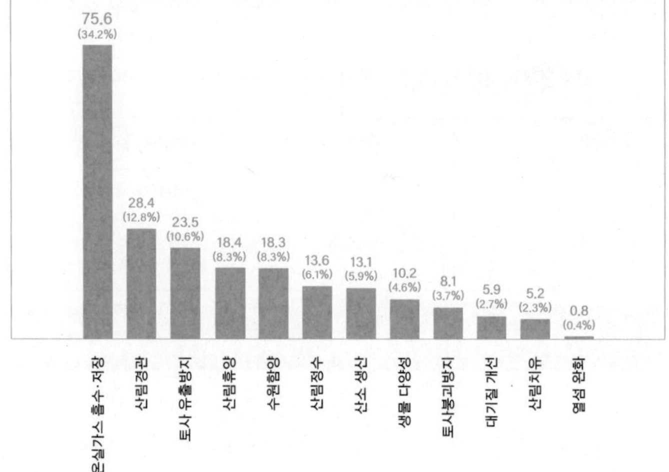

양한 생태계 서비스를 제공한다. 특히 온실가스 흡수·저장 기능의 경제적 가치는 총 75.6조 원으로 총 평가액 중 가장 높은 34.2%를 차지한다. 산림경관 제공 기능은 28.4조(12.8%), 토사유출 방지 기능 23.5조(10.6%), 산림휴양 기능은 18.4조(8.3%)로 환산할 수 있다. 그 밖에도 산림은 산림정수 기능 13.6조(6.1%), 산소생산 기능 13.1조(5.9%), 생물다양성 보전 기능 10.2조(4.6조), 토사붕괴 방지 기능 8.1조(3.7%), 대기질 개선 기능 5.9조(2.7%), 산림치유 기능 5.2조(2.3%), 열섬 완화 기능 0.8조(0.4%)에 해당하는 혜택을 제공한다.

우리 사회는 이처럼 다양한 방식으로 산림의 혜택을 받고 있다. 산림의 다양한 기능이 지속가능하기를 기대한다면, 우리 시대의 과제는 산림생태계 서비스에 대한 수요 균형을 맞추는 것이다. 생태계 서비스는 규모 면에서 국부적, 지역적 또는 세계적일 수 있다. 표4-4는 지역적 도시 산림 구성요소와 이들이 제공하는 서비스, 그리고 서비스 간의 상호관계를 설명한다.

표 4-4 **도시숲 생태계 서비스의 분류체계** (Davies 등, 2017)

산림생태계 서비스		도시숲 구성요소			
		독립목	띠녹지	나무 군락	산림지
공급	식량 공급				
	연료 공급(목재 연료)				
	목재 공급				
조절	탄소 고정				
	온도 조절				
	강우 유출수 규제				
	대기 정화				
	소음 완화				
문화	건강				
	자연과 경관의 연결				
	사회 발전과 연결				
	교육 및 학습				
	경제				
	문화적 중요성				
디스 서비스	과일과 낙엽				
	동물의 배설물				
	빛, 열, 시야의 차단				
	대기질 저하				
	알레르기				
	해충 및 질병의 확산				
	침입종 확산				
	기반시설 손상				
	공포 생성				
	나무와 가지가 넘어짐 (특히 폭풍우 시)				

일반적으로 제공되는 서비스 / 가끔 제공되는 서비스 / 드물게 제공되는 서비스

2. 산림경영활동과 생태계 서비스

▲▲▲

숲가꾸기

(사례 1) 산림의 녹색 댐 기능 발휘[17]

숲가꾸기로 임목의 가지, 잎, 줄기 등을 제거해 강우의 차단손실량을 최소화하려 한 결과 시업림▲의 차단손실량은 비시업림에 비해 약 13.5% 감소하였다. 시업림은 리기다소나무 인공림으로 수원함양 기능이 활엽수에 비해 다소 약한 침엽수로 구성되어 있었다. 이에 따라 숲가꾸기를 통해 수원함양 기능을 증대시키고자 하였다. 숲가꾸기 결과로 빗물이 산림토양에 침투하는 속도가 시업림(0.0519cm/초)이 비시업림(0.0303cm/초)에 비하여 빨라진 것으로 나타났다. 또한, 평균 토양 함수율은 시업림(18.6%)이 비시업림(15.5%)에 비해 약 3.1% 높았다. 따라서 침엽수 인공림의 경우 해당 산림의 수원함양 기능 증대를 위하여 숲가꾸기 사업이 요구된다.

▲ 시업림(managed forest): 특수한 목적을 위하여 시업을 행하는 산림. 반면, 비시업림은 시업을 행하지 않은 산림으로, 산림 관련 보고서에서 시업림과 대조되는 의미로 사용된다.

그림 4-7 **단위 강수량과 수관 통과 우량(a) 및 수간 유하량(b)의 관계**
(국립산림과학원, 2007)

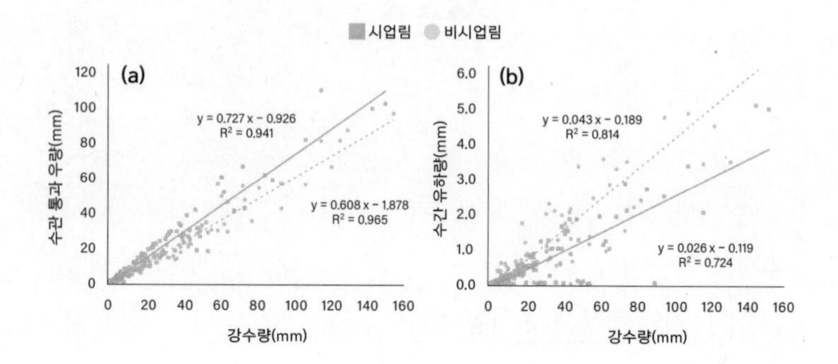

(사례 2) 산불 예방[18]

소나무림을 대상으로 숲가꾸기를 실시한 지역(영주)과 그렇지 않은 지역(봉화)의 수관층 연료 특성을 비교하였다. 수관층의 연료 특성에 관한 주요 인자는 수분함량, 지하고, 수관연료밀도 등으로 구분할 수 있다. 영주와 봉화 지역에서 수관층 수분함량은 각각 103.6%, 104.4%로 나타났고, 이용 가능한 연료의 비율은 각각 50.3%, 62.0%로 나타났다. 수관연료밀도는 영주가 봉화지역보다 평균 0.11kg/m³로 낮았으며, 지하고는 평균적으로 1.3m 높게 나타났다. 따라서 산불이 발생하는 경우, 숲가꾸기 사업이 시행된 지역에서 수관화로의 전이 가능성이 사업이 시행되지 않은 곳에 비하여 낮은 것으로 나타났다.

(사례 1) 목재수확 방법에 따른 생물다양성 변화[19]

기후대 및 목재생산 여부에 따라 시행하는 목재수확 방법이 다르다. 비목재생산림은 팜오일, 펄프, 혼농임업 등이 있고 열대 기후에서 주로 경영된다. 목재생산을 목표로 하는 온대 및 아한대 기후대의 목재수확 방식으로는 개벌clearing-cutting▲, 잔존목 유지retention, 택벌selective system▲▲ 등이 있다. 목재수확 방식에 따라 생물다양성의 증감은 그림4-8에서 확인할 수 있다. 목재수확 방법에 따른 전체적인 생물다양성의 증감을 비교하면, 개벌을 시행한 산림에서만 생물다양성이 감소했다. 잔존목 유지와 택벌을 시행한 산림에서는 생물다양성의 변화가 없었다. 해당 연구에서는 양서류, 균류, 지의류 등에 관한 연구 자료가 부족하여 목재수확 방법에 따른 생물다양성 증감을 나타내지 못하였다.

(사례 2) 잔존목을 유지하는 목재수확 방법retention[20]

잔존목을 유지하는 목재수확 방법은 기후대, 국가의 경제 상황, 잔존목의 유지 상황에 상관없이 벌채 후에도 일차림의 생물다양성과 차이가 없는 것으로 나타났다. 반면 생물군에 따른 차이는

▲ 개벌(Clearing cutting) : 일정한 부분의 산림을 일시에 또는 단기간에 모두 베어 내는 벌채 방법.

▲▲ 택벌(Selective cutting) : 크고 작고, 어리고 고령화된 수목이 섞여 함께 자라는 산림에서 성숙목은 벌채하면서 불량한 유목을 제거하는 벌채 방법. 택벌 작업림에 있어서는 주벌과 간벌의 구별이 없고, 임지가 노출되는 일이 없어서 지력의 쇠퇴가 작다. 덕분에 산림의 조화를 유지할 수 있다. 본문에서는 논문의 표기에 따라 selective system으로 표기하였다.

그림 4-8 **목재수확 방식에 따른 생물군의 생물다양성 증감** (Chaudhary 등, 2016)

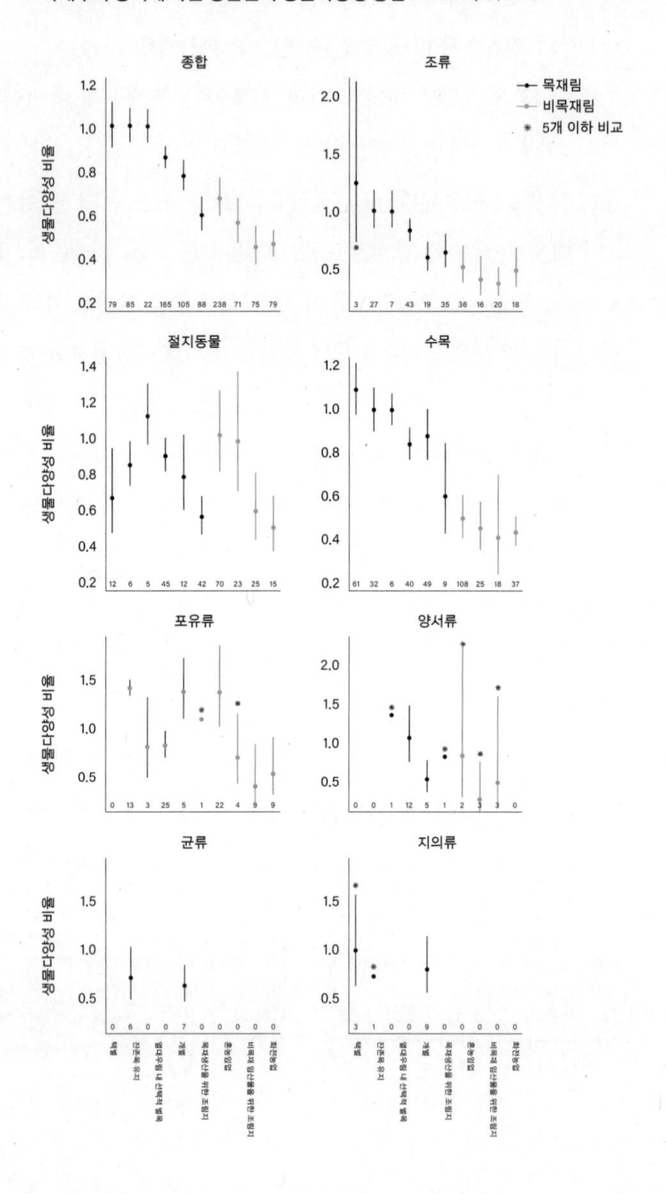

나타났다. 조류에서는 일차림의 생물다양성과 비교해 목재수확 후 생물다양성이 증가하였고, 반면 지의류는 감소하였다.

그림 4-9 **목재수확이 기후대(a), 국가 경제(b), 잔존목 유지(c), 생물군(d)에 미치는 영향** (Mori와 Kitagawa, 2014)

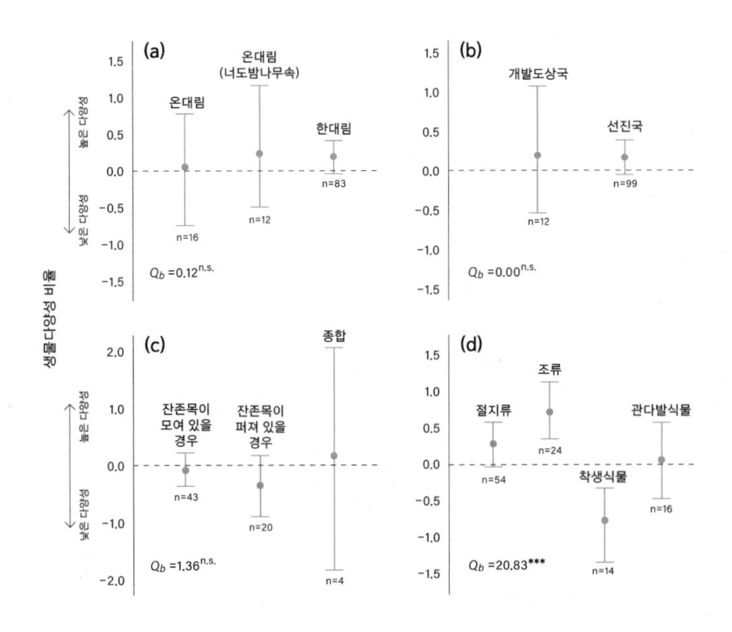

(사례 3) 개벌과 잔존목 유지 목재수확 방법 비교[21]

잔존목을 유지하는 목재수확 방법은 개벌을 실시한 후의 산림보다 생물군(임목·조류·균류)의 종 풍부도가 높았다. 잔존목을 유지하는 목재수확 방법은 단상solitary, 군상group, 복층two-storey, 산형shelterwood 등의 방법으로 구분되며, 이 중에서 복층형 방법이 다른 방법에 비해 긍정적인 효과를 나타냈다. 균류, 조류, 딱정벌레 등의 생물군들은 목재수확 후 잔존목에 의존하므로, 목재수확 후 생물다양성 수준을 파악하기 좋은 생물군으로 판단된다.

그림 4-10 **잔족목 유지 목재수호가에 따른 생물군 종 다양성 변화(a), 잔존목 유지 목재수확에 따른 생물다양성 변화(b)의 관계** (Rosenvald와 Lohmus, 2008)

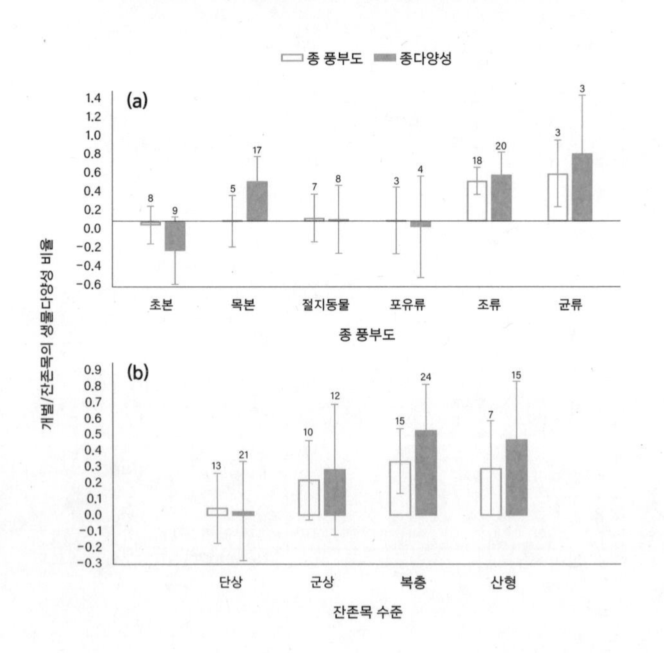

(사례 4) 잔존목 비율에 따른 외생균근균ECM fungal, Ectomycorrhizal fungal의 상대 풍부도 및 종 풍부도 변화[22]

스웨덴의 구주소나무림에서 목재수확 후 잔존목 비율에 따른 외생균근균을 파악하고자 4가지 수준(잔존목 0, 30, 60, 100%)으로 수확하였다. 외생균근균은 임목의 뿌리에서 양분을 얻는 대신 수목의 생장에 필수적인 양분인 인산과 암모늄태질소 등을 제공하여 특히, 생육환경이 불량한 곳에서는 이들의 활동이 중요하다. 잔존목 100%를 기준으로 잔존목 0%일 때, 외생균근균의 상대 풍부도와 종 풍부도는 각각 약 95%, 75% 감소했다. 잔존목의 비율이 증가함에 따라 외생균근균의 상대 풍부도와 종 풍부도는 증가하는 양의 상관관계가 나타났다. 따라서 잔존목은 외생균근균의 상대 풍부도와 종 풍부도에 중요한 역할을 한다. 특히, 외생균근균 사멸 후 원상태까지의 회복 시간은 약 90년 이상 소요된다고 알려지고 있다.[23] 해당 연구에서 잔존목이 30%일 때, 상대 풍부도 및 종 풍부도가 낮은 수준으로 나타났다. 따라서 잔존목의 비율을 북유럽의 일반 수준인 5~10%보다 높이는 방향으로 목재수확 계획을 세우는 것이 적절할 것으로 판단된다.[24]

그림 4-11 **잔존목 비율에 따른 외생균근균의 상대 풍부도 및 종 풍부도**
(Sterkenburg 등, 2019)

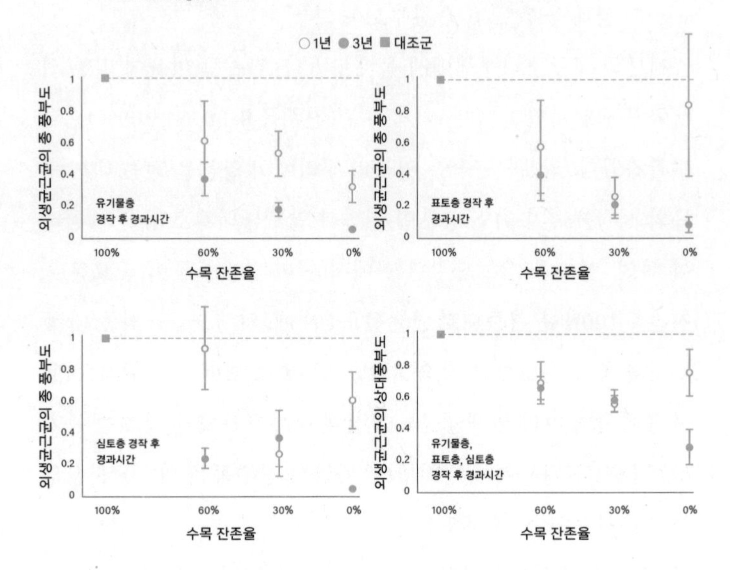

3. 목재수확 후 생태계 서비스 변화

생물종 다양성 변화

(사례 1) 조림 후 생물다양성의 변화[25]

초지, 관목림, 일차림, 이차림, 황폐지 등에서 조림지plantation로 전환될 때 생물다양성 변화를 파악한 결과, 이차림과 황폐지에서 조림지로 전환된 경우를 제외한 나머지 토지이용 전환 생태계에서는 생물다양성이 감소했다.

그림 4-12 **토지이용 전환 유형에 따른 종 풍부도 변화** (Bremer와 Farley, 2010)

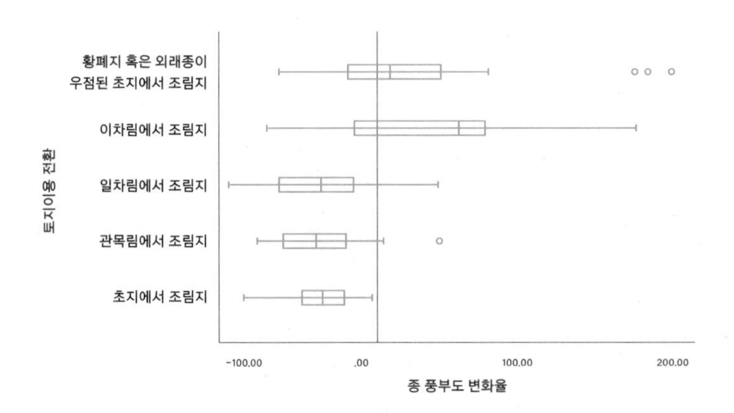

(사례 2) 조림지와 목초지에서의 동·식물 종의 풍부도 비교[26]

조림지에서 조류 그리고 파충류 및 양서류의 종 풍부도가 목초지보다 높게 나타났으나 나머지 식물, 무척추동물, 포유류 등에서는 차이가 나타나지 않았다.

(사례 3) 장기적인 조림을 통한 중국 베이징의 조류 종 다양성 증가[27]

중국 베이징에서는 꾸준한 조림활동으로 1949년에서 2003년 사이 산림면적이 1.3%에서 21.7%로 증가했으며, 이후 2014년까지 41%로 빠르게 증가했다. 1987년과 2014년의 조류의 종 수는 각각 344종과 430종으로 나타났고, 118종의 새로운 조류 종이 발견되었고 37종은 사라진 것으로 추정되어 총 81종의 새로운 조류 종이 나타났다. 이는 산림면적이 증가한 것에 영향을 받았을 것으로 추정된다.

그림 4-13 **산림면적과 조류 종 다양성의 관계** (Pei 등, 2017)

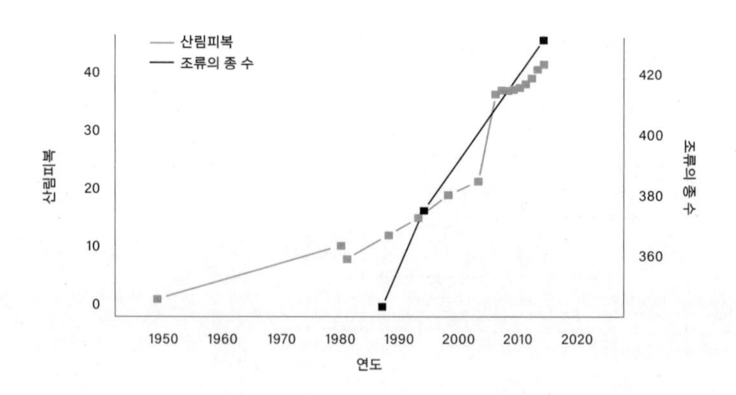

(사례 4) 목재수확 이후 생물다양성 변화

생물의 서식공간은 산림을 기반으로 하고 있으므로 숲은 생물종 다양성 증진에 크게 기여하고 있다. 목재수확을 합리적으로 하면 생물종 다양성에 큰 영향을 끼치지 않는 경향에 관한 연구 사례가 있다.

그림 4-14 **목재수확 이후 메타 데이터에 의한 생물종 다양성 증가 사례** (Verschuyl, 2011)

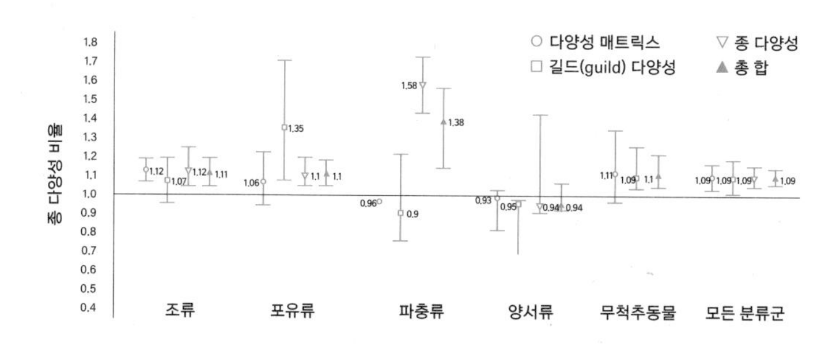

간벌 작업은 생물종 다양성을 증가시킨다. 간벌로 하층 식생의 다양성이 증가하고 그로 인하여 초식동물이 증가하는 등 먹이사슬의 연결성이 증가하는 것이다. 간벌과 비간벌로 인해서 나타나는 종 다양성의 비율을 1.0으로 할 경우 조류, 포유류, 무척추 생물 등이 간벌한 처리구에서 많이 증가하는 것을 관찰할 수 있다.[28] 특히 조류, 포유류의 경우 초기 간벌, 상업적 간벌, 대규모 간벌 이후 지속적으로 종 다양성이 증가하는 것을 확인할 수 있다.

그림 4-15 **목재수확 유형에 따른 생물종 다양성 효과** (Verschuyl, 2011)

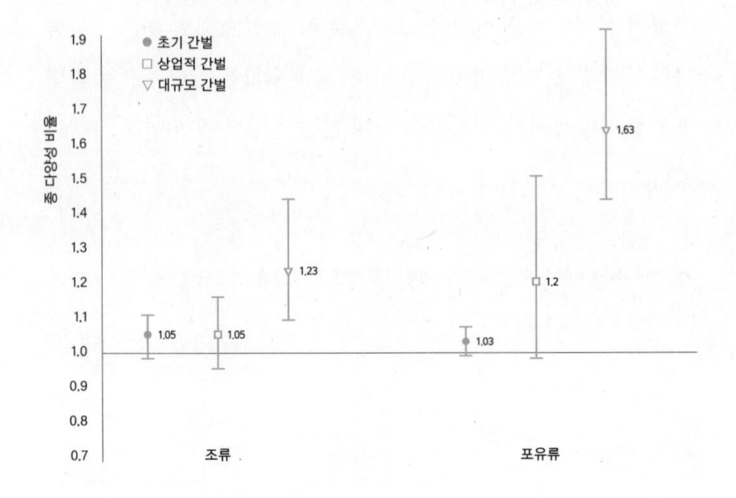

수질 및 수자원 함양 능력 변화

목재 일부 수확 지역의 수질 및 수자원 함양 능력 변화

(사례 1) 터키 벨그라드Belgrad 산림 내에 위치한 수역의 수목을 11% 수확했을 때 하천의 수질 특성[29]

목재수확 전 6년간 보정을 위한 조사기간을 가진 후, 이를 바탕으로 목재수확을 하지 않을 경우의 예측 값을 추정할 수 있는 보정식을 도출했다. 목재수확 이후 하천의 수온, 수색, 탁도, pH, 전기전도도 등은 감소하였으며, 하천의 부유물 농도에는 유효한 변화가 없었다. 그림4-16은 목재수확 이후 12개월간의 자료이며 실제 측정값과 보정식을 바탕으로 도출된 예측 값의 차이로 목재수확의 영향을 파악할 수 있다.

그림 4-16 **월별 수색, 탁도, 기온, 수온, 부유물 농도, pH, 전기전도도 측정값 및 예측값** (Gökbulak 등, 2007)

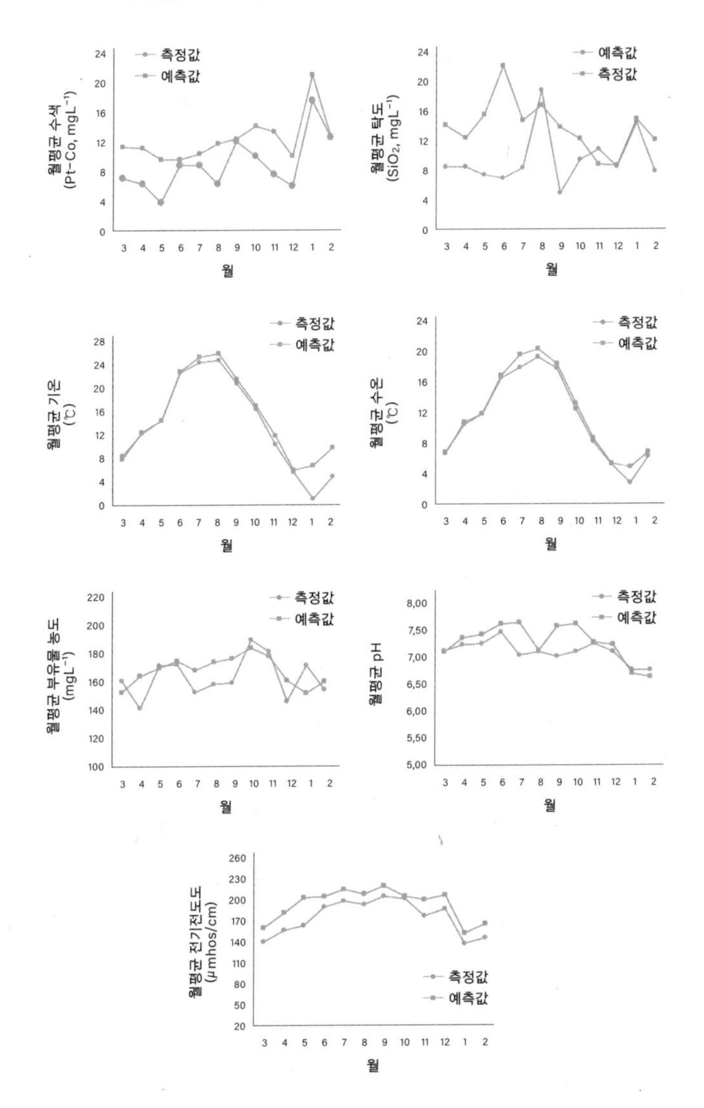

표 4-5 **목재수확에 따른 하천의 수색, 탁도, 기온, 수온, 부유물 농도, pH, 전기전도도 등의 변화** (Gökbulak 등, 2007)

	평균값		신뢰구간(CI)	유의확률 (P-value)
	측정값	예측값		
수색(Pt-Co mgL^{-1})	8.88±1.07	12.19±0.90	±1.35	<0.001
탁도(SiO_2 mgL^{-1})	4.83±0.54	7.01±0.52	±1.59	<0.02
기온(℃)	13.90±2.36	15.18±2.11	±1.25	<0.05
수온(℃)	11.35±1.62	12.01±1.64	±0.42	<0.01
부유물 농도(mgL^{-1})	163.67±4.19	168.27±2.96	±8.24	유의성 없음
pH	7.10±0.06	7.27±0.10	±0.15	<0.05
전기전도도 (μmhos/cm)	176.18±7.23	195.55±6.61	±5.55	<0.001

(사례 2) 산벌 작업으로 유역 내 임목의 33%를 제거했을 때 하천 유량 및 화학적 농도 변화[30]

조사대상지와 근처 3개 하천의 유량을 비교했을 때 목재수확의 영향은 유의하지 않았다. 하천 내 NO_3^-, NH_4^+, Ca^{2+}, K^+ 및 용존 알루미늄 농도는 목재수확 후 크게 증가했고, Ca^{2+}, Mg^{2+}, NH_4^+ 농도는 목재수확 시작일로부터 5개월 후, NO_3^- 및 K^+ 농도는 목재수확 6개월 후 최고조에 달하였다. 유역 내 수목의 33%를 목재수확한 해당 연구 결과와 개벌(100% 수확)에 가깝게 목재수확했을 때의 연구 결과를 바탕으로 목재수확 정도에 따른 하천수 내 이온 농도의 변화를 추정하였다. 그 결과, 목재수확 정도가 증가할수록 이온 농도의 변화가 큰 경향을 보였다.

그림 4-17 **목재수확 정도에 따른 이온 농도 변화** (Wang 등, 2006)

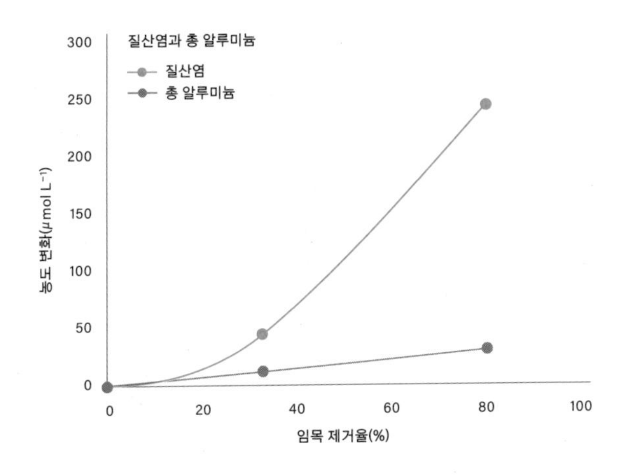

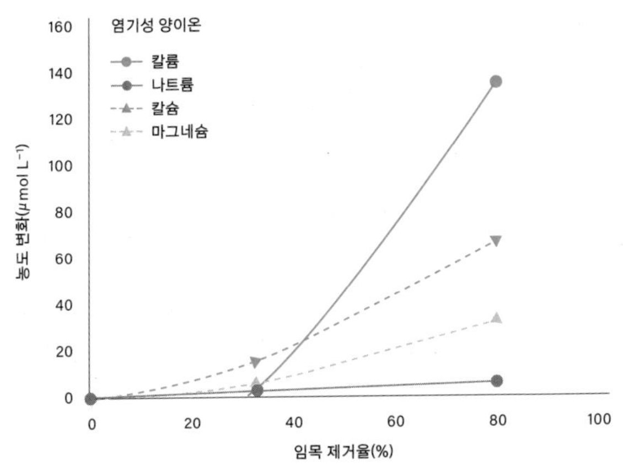

(사례 3) 목재수확 정도 및 완충지역 면적에 따른 부유물질 생성량 비교[31]

3개 지역에서 유칼립투스를 15%, 60%, 88% 수확하였다(H_{15}, H_{60}, H_{88}). H_{15}와 H_{88}의 유칼립투스 조림 면적 비율이 유사하다는 점을 고려했을 때, H_{15}와 H_{88}의 총부유물질량TSS, Total Suspended Sedement은 목재수확 강도의 영향을 나타낸다. H_{15}에서 연간 생성되는 TSS가 현저히 낮게 나타났는데, 이는 조림지에서 발생하는 토양 교란에도 불구하고, 유칼립투스 식생이 토양을 보호하는 역할을 한다는 것을 의미한다. H_{60}과 H_{88}은 유칼립투스 조림지를 100% 제거하였으므로 강변 자연림의 완충효과를 파악할 수 있다. 연간 TSS는 완충 면적이 적은 H_{88}에서 H_{60}보다 높게 나타났다. 이는 완충 면적이 높을수록 연간 TSS가 감소함을 나타낸다.

표 4-6 **조사 대상지 특성**(Cassiano 등, 2021)

	유역		
	H_{15}	H_{60}	H_{88}
유역 면적(ha)	84	70	101
도로 밀도(m ha^{-1})	43	35	45
경사도(%)	9	8	6
강변 자연림(%)	8	40	12
유칼립투스 조림(%)	92	60	88
수확율(%)	15	60	88

그림 4-18 **목재수확 정도에 따른 총 부유물질 생성량 비교** (Cassiano 등, 2021)

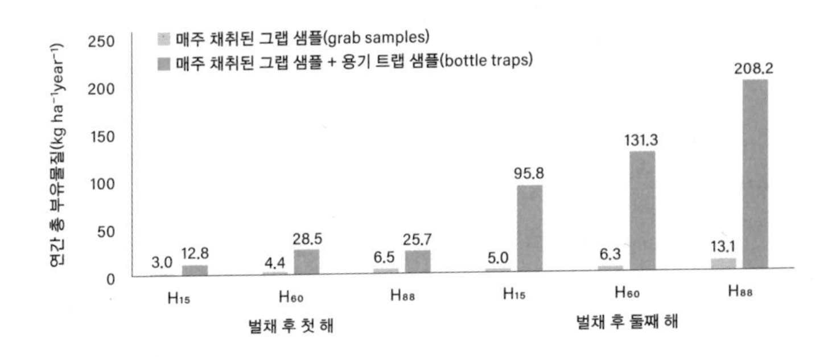

초지 상태와 조림 지역의 연간 강우 유출량 비교

(사례 1) 중국의 반건조 및 건조 조림 지역[32]

초지의 연간 강우 유출량에 비해 조림 이후 연간 강우 유출량이 약 32% 감소하였다.

그림 4-19 **조림에 의해 감소되었을 것으로 판단되는 연간 강우 유출량** (Huang 등, 2003)

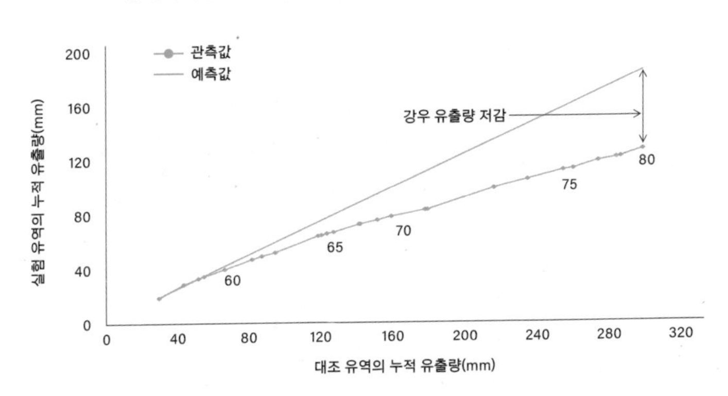

(사례 2) 뉴질랜드의 온대 조림 지역[33]

초지 상태의 연간 강우 유출량에 비해 조림 이후 연간 강우 유출량이 약 31% 감소하였다.

다양한 식생 유형별 조사대상지의 수문학적 반응 및 물 생산량water yield에 토지이용이 미치는 영향 조사

(사례 1) 페루, 에콰도르 등 열대 지역의 식생(주로 목초지), 감자 재배지, 소나무 조림지, 소 방목지 등 여러 토지이용 유형별 조사대상지[34]

조림 지역과 주변의 자연상태 유역을 비교했을 때 조림 지역의 물 생산량이 훨씬 낮았다. 또한 지속적인 강우가 발생했을 때 자연상태의 유역에서는 하천의 유량이 증가한 반면 조림지에서는 큰 변화가 없었다.

천연림 일부 수확 후 재조림한 지역의 물 수지water balance 변화

(사례 1) 호주 빅토리아주 부근의 자생 유칼립투스 산림 중 일부 수확 후 라디에타 소나무 식재[35]

목재수확 지역에 소나무를 조림한 후 물 생산량이 하천 유량에 미치는 영향은 시간이 경과함에 따라 상당히 감소하였다. 우기에는 물 생산량이 증가하여 하천 흐름이 증가하였으나, 유량이 적은 시기에는 물 생산량의 변화가 감지되지 않았다.

그림 4-20 **목재수확 이후 물 생산량 변화** (Bren과 Hopmans, 2007)

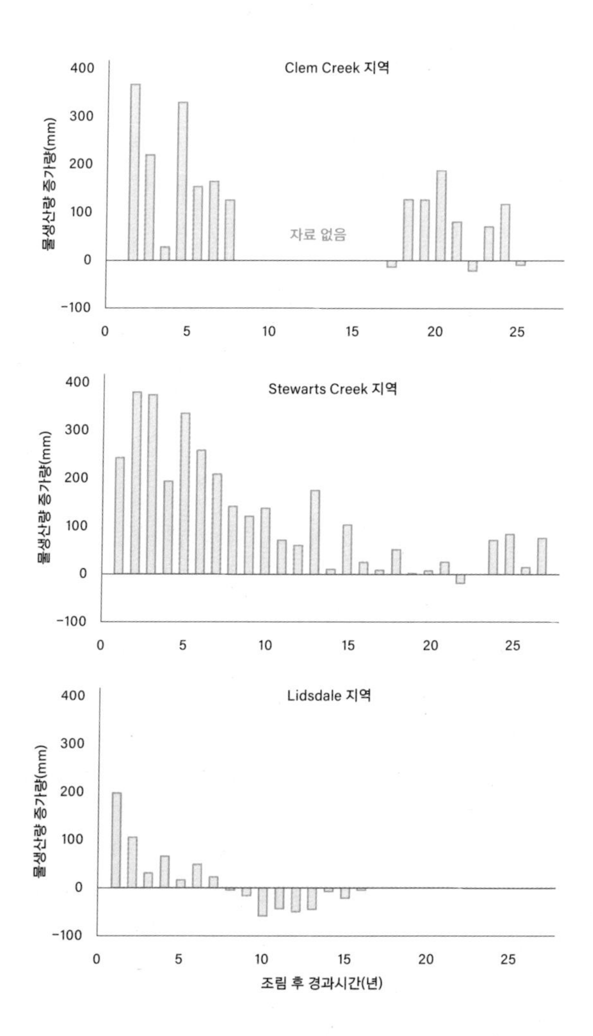

(사례 2) 연간 2000~2500mm의 높은 강수량을 지닌 뉴질랜드에서 원시림 일부 수확하고 라디에타 소나무 식재 후 물 수지 조사[36]

조사대상지의 크기는 1.6~4.6 헥타르로 소규모이다. 목재수확 후 소나무를 조림한 지 1년이 지난 시점에 하천 유량이 200~250mm 증가하였다. 그 이후 양치식물 등 다른 종이 빠르게 군집을 이루면서 하천 유량이 다시 감소하였다. 하천 유량은 평균적으로 약 5년 후 전처리 전 수준으로 돌아갔으며, 2~3년간 더 하락하다가 처리 전보다 약 250mm 낮은 수준에서 안정화되었다.

숲가꾸기 지역의 물 수지 변화[37]

(사례 1) 간벌 이후 수자원 증가와 수질 탁도 개선

장흥 다목적댐 상류의 인공림을 연구한 결과 상류 유역의 숲가꾸기가 어느 정도 녹색 댐 기능을 높이는 효과가 있음을 보였다.

강우의 차단손실률 예측 모형으로 모의 강수량에 대한 시업림과 비시업림의 차단손실률을 산정한 결과, 비시업림은 5mm 강우 시 약 70%가 차단되어 임상林床에 도달하는 강수량이 시업림에 비해 적었다. 또한, 강수량이 증가함에 따라 시업림의 차단손실률은 20% 이하로 낮아졌지만 임관이 폐쇄된 비시업림에서는 여전히 20% 이상이 차단되는 것으로 나타났다.

그림 4-21 **숲가꾸기 이후 수질 탁도 변화** (국립산림과학원, 2007)

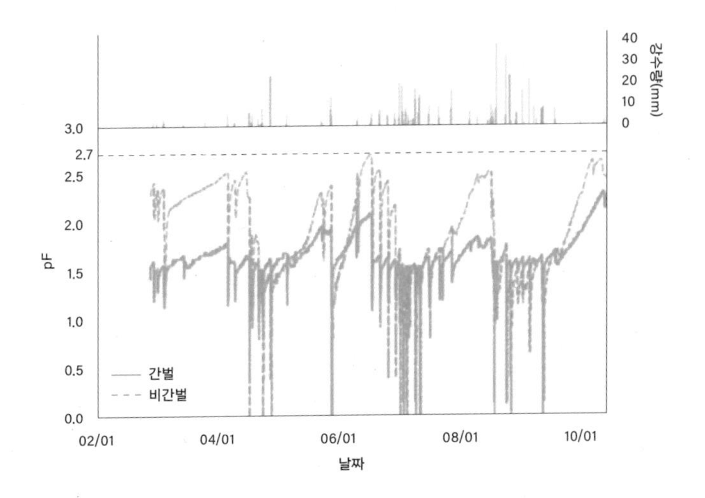

그림 4-22 **시업림과 비시업림의 강우 차단손실률** (국립산림과학원, 2007)

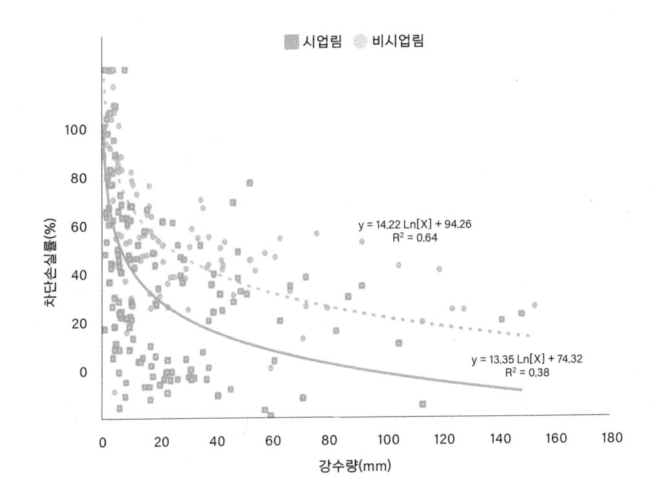

(사례 2) 산림시업에 따른 유역의 물 환경 변화

일반적으로 차단손실량은 침엽수 인공림은 숲가꾸기를 하면 수관울폐도가 감소하여 차단손실량이 감소였다. 예를 들면 2005년도 숲가꾸기를 실시한 전나무림의 수관울폐도와 엽면적지수는 95%와 3.4에서 70%와 2.6으로 대폭 감소하였다. 이 전나무림의 경우 숲가꾸기 후 차단손실률이 52%가 감소하여 총 13%의 임내강수량이 증가하였고, 차단손실률은 숲가꾸기 후 점차 증가하여 약 10년이 경과하면 원상태가 되었다.

표 4-7 **시험지 개황**

위치	유역	면적(ha)	면적(ha)	표고(m)	모암	시업 이력
경기도 광릉	잣나무	3.9	160~290	편마암	사양토	1976년 조림, 1996년 간벌
	전나무	3.5				1976년 조림, 1996년과 2004년 간벌

표 4-8 **토양 함수율(%)**

구분	2004	2005	2006	2007	2008	평균
전나무 시업림	19.2	21.7	17.1	18.0	18.9	19.0
전나무 비시업림	17.6	19.3	15.5	16.0	17.5	17.2
차이	1.6	2.4	1.6	2.0	1.4	1.8

증산량은 숲가꾸기 후 증가하지만 임분 전체로는 임목밀도가 감소하므로 줄어들었다. 2004년 숲가꾸기를 한 전나무림은 임목밀도가 헥타르당 2,500 본에서 900 본으로 감소하여 월 증산량이 2004년에 비해 2005년에는 187.5 톤, 2006년은 110.2 톤 그리고 2007년은 44.6 톤 적게 나타났다.

토양 함수율은 일반적으로 숲가꾸기는 차단손실량과 증산량 즉 증발산량을 감소시켜서 임내 강수량을 증가시키므로 토양 함수율이 높아졌다. 전나무림에서 숲가꾸기 이후 평균 토양 함수율의 변화는 표4-8과 같다. 토양 함수율의 차이 1.8%는 평균 표토층 0.3m의 깊이에서 1 헥타르당 연간 54 톤의 토양 수분을 더 많이 저장한다는 의미다.

녹색 댐 기능 증진을 위한 숲가꾸기 효과

강수 차단손실량은 리기다소나무 인공림 시업지와 비시업지에 10m×10m의 차단손실량 측정구를 설치하였다. 시업지는 평균 흉고직경이 16.9cm, 임목밀도가 헥타르당 1,000 본이고 비시업지는 평균 흉고직경 17.7cm, 임목밀도는 헥타르당 1,300 본이었다. 2003년부터 2006년까지 4년간 두 시험지의 강수 배분은 표4-10과 같다.

증산량은 숲가꾸기 후 수관부의 확장과 직경 생장으로 증산작용이 더 활발하게 일어나면서 시업목이 비시업목에 비해서 일일 약 0.8 리터 정도 많아졌다. 하지만 숲가꾸기 후 임목밀도가

표 4-9 **시험지 개황**

구분	위치	수종	유역 면적(ha)	표고(m)	경사(도)	모암	토성
시업지	전남 장흥군 유치면 신월리	리기다소나무 3영급	14.2	150~300	15.2	화강 편마암	미사질 양토
비시업지	전남 장흥군 유치면 관동리	리기다소나무 3영급	2.4	150~200	14.9	역암 및 응회암	양토

표 4-10 **시업림과 비시업림의 강수 차단률 차이**

구분	강수량 (mm)	수관통과우량 (mm)	수간유하수량 (mm)	차단손실량 (mm)	차단손실률 (%)	차이 (%)
시업림	3,343.9	2,290.3	69.3	984.3	29.4	13.5% 감소
비시업림	3,017.6	1,613.9	108.2	1295.5	42.9	

줄어들면서 비시업림에 비해 시업림의 증산량이 월간 헥타르당 137.8 톤 감소하였다.

토양 저류량은 토양 조공 극률과 A층의 평균 토심을 이용하여 추정한 결과 비시업림은 헥타르당 529.4 톤, 시업림은 헥타르당 586 톤으로 나타나 숲가꾸기 후 56.6톤/ha의 토양 저류량이 증가하였다.

토양 조공극률은 토양수 중 압력 pF2.7에서 분리되는 수분 양으로 우리가 이용할 수 있는 토양수이다. 표층 토양의 조공극률은 숲의 수원함양 기능을 평가하는 지표로서 수관울폐도나 토양의 유기물 함량 등과 관련이 있다. 시업림과 비시업림에서 표토의 조공극률은 각각 평균 38.3%(36.3~40.6%), 34.6%(32.9~36.7%)로서 숲가꾸기 후 약 3.7%가 증가하였다.

표토의 투수계수는 빗물이 숲 토양 내부로 투수 되는 속도로 토양의 수원함양 기능에 매우 중요하다. 시업림과 비시업림의 표토의 투수계수는 각각 초당 0.0519cm와 0.0303cm로 시업림이 약 0.0216cm/초 증가하였다.

토양 함수율은 시업림(18.63%)이 비시업림(15.45%)에 비해 약 3.18% 높게 나타났다. 그 차이는 특히 토심 10cm와 50cm에서 가장 뚜렷하게 나타났다.

유출량은 시업림 유역은 비시업림 유역에 비해 홍수기 유출인 직접 유출률은 감소하고 갈수기 유출인 기저 유출률은 증가하였다.

숲은 빗물이 빠져나가면서 토양의 스펀지 구조를 통해 수질(탁도)을 제어한다. 여름철 탁도는 시업림이 평균 8.4NTU인데 비해 비시업림은 17.4NTU로 약 2배 높았다.

표 4-11 **시업림과 비시업림의 유출량 차이**

구분	강수량(mm)	유출량(mm)	유출률(%)	기저 유출률(%)	직접 유출률(%)
시업림	1,646.2	1,168.3	71.0	13.1	86.9
비시업림	1,646.2	468.7	28.5	4.6	95.4
차이				8.5 증가	8.5 감소

기능적·계통학적 다양성의 회복

(사례 1) 말레이시아 보르네오 사바 지역 열대림의 목재수확에 따른 쇠똥구리류의 기능적 다양성[38]

1976년에서 1991년 사이에 택벌이 이루어진 산림(이를 다시 덩굴 및 대나무류 제거 등 숲가꾸기를 한 산림과 숲가꾸기 없이 천연갱신을 유도한 산림으로 구분)과 천연림 사이에 쇠똥구리류의 기능적 다양성에 대한 비교 분석을 하였다. 택벌 후 20년이 경과한 시점인 2008년부터 2017년까지 10년간의 데이터를 분석한 결과, 종 다양성과 기능적 다양성은 차이가 없는 것으로 나타났다. 그러나 종 조성의 경우 택벌을 실시한 산림은 다양한 미세 서식지 형성에 따라 이들 패치를 이용하는 다양한 종들이 서식하는 것으로 나타났다.

(사례 2) 말레이시아 보르네오 사바 지역 열대림의 목재수확에 따른 토양 미생물의 기능적 다양성[39]

1970년에서 1990년 사이에 택벌이 1회 이루어진 산림, 1회 택벌 산림 가운데 2000년에서 2007년 사이에 택벌(2회 택벌)이 다시 이루어진 산림, 20~30년 전에 팜나무를 심은 조림지 그리고 천연림에서의 토양 미생물의 기능적 다양성을 비교하였다. 택벌이 이루어진 곳과 천연림(미벌채지) 사이에는 종 조성 및 기능적 다양성에서 큰 차이를 보이지 않았으나, 팜나무 조림지는 다른 지역

그림 4-23 **택벌과 천연림 사이의 쇠똥구리류의 종 풍부도(a), 기능적 다양성(b) 및 종 조성(c)** (Cerullo 등, 2019)

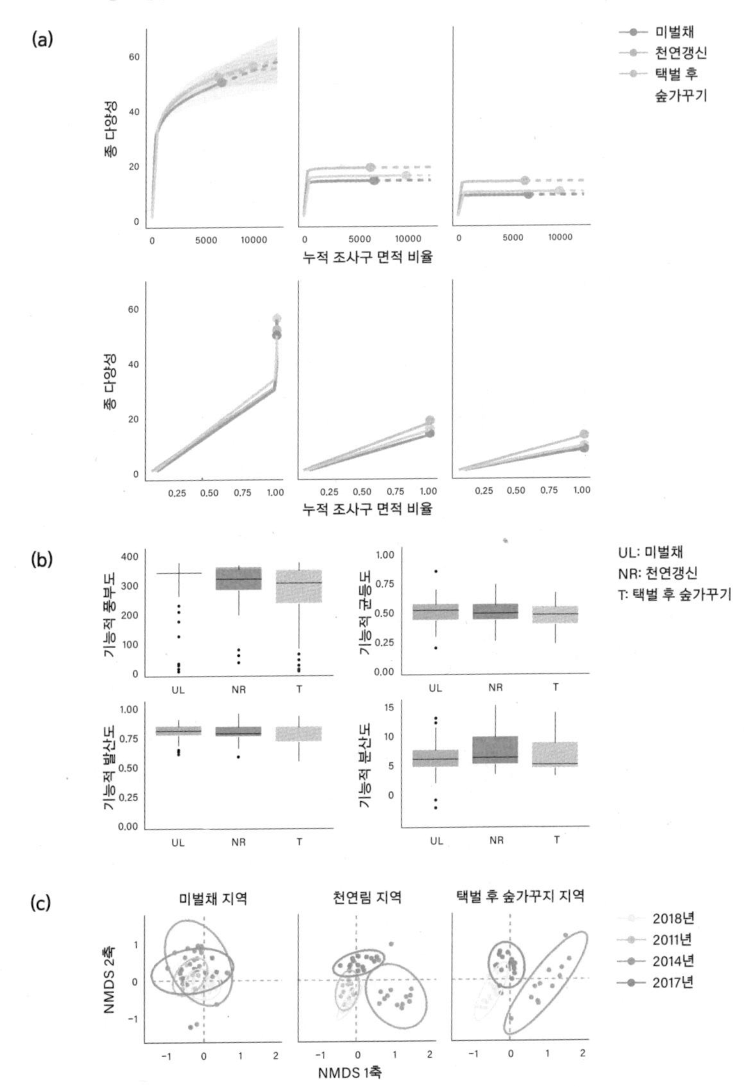

들과 다른 종 조성 및 높은 기능적 다양성을 보였다. 이러한 차이는 팜나무 조림지의 토양이 다른 지역의 토양과 다른 화학적 특성 때문인 것으로 나타났다.

그림 4-24 **택벌, 천연림, 팜나무 조림지 사이의 토양미생물의 종 조성 및 기능적 다양성**
(Tripathi 등, 2016)

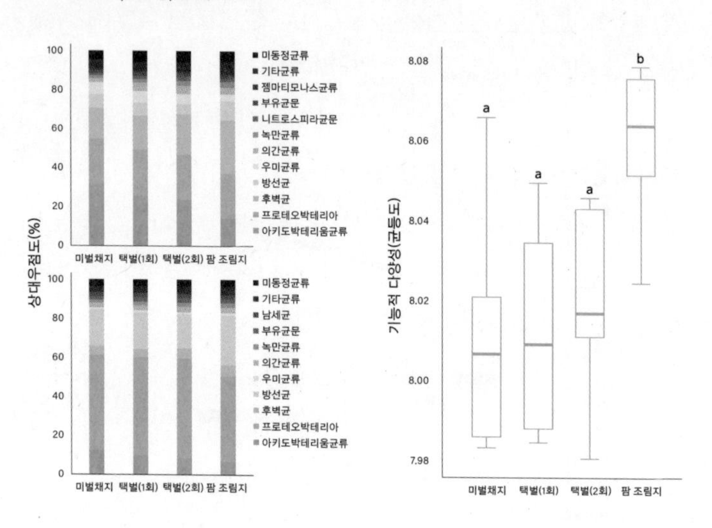

토양 이화학적 성질	미벌채지	택벌(1회)	택벌(2회)	팜 조림지
산도(pH)	4.25±0.42	4.76±0.86	5.11±0.88	4.79±0.63
총 탄소량(%)	3.71±0.87[a]	3.60±1.12[a]	4.32±0.29[a]	1.97±0.90[b]
총 질소량(%)	0.33±0.07[a]	0.30±0.04[a]	0.31±0.12[a]	0.19±0.06[b]
탄소:질소 비율	11.58±2.98	11.90±3.23	14.48±2.41	10.46±2.40
유효 인산(mg/kg)	24.60±5.89	26.06±6.77	21.83±11.57	56.53±47.16

* 동일한 문자는 통계적으로 유의하지 않으며, 서로 다른 문자는 통계적으로 유의함.

(사례 3) 인도네시아 동부 칼리만탄의 저지대 이엽시과Dipterocarp 혼효 열대우림에서 목재수확에 따른 식물계통학적 다양성[40]

천연림과 몇 가지의 목재수확 방법을 적용한 산림에 대해 목재수확 직후 그리고 10년 후 식물의 계통학적 다양성을 비교하였다. 목재수확 방법은 ①관계자 감독 없이 직경 60cm 이상의 나무를 수확하는 방법CL, Conventional logging과 ②남아 있는 나무의 손상을 최소화하기 위해 50cm 이상의 직경을 가진 나무를 감독하에 수확하는 방법RIL, Reduced-impact logging으로 구분하였으며, ①번 방식은 다시 숲가꾸기를 하지 않은 것(CL+NoT-no thinning)과 숲가꾸기를 한 것(CL+T)으로 구분하였다. 목재수확 직후에는 CL과 RIL의 경우에서 천연림에 비해 계통학적 다양성이 감소하였으나, 목재수확 10년 후에는 유사한 값을 나타냈다. 이러한 경향은 숲가꾸기를 적용한 경우와 그렇지 않은 경우도 동일하게 나타났다.

기능적 다양성의 향상

(사례 1) 중국 남부 하이난 섬의 열대우림에서 개벌, 택벌 및 무처리 지역의 기능적 다양성[41]

1975년에 택벌이 이루어진 산림, 1966년에 개벌이 이루어진 산림 그리고 산림경영활동이 이루어지지 않은 고령림을 대상으로 4가지 기능적 다양성을 공간 규모에 따라 비교하였다(약 50년

그림 4-25 **목재수확 방법에 따른 10년 동안의 식물계통학적 다양성 변화**
(Mahayani 등, 2020)

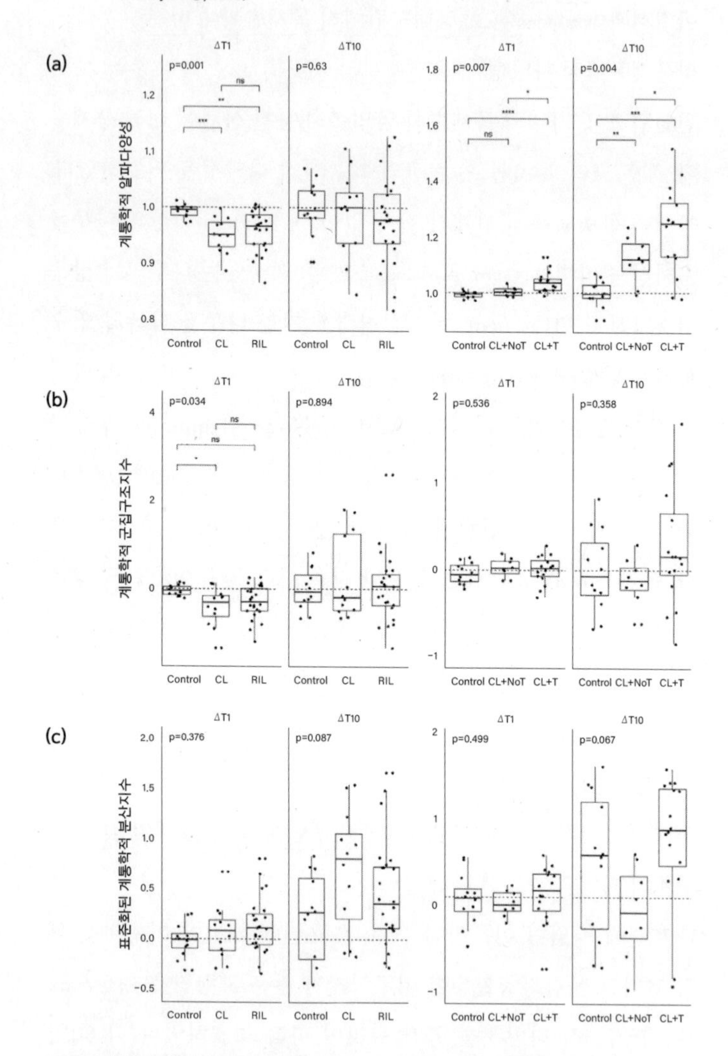

Control: 벌목이나 간목이 없는 숲, CL: 감독 없이 직경 60cm 이상의 나무를 벌목하는 방법
RIL: 남아있는 나무의 손상을 최소화하기 위해 직경 50cm 이상의 나무를 감독 하에 벌목하는 방법
CL+NoT: 직경 60cm 이상 나무 벌목 후 숲가꾸기 미적용, CL+T: 직경 60cm 이상 나무 벌목 후 숲가꾸기 적용
ΔT1: 1년 후, ΔT10: 10년 후

간의 변화 결과). 기능적 풍부도functional richness와 분산도functional dispersion는 산림경영활동이 이루어진 숲에서 그렇지 않은 숲보다 높은 경향을 나타냈다. 특히 기능적 풍부도는 공간 규모가 커질수록 증가하는 경향을 보였다. 그러나 과거의 개벌 및 택벌은 목재 밀도가 높은 종들의 감소를 유도하였기 때문에 본 연구 대상지인 열대우림의 잠재적 탄소 저장량 감소로 이어졌다.

(사례 2) 에콰도르 안데스 산지의 천연림 지역에서 택벌식 간벌에 따른 식물의 기능적 다양성[42]

흉고직경 20cm 이상의 나무들을 20% 수준에서 택벌식 간벌하는 수확 방법 적용 후, 택벌식 간벌을 수행한 임분과 그렇지 않은 임분에 대해 단기간(1~2년)에 5가지 기능적 다양성의 변화를 비교하였다. 수목들이 가진 기능들의 수적인 풍부도를 나타내는 기능적인 풍부도functional richness는 택벌식 간벌 후에 증가하는 경향을 나타냈다. 그러나 다른 기능적 다양성 지수는 비교 대상지 사이에 차이를 보이지 않았다.

그림 4-26 **택벌식 간벌에 따른 기능적 다양성의 변화** (Cabrera 등, 2020)

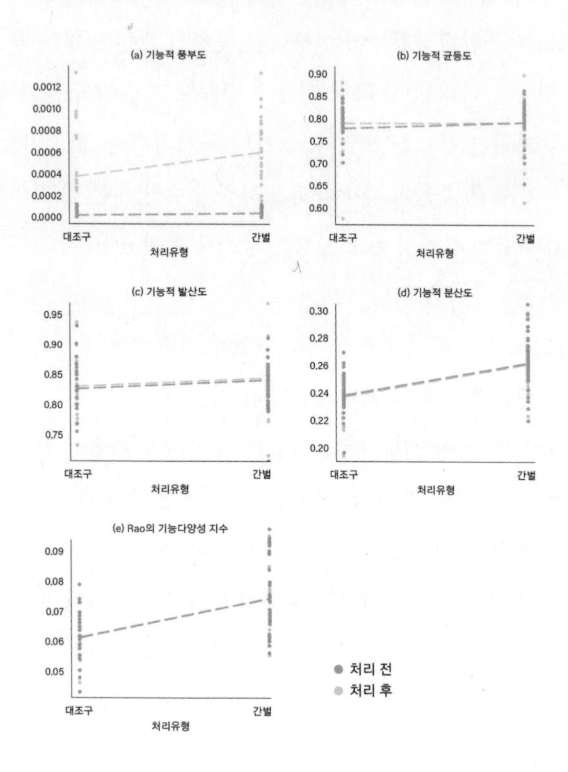

4. 목재수확과 생태계 서비스

▲▲▲

탄소 저장량 산정의 복잡성

산림경영과 탄소 저장

산림은 관리 정도에 따라 산림 보존에서 집약적 산림경영까지 범위를 나눌 수 있다. 현존하는 산림과 목제품에 저장된 탄소량을 증진시키기 위한 신규조림 및 재조림, 산림관리, 황폐화 방지 등의 산림경영활동을 행하고 있다. 장기적인 온실가스 저감을 위해서는 매년 지속적으로 목재, 섬유, 에너지 등을 생산하는 동시에 산림 내 탄소 저장량을 유지 및 증진시키기 위한 지속가능한 산림경영 전략이 필요하다.[43] 그러나 다양한 요인들이 산림의 탄소 저장량 및 흡수량에 영향을 미치기 때문에 최적의 관리 방안을 도출하는 것에 어려움이 있다. 또한 산림의 탄소 저장량 및 흡수량을 산림 내의 탄소량으로 한정할 것인지, 목제품으로 사용되거나 화석연료의 대체재로 활용되는 것까지 고려할 것인지 등의 경계 설정에 따라 탄소 저장량 및 흡수량을 정량화하는 방식과 추정 값이 달라진다. 이러한 이유로 산림의 탄소 저장량을 극대화할 수 있는 최적의 산림경영 방안 및 정책에 대한 다양한 논쟁이 존재한다.[44]

목재수확 주기 및 목제품에 저장된 탄소를 고려한 산림탄소 저장량 변화

(사례 1) 다양한 산림 유형에서 '목재수확을 하지 않을 때no harvest' 일반적으로 산림 내 탄소 저장량이 가장 높음[45]

미국 농무부(2017)에 따르면 관리되는 산림의 연간 탄소 흡수량이 관리되지 않는 산림unmanaged forest에 비해 높을 수 있으나, 강한 교란이 없는 상태의 산림생태계 내 탄소 저장량은 수확 주기가 증가할수록 그리고 수확 강도가 낮아질수록 증가한다.[46]

(사례 2) 45년, 80년, 120년, 그리고 수확하지 않은 시나리오에 따른 탄소 저장고(산림, 목재제품, 화석연료 대체) 내 총 탄소 저장량 비교[47]

그림 4-27 **모의 기간(45, 80, 120, 165년)에 따른 목재수확 시나리오별 탄소 저장량**
(Perez-Garcia 등, 2005)

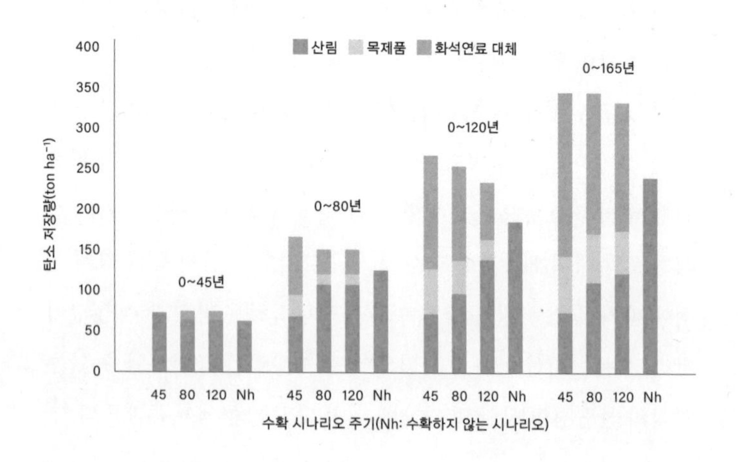

해당 연구는 탄소 저장고를 산림 내 탄소, 목제품 내 탄소, 화석연료 대체 탄소 등 세 가지로 구분하였으며 세 가지 요소의 합을 총 탄소 저장량으로 정의하였다. 목재수확 후 목제품의 생산에서 최종 사용단계end use까지 고려하여 전과정평가LCA▲를 실시했더니 모의 결과 수확 주기가 짧을수록 더 빨리 목제품이 생산되었다. 이러한 경우에 화석연료를 빠르게 대체할 수 있으므로 탄소 저감 효과가 더 크게 나타났다.

목재수확과 생태계 다기능성

생태계 다기능성의 정의

지금까지 생태계의 다기능성Multifunctionality에 대한 정의는 '다양한 기능들을 동시에 제공하는 것' 또는 '사회에 다양한 이익을 제공할 수 있는 경관 또는 토지가 가진 잠재성'이라는 두 가지 개념으로 사용되어 왔다.[48] 이러한 복합 개념이 형성된 이유는 생태계 다기능성에 대한 연구가 생태계생태학 중심의 '생물다양성 및 생태계 기능 연구'와 경관 및 토지 생태학 중심의 '토지관리 연구(또는 인간 수요 중심 생태계 서비스 연구)'의 두 가지의 연구 분야에서 개별적으로 진행되어 왔기 때문이다.[49] 따라서 최근에는

▲ 전과정평가(LCA, Life Cycle Assessment): 제품 또는 서비스의 전 과정 즉 원료 채취부터 제조, 사용, 폐기 및 재활용 등에 따른 환경 영향을 정량적으로 평가하는 방법. 지구온난화 영향, 산성화, 오염물질 등에 대하여 특성화된 환경 영향을 분석하고 이를 종합하는 평가 기법이다.

다기능성을 생태계가 다양한 기능과 서비스를 동시에 공급할 수 있는 능력으로,[50] '생태계 기능 중심 다기능성EF-multifunctionality, ecosystem function multifunctionality'과 '생태계 서비스 중심 다기능성ES-multifunctionality, ecosystem service multifunctionality'의 두 가지 요소로 구성된다고 정의한다.

생태계 기능 중심 다기능성은 한 생태계 내에서 발생하는 일련의 생물학적, 지화학적 그리고 물리적 프로세스와 관련된 생태계의 다양한 복합기능들로 정의된다. 이는 생물다양성 및 생태계 기능 간 연계구조와 이들을 유도 또는 제어하는 인자들에 대한 기

그림 4-28 **생태계 다기능성의 두 가지 요소** (Garland 등, 2020)

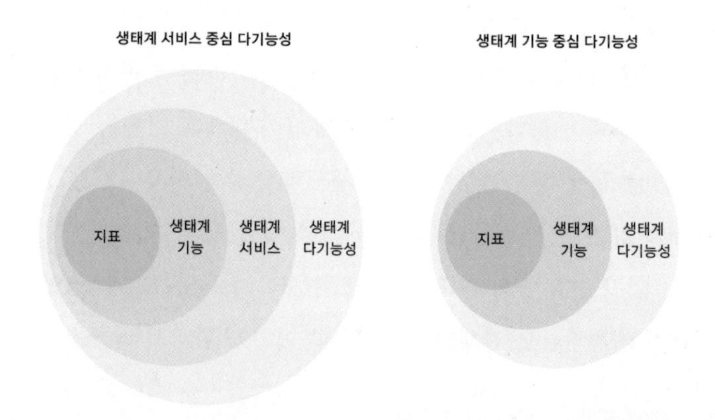

지표
환경조건을 평가 또는 기술하기 위해 사용된 환경과 관련된 현상의 각 요소 또는 측정값(Heink와 Kowarik, 2010)

생태계 기능
생태계 내에서 발생하며, 생태계 서비스에 직간접적으로 기여하는 생물학적·무생물학적 프로세스

생태계 서비스
생태계로부터 인간이 얻게 되는 이익으로 공급, 조절, 문화 및 지원서비스로 구분(MEA, 2005)

생태계 다기능성
다양한 기능과 서비스를 동시에 제공하는 생태계의 능력

초 연구가 주를 이루고 있다.

생태계 서비스 중심 다기능성은 인간의 수요와 관련된, 동시 공급이 가능한 생태계의 다양한 서비스들로 정의되며, 토지관리 연구를 중심으로 관리 목표 설정이 가능한 다양한 생태계 서비스를 동시에 공급할 수 있는 방법론에 대한 응용연구가 주를 이루고 있다. 그러나 생태계 서비스의 경우, 관련 생태계 기능이 없이는 서비스가 존재할 수 없기 때문에 생태계 기능에 대한 연구가 먼저 명확하게 정의되고 수행되어야 한다.

생태계 다기능성의 정량화

다기능성의 두 가지 구성요소인 '기능 중심 다기능성'과 '서비스 중심 다기능성'을 정량화하는 방법은 상이하다.[51] 기능 중심 다기능성의 정량화는 일반적으로 역치법threshold approach을 사용하며, 서비스 중심 다기능성은 이해당사자들이 생각하는 각 서비스별 중요도에 각 생태계 서비스가 제공하는 이익을 곱하여 측정한다.

역치법은 ① 전체 조사구(또는 지역)에서 각 기능별로 가장 높은 상위 5%에 해당하는 값들의 평균 값을 산출한 후, ② 조사구별로 해당 평균 값의 50%에 해당하는 값(역치값)보다 큰 값을 가지는 각각의 기능들의 수를 세어 산출하며, ③ 이 값과 생물다양성 지수(또는 다른 생태계 구성 인자)와의 연결 강도(회귀식의 설명력)를 평가한다.[52] 역치값은 연구자의 판단에 따라 다양한 값을 사용하는 것이 가능하며, 여러 개의 역치값을 사용하여 역치값에 따라 변화하는 양상을 비교하기도 한다. 현재까지 기능 중심 다기능성을 정량화하는 방법에는 개별 기능 접근법, 모든 기능들의 값을 표준화하여 평균하는 평균법 등이 있으나, 다른 접근법들에 비해 상대적으로 강점이 많은 역치법을 가장 많이 사용한다.

그림 4-29 **기능 중심 다기능성 정량화 방법-역치법의 활용 사례** (Manning 등, 2018)

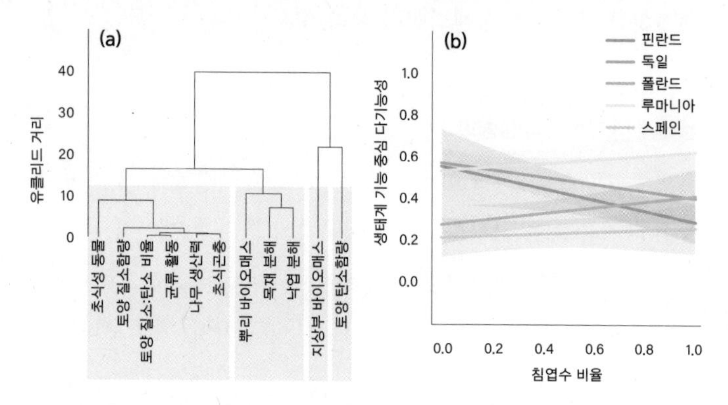

(a) 중요한 생태계 기능들을 군집분석 방법에 따라 분류한 후,
(b) 이들 그룹별로 역치법을 활용하여 유럽 국가들의 침엽수림 비율 증가에 따른 다기능성 변화 평가 사례

서비스 중심 다기능성은 생태계 서비스와 직접적으로 관련되는 이해당사자들과의 설문 및 면담을 통해 각 생태계 서비스별로 중요도를 산정한 후, 이를 각 서비스 공급 수준에 따라 제공되는 혜택(이익)을 곱하여 합산한다.

그림 4-30 **서비스 중심 다기능성 정량화 예시** (Manning 등, 2018)

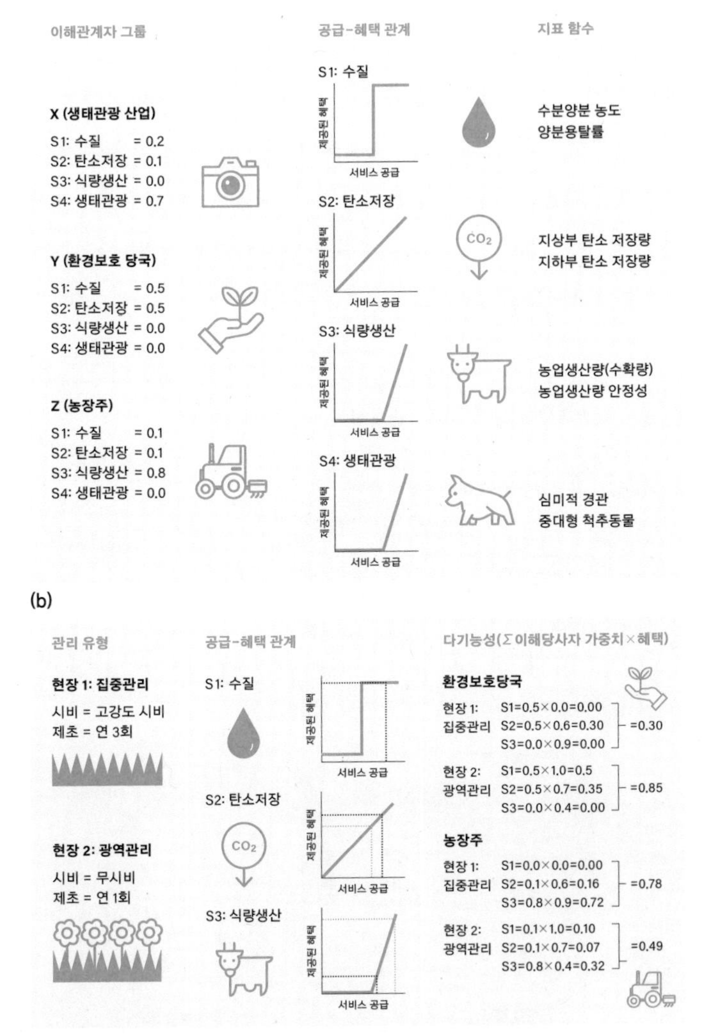

(a) 생태계 서비스와 관련된 이해당사자들의 각 서비스별 중요도 및 각 서비스 공급에 따라 제공되는 이익에 대한 산출, (b) 생태계 관리 방법에 따라 제공되는 이익의 수준과 이해당사자별 중요도 값을 곱하여 합산한 다기능성

산림생태계의 다기능성을 지속·향상시키는 택벌

(사례 1) 중국 서남부 지역 소나무림*Pinus yunnanensis*에서의 택벌 처리에 따른 다기능성 변화[53]

택벌을 하지 않은 소나무림과 택벌을 1회에서 5회까지 진행한 소나무림에서 양분 순환, 토양 탄소축적, 유기물 분해 및 목재생산 등 4가지 기능들의 변화를 분석하였다. 택벌 시, 평균적으로 1회당 개체 수의 10%만 선택적으로 수확한다. 4가지 개별 생태계 기능과 다기능성은 택벌 강도(횟수) 증가와 함께 증가하는 경향을

그림 4-31 **택벌과 생태계 기능 사이의 관계 및 인과 모형** (Huang 등, 2020)

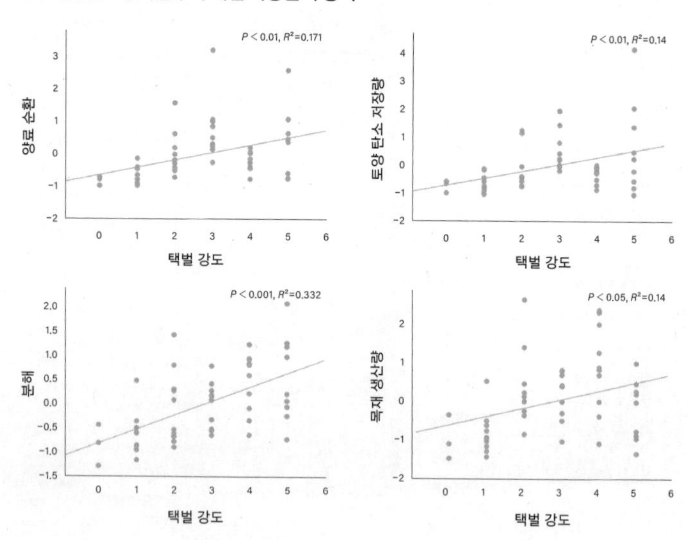

나타내었으며, 택벌을 2회 이상 실시했을 때 현저하게 향상되는 경향을 나타냈다. 택벌은 수목들의 기능적 다양성을 증가시킴으로써 생태적 지위 분할niche partitioning과 자원의 상보적 사용을 통해 생태계의 다기능성을 증가시키는 것으로 나타났다.

(b) 2회 이상 택벌했을 때 현저히 증가

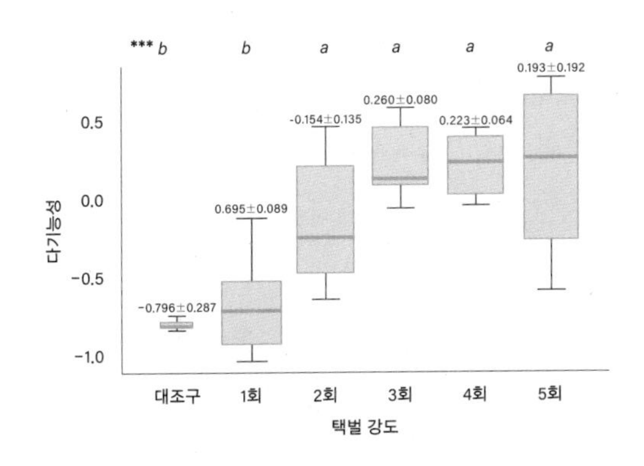

(c) 택벌 – 기능적 다양성 증가 – 생태계 다기능성 증가

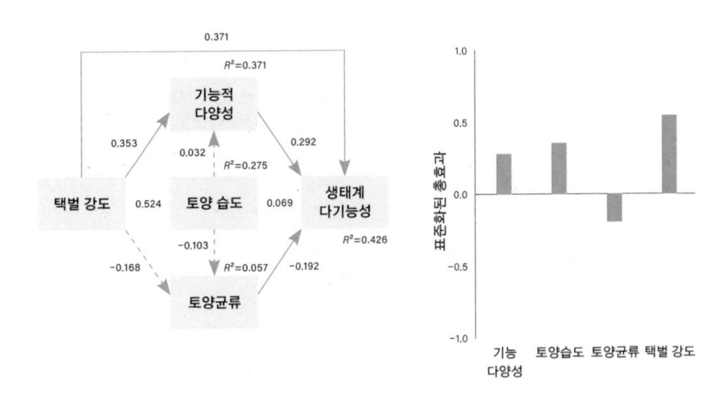

(사례 2) 중국 동북부 지역의 활엽수-잣나무*Pinus koraiensis* 혼효림에서 목재수확 강도에 따른 다기능성 변화[54]

택벌 및 간벌 강도에 따라 연평균 지상부 바이오매스 증가량, 야생 식용식물의 지상부 바이오매스, 토양 유기탄소 밀도, 낙엽층 바이오매스, 낙엽층 수분 보유능, 토양 수분 보유능, 토양 내 유기질소, 인 및 칼륨 등 9가지 기능들을 종합한 다기능성 변화를 관찰했다. 목재수확 강도는 10% 미만을 약, 10~20% 미만을 중, 20~30% 미만을 강으로 정의한다. 목재수확으로 인한 숲틈 생성으로 빛과 강우가 임상forest floor에 도달하는 양이 증가하면서 토양미생물과 효소의 활동이 활발해져 양분이 풍부해지고 탄소 저장량이 늘어나는 것으로 나타났다. 또한 목재수확 직후에 발생하는 교란이 산림의 다기능성과 지하부 생물다양성은 향상시키는 반면, 지상부 생물다양성은 감소시키는 것으로 나타났다. 그러나 향후 지상부는 숲틈으로 형성된 공간에서 생물종들 사이의 생태적 지위 분할을 통해 종 다양성이 증가하고, 초기 천이 단계와 빛 요구량이 많은 수종들로 숲틈이 채워질 것으로 예측한다. 결론적으로 적절한 수준의 택벌과 간벌은 산림의 다기능성과 생태계 개별 기능들을 높이는 데 기여한다.

그림 4-32 **간벌 및 택벌강도에 따른 생태계 다기능성 변화** (Yuan 등, 2021)

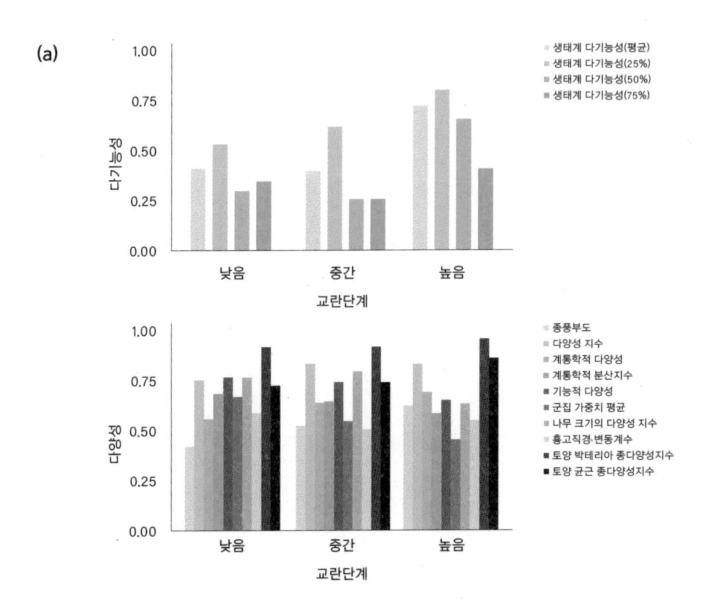

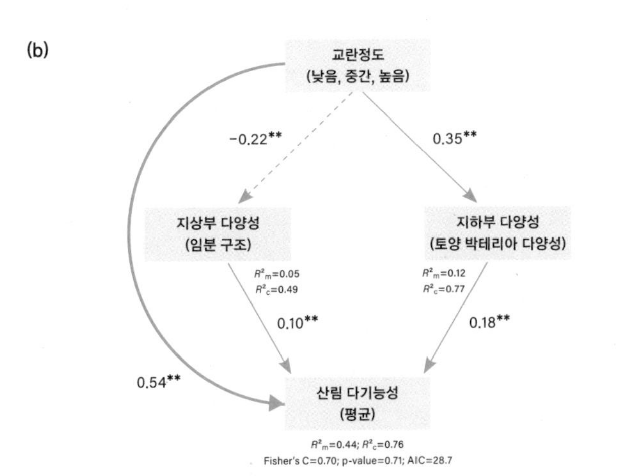

다기능성과 경제성의 효율적 달성을 위한 개별과 택벌의 적절한 혼합

(사례 1) 핀란드 중부 지역의 전형적인 생산림에서 택벌과 개별에 의한 다기능성과 경제성[55]

여러 종류(강도)의 택벌과 개벌을 각각 수행한 생산림과 두 가지 방법을 혼합하여 수행한 생산림에서 휴양 생태계 서비스, 비목재 임산물 생산, 기후변화 완화, 육상 척추동물 다양성을 위해 적합한 서식지 그리고 고사목에 의존하는 멸종위기종(적색 목록)에 적합한 서식지 등 5가지 기능들의 다기능성을 비교하였다. 개벌은 5가지 기능들이 결합된 다기능성을 증진시키지 못하는 것으로 나타났으며, 택벌을 늘리는 것은 다기능성을 증진시키는 역할을 한다. 본 연구는 다기능성과 경제성 모두의 효율적 달성을 위

그림 4-33 **택벌, 개벌 및 혼합방식에 따른 생태계 다기능성 및 경제성** (Eyvindson 등, 2021)

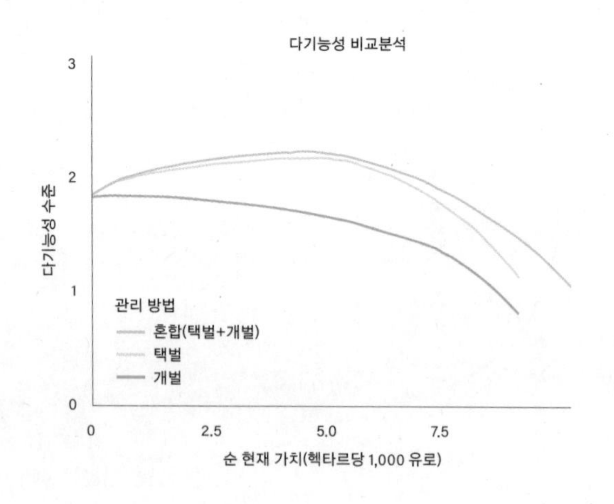

해 택벌을 위주로 하여 약강도의 개벌을 결합하는 것이 최적의 방안이라고 제시한다. 많은 양의 목재를 확보하면서 다기능성을 극대화하려면 개벌 시행률이 전체 산림면적의 10~25%가 적당하다고 제시한다.

(사례 2) 핀란드 중남부 지역 북방수림(경제림)에서 택벌과 개벌에 의한 다기능성과 경제성[56]

무처리, 택벌, 개벌 그리고 택벌과 개벌을 동시에 처리한 숲에 대해 목재의 현재가, 수확한 목재의 재적, 탄소 저장량, 탄소 격리, 버섯류와 산딸기류 생산, 경관적 아름다움(심미적 가치), 고사목 재적 및 큰 나무 개체수 등 9가지 기능들을 종합한 다기능성 변화를 100년의 기간을 설정하여 시뮬레이션했다. 그 결과 택벌이 개벌에 비해 생산림의 다기능성을 높이며, 보다 지속가능한 임업을 위해 필수적인 갱신 방법임을 증명하였다. 그러나 생물다양성 측면에서는 목재수확을 하지 않은 숲이 가장 높은 수준의 생물다양성을 보이는 것으로 나타났다. 또한 택벌과 개벌을 적절히 혼합하여 사용할 경우, 소득과 관련된 특정 기능들(산딸기류 및 버섯류 생산)을 더 증가시킬 수 있는 것으로 나타났다.

그림 4-34 **무처리, 택벌, 개벌 및 혼합 목재수확에 따른 생태계 다기능성 및 경제성 변화**
(Peura 등, 2018)

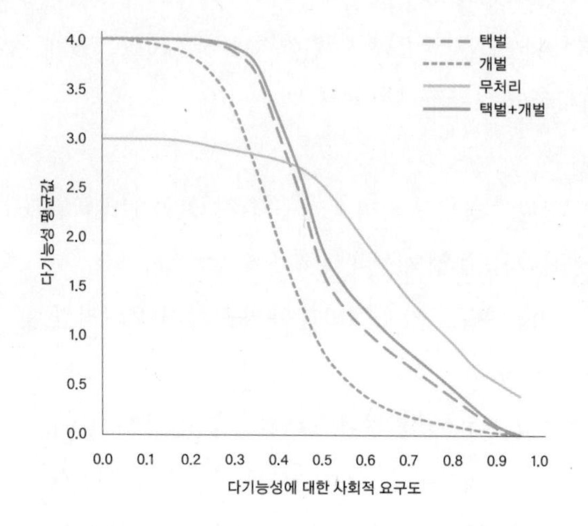

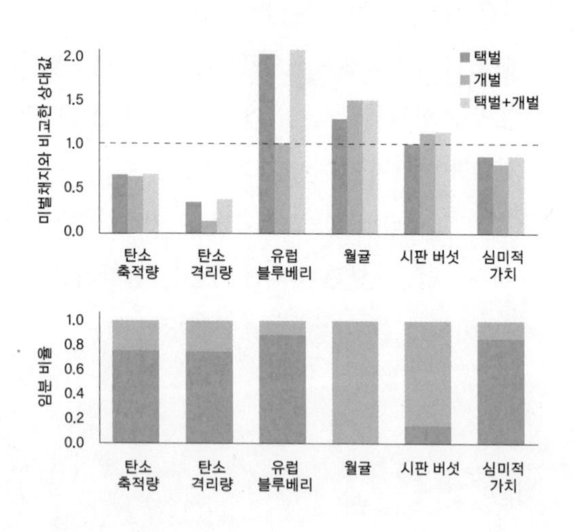

다양한 생태계의 기능과 서비스를 제공할 수 있는 대안으로서 잔존 목재수확

(사례 1) 잔존 목재수확에 대한 전 세계적 차원에서의 연구 결과 정리 및 활용에 대한 총설[57]

잔존 목재수확은 임분 내 다양한 서식지를 제공함(공간 이질성 유도)으로써 다양한 니체Niche▲를 갖는 생물종들이 출현하게 되며, 자연 교란 패턴을 모방하기 때문에 생물다양성과 생태계 기능 및 프로세스를 유지한다.

잔존 수준이 높을수록 많은 종에 대한 서식지 적합성을 증가시키고 숲의 구조적 다양성을 증가시키는 결과를 가져온다.[58] 잔존목 또는 잔존 패치의 공간적 배열은 산림의 특성과 기능을 유지하는 능력에 영향을 미치는데, 산생 잔존 목재수확보다는 군상 잔존 목재수확이 생물다양성 유지에 유리하고,[59] 잔존된 군상 패치로부터 종의 확산과 정착을 통해 목재수확 지역의 빠른 생태적 복원을 유도할 수 있다.[60] 잔존 수준(또는 규모)는 대상지의 위치, 크기 및 목적 등에 따라 다르기 때문에 최적의 잔존량에 대한 지역별 잔존 계획이 수립되어야 한다(긍정적인 생태학적 반응을 유도하기 위해서 최소 5~10%의 잔존목이 필요하다).

▲ 니체(Niche): 생물종이 생태 공동체 내에서 살아가는 방식 또는 지위를 뜻하는 생태학 용어이다. 생물종이 살아가는 장소, 생태계 내에서 수행하는 일이나 역할을 의미하기도 한다. 예를 들어, 숲의 소나무는 큰 키 나무이고, 진달래는 작은 키 나무이며, 다래는 다른 나무를 감고 올라가는 덩굴나무인데, 이는 나무의 생육형태를 통해 니체를 분류한 것이다.

그림 4-35 **잔존 목재수확의 실제 적용(a), 생태학적 효과 범위(b), 국가별 활용 현황(c)**
(Gustafsson 등, 2012)

(a) 실제 적용

(b) 생태학적 효과 범위

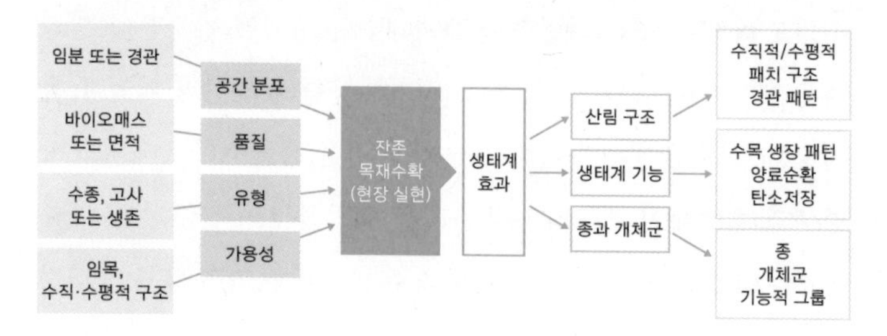

(c) 국가별 활용 현황

잔존 목재는 구조적으로 단순한 경관을 가진 지역을 다양한 유형의 경관으로 만들어 주고, 목재수확을 통해 경제적 수익을 허용하는 이점도 존재한다.[61] 전 세계적으로 다양한 산림군계를 가진 나라들에서 잔존 목재수확 또는 그와 유사한 형태의 방법들을 활용하고 있다.

(사례 2) 통합적 생물다양성 보전 방법으로서 택벌·개벌과 복합된 잔존 목재수확의 중요성과 확장에 대한 관점[62]

유럽의 경우, 동령림 관리는 침엽수가 우점하고 있는 한대림에서 개벌[63], 이령림 관리는 온대 활엽수림에서 택벌의 형태로 수행되고 있다.[64] 그러나 최근에는 서식지 나무(생물다양성의 가치를 제공하는 나무, 주로 큰 나무)와 고사목을 의도적으로 잔존시킴으로써 생물다양성 보전을 위한 보완적 목표를 설정하여 관리한다.[65]

유럽은 보호림 면적 및 연결성 증가에 대한 보전적 측면의 요구 증가에 따라 잔존 목재를 수확해 산림 생물다양성을 증가시킴으로써 생태계의 회복력과 기능에 긍정적인 영향을 미칠 수 있으며, 이는 미래의 경제적 손실을 완화시킬 수 있는 대안이 될 수 있다고 제안한다.[66]

그림 4-36 **유럽의 잔존 목재수확 방법에 기반한 이령림과 동령림 관리** (Gustafsson 등, 2020)

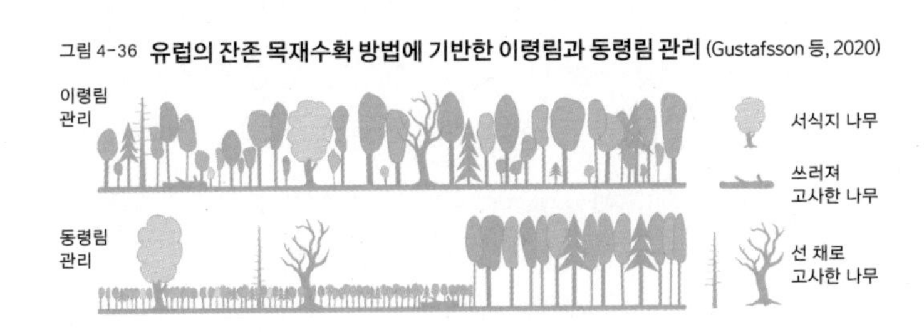

5. 탄소중립과 생태계 서비스

생태계 서비스 특히, 산림생태계 서비스의 공급원인 산림은 탄소 저장고로서 세계적인 주목을 받고 있다. 또한 온실가스 감축 수단으로 인정받으며 IPCC의 감축 실적 인정 기준에 따라 해당국들은 산림의 탄소 저장량을 산정하여 보고하고 있다.[67] 실제로 생태계 서비스 가운데 탄소 흡수와 관련된 서비스 연구는 많은 연구자들의 관심을 받아온 것이 사실이다.

생태계 서비스는 몇 가지의 대범주에 속하는 서비스와 그 대범주 안에 포함된 소범주의 여러 가지 생태계 서비스로 구성된다.[68] 앞에서도 언급했듯 생태계 서비스는 크게 공급 서비스, 조절 서비스, 문화 서비스 및 지원 서비스의 범주로 나뉜다. 공급 서비스에는 임산물, 목재 및 수자원 공급이 포함되며, 조절 서비스는 탄소 흡수, 침식, 수질 및 대기질 조절을 포함한다. 문화 서비스에는 레크리에이션 및 관광, 자연에 대한 교육이 포함되고, 지원 서비스에는 생물다양성 증진이 포함된다. 또한 생태계 서비스 간에는 상호작용으로 하나의 서비스 증가가 다른 서비스의 감소로 이어지는 상쇄 효과trade-off와 다른 서비스의 증가로 나타나는 상승 효과synergy를 나타내기도 한다.[69] 더욱이 이러한 서비스들의 중요성과 효과는 지역에 따라 그리고 이해당사자들에 따라 다른 양상을 보이기도 하며[70], 탄소중립 시대의 큰 흐름을 주도한 기후변화만이 생태계 서비스에 큰 영향을 미치는 것이 아니라 다른 여러 가지 인자들의 영향도 크게 받고 있다.

따라서 생태계 특히, 산림생태계가 가진 가장 큰 기능과 서비스를 탄소 흡수에만 두는 것은 다른 중요한 기능과 서비스(예를 들어 수질 개선, 생물다양성)을 상실할 수 있다. 또한 지역 및 이해당사자들 사이의 갈등을 초래할 위험성도 가지고 있다. 생태계별로 상이한 주요 기능과 서비스를 발굴·강화하면서 다른 기능과 서비스를 보완하는 형태의 특화 생태계 서비스 지역(주로 사유림)과 여러 가지 기능들과 서비스를 동시에 높일 수 있는 다기능 생태계 서비스 지역(주로 국유림)으로 구분하여 이를 정책적으로 활용하고 수행하는 방안이 필요하다. 이때 이해당사자들을 대상으로 한 인터뷰와 수행을 위한 협력과 설득이 반드시 필요하다.

현재까지 우리나라에서 산림생태계 서비스와 관련된 연구는 주로 생태계 서비스를 구분하거나 몇 가지의 개별 생태계 서비스에 대한 공급 지도를 만드는 것, 또는 서로 다른 생태계 서비스의 관계에 한정되어 있었다.[71] 그러나 다기능성 측면에서 생태계와 관련된 다양한 기능과 이에 영향을 미치는 인자들에 대한 통합적 연구, 대범주 또는 소범주에서 생태계 서비스들에 대한 종합적인 분석과 이들 서비스에 영향을 미치는 인자들에 대한 연구, 이해당사자들(공급자와 수요자) 사이의 생태계 서비스에 대한 인식의 차이와 이를 반영한 정책 수립에 대한 연구, 공간 규모에 따른 생태계 서비스의 수요와 공급의 차이에 대한 연구 등 아직까지 이루어지지 못한 부분들이 많이 있는 것이 사실이다. 따라서 탄소중립 시대와 더불어 지속가능 발전 목표UN SDGs, UN Sustainable Development Goals, 환경, 사회, 기업지배구조ESG, Environmental, Social and Corporate Governance, 자연기반해법NBS, Nature-Based Solution 등과 같이 산림생태계와 그 기능 및 서비스에 관심이 집중된 현재의 흐름에 발맞추어 단순히 탄소 흡수에만 초점을 둘 것이 아니라 산림생태계의 전반적 기능과 서비스에 대한 종합적 연구를 수행할 필요가 있다.

5장

목재 제품의

대체효과

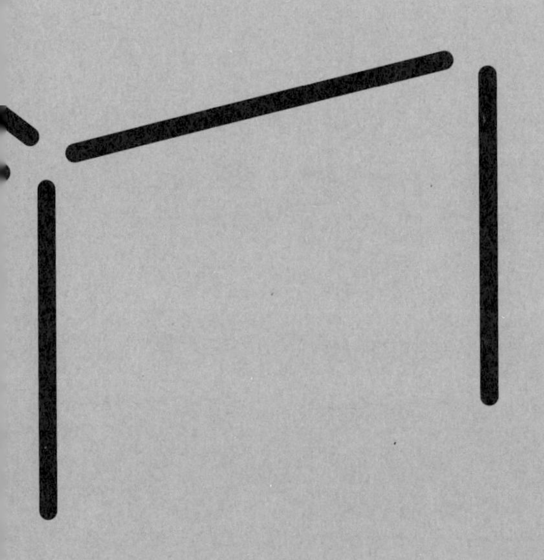

민경택(한국농촌경제연구원 연구위원)

기후변화 대응은 에너지 절감과 대기 중 탄소 포집 기술의 개발 등에 머물지 않는다. 우리 생활양식의 근본적 변화를 요구한다. 대량 생산, 대량 소비에 익숙한 생활양식을 지속가능한 생활양식으로 전환할 것을 요구한다. 재생 가능한 자원을 유효하게 이용하는 것이 대안이 될 수 있는데 목재는 이에 아주 부합하는 자원이다. 산림이 성장하는 것도 산림이 탄소를 흡수·저장하는 데도 한계가 있지만, 목제품으로 다른 물질재료나 화석연료를 대체한다면 사회의 탄소 저장량은 더욱 증가하게 된다. 우리 생활문화를 '콘크리트' 중심에서 '목재' 중심으로 전환하는 것이 탄소중립을 실현하는 핵심이다.

우리나라는 산림자원이 풍부하고 성장하는 과정에 있다. 산림을 건전한 상태로 유지하면서 지속가능한 자원으로 유효하게 활용하는 것은 저탄소 지속가능한 사회구축을 위해 필요하다. 우리나라 산림·임업의 여건과 현황에 맞는 산림 분야 기후변화 대응정책이 필요하다. 이를 위해 일본의 산림 분야 기후변화 대응정책을 살펴보고, 탄소중립 실현을 위한 산림·임업·목재산업의 정책과제도 제시한다.

1. 탄소 순환

산림의 탄소 순환

식물이 성장하면서 광합성작용으로 흡수한 이산화탄소는 대부분 줄기와 가지, 뿌리, 잎과 같은 바이오매스와 고사목, 낙엽층, 토양 등에 탄소 형태로 저장carbon storage된다. 그래서 식물체 건중량의 절반이 탄소이다. 이를 산림의 탄소 흡수 및 저장carbon sequestration and storage 효과라고 한다.

한편 나무를 베거나(벌채) 숲이 병들거나 쇠퇴하여 고사하면 미생물에 의해 썩는 과정(부후)에서, 때로는 산불이 나서 타는 과정(연소)에서 탄소가 배출된다. 대기로 돌아간 탄소는 다음 세대 산림에 다시 흡수되고 저장된다. 이처럼 산림이 탄소 배출과 흡수를 반복하며 탄소를 저장함으로써 대기의 이산화탄소 농도를 조절하는 과정이 산림의 탄소 순환계이다.

나무를 수확해 목제품을 만들면 저장된 탄소는 제품을 사용하는 동안 목제품에 저장된다. 특히 목재를 건축 원자재 등으로 이용하면 더 오랫동안 탄소를 저장할 수 있으며, 콘크리트나 철재 등 제조 과정에서 온실가스를 많이 배출하는 배출집약적 원자재를 대체emission-intensive materials substitution하는 효과가 있어 탄소 배출을 간접적으로 줄일 수 있다. 그리고 목재를 수확한 자리에 생장 즉, 이산화탄소 흡수가 우수한 나무를 심고 가꾸면 산림의 온실가스 흡수능력을 더욱 향상시킬 수 있다.

목재를 에너지로 이용하면 화석연료 사용을 대체하여 탄소 배출을 저감할 수 있다. 화석연료 사용은 배출된 탄소가 그대로 대기 중에 남아 있는 일방적인 '탄소 배출 시스템'인 반면, 산림은 나무의 생장과 수확된 목재의 이용을 통해 탄소를 흡수-저장-배출-재흡수하는 '탄소 순환 시스템'이다. 따라서 목재를 수확하거나 가공하는 과정에서 나오는 미이용 바이오매스나 부산물 등을 바이오 에너지로 활용하면 그만큼 화석연료를 대체하여 탄소 배출을 저감할 수 있다.

이와 같이 탄소 순환 시스템으로서 산림은 탄소 흡수 및 저장 효과, 수확된 목제품의 탄소 저장효과와 배출집약적 물질의 대체 효과를 통해 탄소중립에 직·간접적으로 기여할 수 있다.

〈IPCC 제4차 평가 보고서(2007)〉는 산림의 탄소 순환을 높이 평가한다. 산림이 기후변화 대응에서 유연성과 비용효과성이 가장 높은 접근이라는 것이다. 기후변화협약에서 인정하는 산림탄소상쇄사업은 신규조림, 재조림, 산림경영, 목제품 이용wood products use, 목질계 에너지 이용biomass energy use이다.

이러한 활동은 우리가 보통 생각하는 것과 조금 다르다. 신규조림은 과거 50년간 산림이 아니었던 토지에 인위적으로 산림을 조성하는 것이고, 재조림은 1990년 이전에는 산림이었지만 이후에는 산림이 아닌 토지에 인위적으로 산림을 조성하는 것이다. 1970년대부터 산림녹화를 적극 추진해 온 우리나라에서 신규 조림·재조림이 가능한 토지는 많지 않다. 굳이 찾는다면 새만금 간척지, 하천변, 유휴 농지에 조림하는 경우가 여기에 해당할 것이다.

산림경영은 산림을 적절한 상태로 유지하기 위한 인위적인 활동이다. 예를 들자면 벌기령을 연장하여 산림의 성장을 조금 더 유지하거나 생장이 훨씬 좋은 수종으로 바꾸어 심는 활동을 의미한다. 산림을 보호구역으로 지정하여 보호하는 노력도 인위적 산림경영활동으로 본다. 우리나라는 신규조림과 재조림 대상 토지가 매우 적기 때문에 산림경영을 통한 흡수원 기능이 매우 중요하다. 이에 산림청은 지속적인 산림탄소경영을 독려하기 위해 2014년 산림탄소상쇄제도를 발표했다. 이는 기업, 산주, 지방자치단체 등이 식생 복구, 산림경영, 신규조림·재조림, 목제품 이용, 산림 바이오매스 에너지 이용 등의 탄소 흡수원 증진 활동을 하면 이를 통해 확보한 산림탄소 흡수량을 정부가 인증하는 제도이다.

목재의 탄소 순환

재생가능한 자원인 목재는 잘 관리하면 지속적으로 이용할 수 있다. 목제품 이용은 국가 내에서 자란 나무를 벌채하여 생산한 원목을 가공한 '제재목', '목질판상재', '종이 및 판지'를 통해 탄소를 저장하는 활동이다. 목질계 에너지 이용은 산림 바이오매스를 에너지로 이용하여 화석연료를 대체하는 것을 말한다.

한편 산림은 중요한 탄소 흡수원이자 저장고이지만 탄소 배출원이 되기도 한다. 특히 산불 같은 재해가 발생하면 대량의 탄소가 배출될 뿐만 아니라 오랜 기간 산림을 관리한 노력도 허사가 된다. 또한 임목을 베어내고 임지를 영구히 다른 용도로 바꾸는 행위도 직접적인 탄소 배출로 간주한다. 우리나라에서도 주택과 공장 용지 확장, 도로 건설 등으로 산림전용은 적지 않게 발생한다.

사실 산림 분야에서 탄소중립 활동의 핵심은 '목제품 이용+대체효과'에 있다. 산림의 성장에는 한계가 있기 때문에 산림에서 탄소를 흡수·저장하는 데도 한계가 있다. 그림 5-1은 산림 분야의 탄소 고정 효과를 가상으로 표현한 것이다. 경영림이나 비경영림에서 산림의 탄소 흡수량을 늘리는 것은 한계가 있지만, 목제품으로 활용하여 다른 물질재료 또는 화석연료를 대체한다면 탄소 저장량이 더욱 증가하는 것을 알 수 있다. 이처럼 우리 사회의 소비문화를 '철근·콘크리트·플라스틱' 중심에서 '목재' 중심으로 대체하는 것이 탄소중립 실현의 핵심이다.

목재는 그 자체로 탄소를 저장하고 있다. 목재 건중량의 50%가 탄소이므로 목제품을 적절히 이용하는 것은 산림이 흡수한 탄소를 그대로 유지하는 것이며, 자연이 흡수한 그 탄소를 인간 사

그림 5-1 **산림경영의 탄소 저장효과** (Lippke와 Perez-Garcia, 2008)

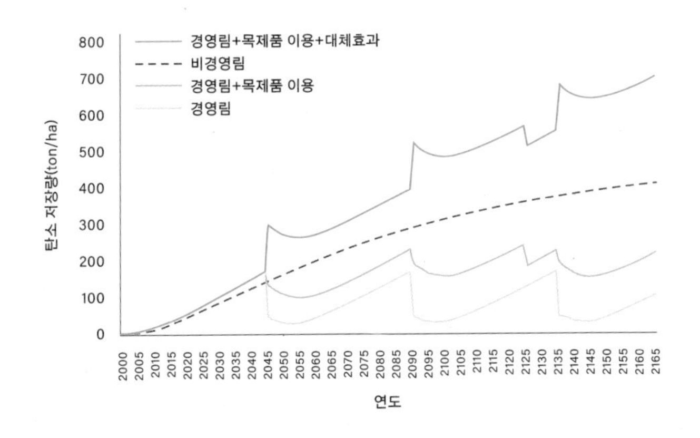

회에 옮겨 저장하는 방법이기도 하다. 목제품이 탄소를 저장하는 기간은 제품 수명과 관련된다. 목제품의 탄소 저장 기간은 반감기half-life를 이용하여 계산한다. 이는 목제품에 저장된 탄소의 절반이 대기로 방출될 때까지의 시간이다. 주요 목제품의 탄소 저장 반감기를 살펴보면 제재목이나 구조용 패널로 사용할 때 탄소를 가장 오래 저장한다. 따라서 목재를 장수명 제품으로 가공하여 이용하는 것이 탄소 저장을 길게 하는 방법이다.

산림 바이오매스를 연소하여 에너지로 이용하는 것은 화석연료 사용을 대체하는 것이다. 나무를 태우면 연기가 발생하고 대기로 탄소가 배출된다. 그렇게 배출되는 탄소는 대기의 탄소를 늘리지 않는다고 본다. 나무가 생장하는 과정에서 대기에서 흡수된 것이기 때문이다. 또 임목을 수확할 때 이미 배출로 계산하기

표 5-1 **목제품 탄소 저장 반감기** (IPCC, 2019)

	제재목	구조용 패널	비구조용 패널	종이	기타
반감기(년)	35	30	20	2	3.5
연간분해율(%/yr)	0.0198	0.0231	0.0347	0.3466	

때문에 이중 계산을 배제하는 의미도 있다. 그러한 의미에서 산림 바이오매스를 에너지로 이용하는 것 자체가 탄소중립이다. 산림 바이오매스를 에너지로 이용하면 기존 화석연료를 대체할 수 있다. 예를 들어 목재 $1m^3$을 에너지로 이용한다면 원유 0.2톤을 대체할 수 있고 이산화탄소 0.6 CO_2톤이 배출되는 것을 줄일 수 있다. 각 에너지원의 이산화탄소 배출량을 비교하면 그림5-2와 같다.

그림 5-2 **산림 바이오매스와 화석연료의 온실가스 배출 정도 비교**
(IPCC, 2011; 임업진흥원, 2020)

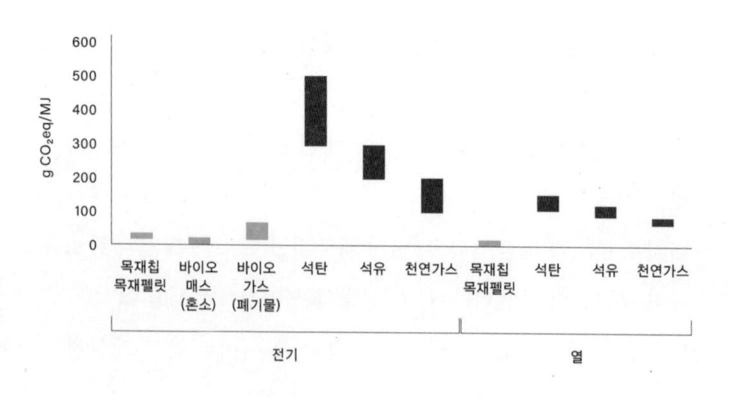

목재를 사용하면 철강, 콘크리트, 알루미늄 등을 대체할 수 있으며 제품을 제조하는 과정에 훨씬 적은 에너지를 사용하고 훨씬 적은 온실가스를 배출할 수 있다. 제조가공 과정에서 발생하는 온실가스 배출량을 비교하면 목재는 철강의 1/350, 알루미늄의 1/1,500이다. 또 같은 양의 소재를 생산하는 데 필요한 에너지를 목재와 비교하면 콘크리트 6.6배, 철 264배, 알루미늄 796배에 이른다.[1] 목조주택을 지을 때의 탄소 배출량은 철근 콘크리트 주택의 40% 수준이다. 종이 제품으로 플라스틱이나 알루미늄 제품을 대체할 수 있다면 그것도 탄소중립 실현에서 유의미하다고 할 수 있다. 다만 탄소계정carbon accounting에서 고려하는 수확 후 목제품에는 국산 목재만 해당하므로 국산 목재 사용을 늘리는 것이 중요하다.

2. 산림·임업 여건과 현황

산림면적

우리나라 산림의 면적은 2020년 기준 629만 헥타르로, 이는 국토의 62.6%에 해당한다. 기실 산림면적은 줄어들고 있어서 지난 10년간 연평균 8,236 헥타르가 감소하였다. 이는 산지를 주택과 공장 용지, 도로 건설 등의 다른 용도로 전용하기 때문이다. 산지전용은 탄소를 직접 배출하는 것이므로 이를 억제하거나 보완하는 장치가 필요하다.

산지는 어떻게 이용하느냐에 따라 보전산지와 준보전산지로 구분한다. 2020년 기준 보전산지는 489만 헥타르, 준보전산지는 140만 헥타르이다. 보전산지는 다시 임업용(328만 헥타르)과 공익용(161만 헥타르)으로 나뉜다. 임업용 보전산지는 산림자원 조성과 임업생산 기능 증진을 위해 필요한 산지이다. 공익용 보전산지는 임업 생산과 함께 재해방지, 수원 보호, 자연생태 보전, 자연경관 보전, 국민보건 휴양증진 등 공익기능에 필요한 산지를 말한다. 공익용 보전산지는 산림보호를 위한 인위적 활동을 탄소저감 활동으로 인정받는 흡수원이다.

임목축적

임목축적은 일정한 면적의 산림이 가진 목재의 양(부피)으로, 산림자원의 질을 이야기할 때 사용한다. 우리나라 산림의 임목축적은 비약적으로 늘고 있다. 1960년 헥타르당 임목축적은 $9.55m^3$에 불과하였으나, 꾸준한 조림과 육림을 통해 1990년에는 $38.36m^3$으로, 2020년에는 다시 $165.18m^3$로 증가했다.

그림 5-3 **임목축적과 영급별 산림면적의 변화** (《임업통계연보》, 2021)

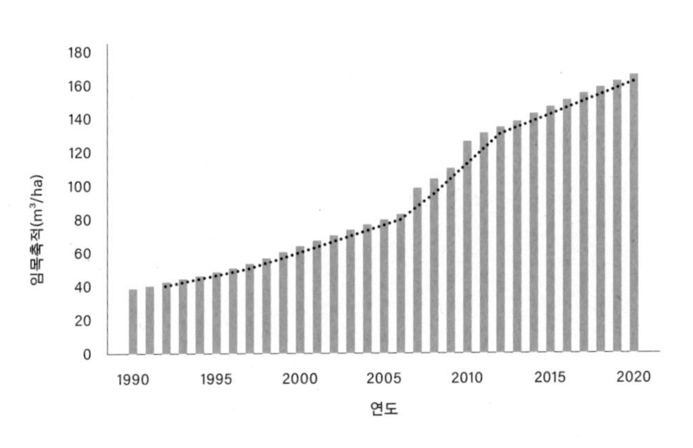

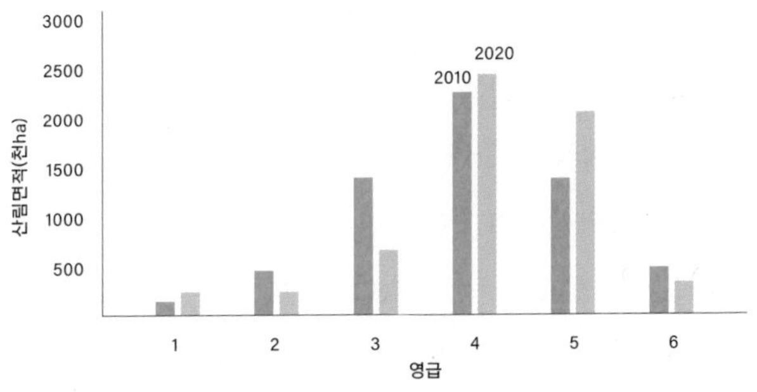

산림이 생장할수록 임목축적량이 쌓이므로 산림을 임령에 따라 구분할 필요가 있다. 2020년 현재 40년생(5영급) 이상인 산림은 38.3%에 이른다. 국립산림과학원은 50년생(6영급) 이상의 산림이 2019년 현재 5.5%에서 2030년에는 32.7%에 이를 것으로 전망했다. 50년생 이상이면 대체로 주벌 수확이 가능하다고 보기 때문에 머지않아 임목 수확이 가능한 시기가 도래할 것이라고 볼 수 있다. 이에 대응하여 산림경영 기반을 구축하는 것은 당면 과제이기도 하다. 다만 숲의 수명이 50년으로 끝나는 것은 아니며, 그 이상의 숲이 무가치한 것도 아니다. 나무의 직경이 크면 더 유용한 제품으로 가공할 수 있고, 생물다양성의 가치가 더 높아질 수 있다. 산림관리는 100년 이상을 바라보며 계획하고 실행해야 한다. 또한 임목 수확은 접근 가능하고 경제적으로 유의미한 임지에서 실행하는 것이므로, 임지를 세분하여 검토할 필요가 있다. 수자원 함양과 산지재해방지 기능 등 공익기능 발휘가 중요한 숲에서는 개벌을 지양해야 한다. 한편, 임목 수확비용이 너무 높아 임업경영forestry management이 어려운 곳은 천연림을 유도하여 보전하고 탄소 저장을 유지하는 것이 바람직하다.

국내 산지에 축적된 임목의 연간 생장량은 대략 2,300만m^3이다. 임목의 연간 벌채량이 대략 550만m^3이므로 생장량의 25% 이내에 머문다. 벌채량이 생장량보다 적다는 점에서 산림경영의 지속가능성을 유지한다고 볼 수 있다. 우리나라의 벌채율이 다른 나라와 비교하여 낮다는 지적이 있으나 산림의 영급 분포가 다르므로 단순 비교할 수는 없다. 예를 들면 독일에는 100년 이상된 산림이 25%에 이른다. 독일 산림의 임목 생장량은 11.2m³/ha/yr이며, 벌채량은 7m³/ha/yr이다.

산림의 생장은 점차 둔화할 것으로 예상되는데, 이는 자연스러운 현상이다. 임목축적의 연간 증가량은 3.6~4.3m³/ha/yr이다. 생물자원은 대개 S자형 생장곡선을 따르며 임목축적의 연간 증가량도 점차 감소한다. 2019년 국립산림과학원은 임목축적의 연간 생장량(m³/ha/yr)이 4.3(2020년)→2.6(2030년)→1.9(2050년)가 될 것으로 전망했다. 임목의 연간 생장량이 감소하는 것은 산림의 연간 탄소 흡수량이 감소한다는 것을 의미한다(3장 1절 참고). 임목을 수확하고 어린 나무로 바꾸면 산림의 연간 탄소 흡수량을 높일 수 있지만 그만큼 탄소 저장량이 손실된다. 그러므로 수확된 임목을 유효하게 이용하여 탄소 저장량 손실을 보전하는 것이 중요하다.

임종과 임상

임업은 나무를 심고 가꾸고 수확하는 과정의 연속이므로, 기본적으로 인공림을 대상으로 한다. 2011년 국립산림과학원이 분석한 국가산림자원조사 표본점 분포로 추정하면 우리나라의 산림은 천연림이 80.2%, 인공림이 19.8%를 차지한다. 육성 임업을 지속하려면 조림지를 철저히 관리하여 인공림을 유지해야 하나, 우리나라의 기후조건과 관리 부족으로 혼효림화한 곳이 많다. 가장 많은 비율을 차지하는 혼효림은 당초 침엽수를 식재한 곳에 활엽수가 침투하여 형성된 것으로 보인다. 관리가 부족하다는 것은 조림 이후 숲가꾸기를 하지 않고 방치한 것을 말한다. 임업의 수익성이 낮기 때문이다. 자연적 또는 사회경제적 여건에서 임업을 수행하기에 부적합한 산지는 천연림으로 유도하고 경제림 육성이 가능한 임지를 중심으로 산림경영 인프라를 갖추고 집약적으로 경영하는 것이 필요하다. 산림청은 산림경영의 효율성 제고와 국산 목재의 안정적인 공급을 위해 산림경영 여건이 우수한 산림을 경제림 육성단지로 지정하는데 2018년 기준 전국 387개 단지, 234만 헥타르가 경제림 육성단지로 지정되었다.

산림의 임상을 구분하면 침엽수 36.9%, 활엽수 31.8%, 혼효림 26.4%, 죽림 0.3%, 무입목지 4.5% 순이다. 수종을 분석해 보면 혼효림이 가장 많고 소나무, 참나무류, 기타 활엽수 순으로 많이

그림 5-4 **주요 수종의 면적** (〈임업통계연보〉, 2021)

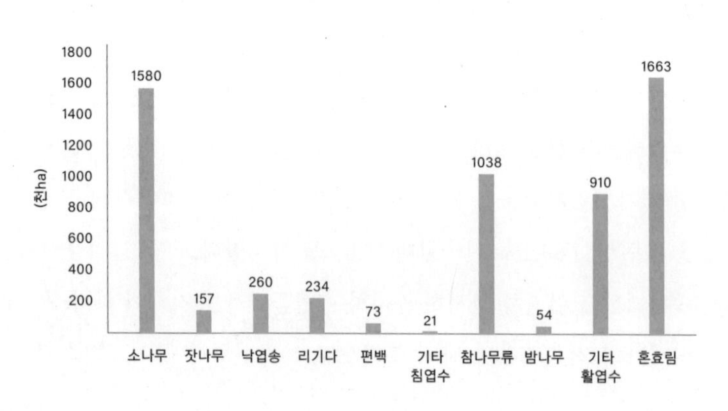

분포한다. 목재의 고부가가치 이용을 생각하면 낙엽송, 편백 등 통직한 특징의 수종이 많아야 하는데, 그 자원량이 충분하지 않은 실정이다. 우리나라에서 임목자원 이용률이 낮은 것은 산림녹화 이후 경제림 수종 갱신을 원활히 진행하지 못했기 때문이다. 유럽은 전나무와 가문비나무, 일본은 편백과 삼나무가 주요 인공조림 수종이고, 이러한 수종을 중심으로 목재 가공업도 발달하였다.

우리나라는 온대기후에 속하여 생태계 천이▲에서 참나무류가 우점▲▲할 가능성이 높다. 자연 생태계의 추이에 따라 산림을 관리하면서 활엽수 이용을 높이는 것도 생각할 필요가 있다. 예를 들어 참나무는 표고버섯을 생산하는 표고자목 또는 장작 등으로 수요가 높다. 고로쇠나무는 수액 생산으로 농산촌 소득에 기여한다.

소유구조

산림의 소유구조는 국유림 25.5%, 지자체 소유의 공유림 7.4%, 민간 개인 소유의 사유림 67.1%로 구성된다. 사유림의 헥타르당 임목축적은 138.3m³로 국유림 163.3m³, 공유림 155.9m³에 비하여 낮다. 사유림의 임목축적이 낮은 것은 대개 마을 가까이 위치

▲ 생태계 천이: 생태계가 오랜 시간에 걸쳐 일어나는 자연적인 변화로 시간의 흐름에 따라 다른 모습과 군집으로 바뀌어 나중에 비교적 안정적인 상태로 진행되어 가는 현상.

▲▲ 우점: 생물 군집에서 군 전체의 성격을 결정하고 그 군을 대표하는 것.

하여 접근성이 좋아 이용도가 상대적으로 높기 때문이다.

우리나라는 산림면적에서 사유림의 비중이 매우 높기 때문에 사유림 관리 수준을 개선하는 것이 중요하다. 탄소중립에 대응하는 산림관리를 위해 다수의 소규모 사유림 산주들의 참여를 유도하는 것이 중요하다. 특히 공익용으로 지정된 사유림에는 적절한 보상이 있어야 한다.

그림 5-5 **산림 소유의 구조** (《임업통계연보》, 2021)

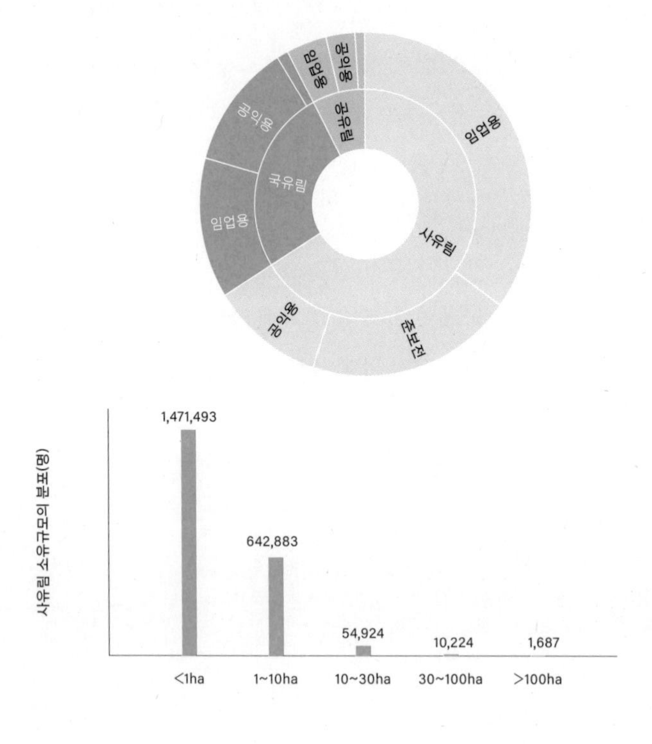

국내 임업의 문제 중 하나는 산림 소유의 영세성에 있다. 2020년을 기준으로 사유림 소유자는 218만 명에 이르는데, 평균 소유규모는 1.9 헥타르이다. 소유규모 분포를 보면 1 헥타르 미만의 소유자가 67.5%를 차지하고, 10 헥타르 미만은 97%에 이른다. 산림 소유자가 산림을 경영하기에는 그 규모가 매우 작다. 사유림 소유주는 개인, 회사, 문중, 종교단체 등 다양하다. 그중 경영 주체의 다수는 개인이며 농가의 비율이 높다. 최근에는 도시인의 산림 구입 경향이 많아져서 부재산주가 늘고 있다. 부재산주 비율은 1971년 15.6%에서 2020년 49.0%로 증가했다. 부재산주가 소유한 산림면적은 54.8%에 이른다. 2015년 한국갤럽조사연구소는 산림 매입 이유가 부동산 재테크(27.7%), 장묘(20.1%), 귀산촌(18.5%), 단기임산물 생산(15.1%), 목재생산(9.3%) 순이라고 발표했다. 산림 소유 면적이 작을수록 '장묘' 목적이 높다. 다수 부재산주의 산림은 적절히 관리되지 못하고 방치되는 경우가 많다. 이에 대해서는 공적 개입으로 관리할 필요가 있다.

산림경영의 수익성

산림경영을 지속하려면 사유림 소유자가 산림을 잘 경영했을 때 적정한 수익이 보장되어야 한다. 산림경영의 수입은 임목 판매로써 실현된다. 산림 소유자는 수확기에 도달한 임목을 입목立木 상태로 원목 생산자에게 판매하여 수익을 얻는다. 원목 생산자는 원목을 목재 가공 업체에 납품하여 받는 대금에서 수확비용과 운반

비용을 제외한 금액을 산림 소유자에게 입목 대금으로 지불한다.

다음 표는 대표적인 경제수 조림 수종인 낙엽송을 대상으로 산림경영의 수익성을 분석한 것이다. 벌기령에 도달한 산림의 입목가를 시장가역산법으로 평가하고 조림·육림비를 산정하여 산림경영의 현금 흐름cash flow를 분석하였다. 임야의 경사도와 도로 접근성에 따라 임목수확에 투입하는 기계의 종류가 달라지고 작업방법도 다르기 때문에 임목수확 비용도 달라진다. 여기에서는 기계톱을 이용한 인력작업과 굴삭기 우드그랩을 이용한 수집, 임내차와 트럭을 이용한 운재를 가정하였다. 임목을 납품하는 공장

표 5-2 **임업의 비용-수입 흐름**

연차	사업	비용	수입	비고
0	조림	9,057,000	0.0347	낙엽송 1-1 3,000본/ha
	풀베기	1,832,000		
1	풀베기	1,832,000		
2	풀베기	1,832,000		
…	…			
8	어린나무가꾸기	1,990,000		
…	…			
15	가지치기	639,000		
	솎아베기	1,805,000		
…	…			
…	…			
25	솎아베기 (선목+간벌)	2,173,000		
30	임목수확	17,295,376	19,314,354	입목 판매액 2,018,978

* 표준조건을 기준으로 가상으로 분석한 것이며 지형과 접근성에 따라 다름

까지의 거리에 따라 운반비용도 달라진다. 또, 수확하는 입목의 등급에 따라 가격이 달라지는 점도 고려해야 한다.

표준적인 조건의 산림경영을 가정하여 분석하였을 때 벌기령 30년에 도달한 낙엽송 입목가는 200만 원 정도로 평가된다. 이는 비교적 제재용재로 많이 이용하는 낙엽송의 경우이며, 원료용재로 많이 이용하는 다른 수종의 입목가는 훨씬 낮다. 입목을 판매하여 갱신비용(조림비)을 충당하지 못하는 데다 높은 보조금으로 지지하기 때문에 우리나라 임업의 보조율은 다른 나라보다 훨씬 높다. 그러므로 고비용 임업 방식을 개선하는 것이 중요한 과제이다. 맹아갱신과 천연하종갱신을 이용하는 저비용 임업으로 전환할 필요가 있다.

산림경영 인프라가 부족한 것도 산림비용이 높은 이유이다. 예를 들어, 2020년 기준 우리나라의 임도 밀도는 3.36m/ha이다. 이는 오스트리아(89m/ha), 일본(20m/ha)과 비교하면 매우 낮다. 산림자원을 잘 이용하려면 우선 접근성을 개선해야 하고 임도 확충이 필수이다. 선진국들이 높은 임업 경쟁력을 자랑하는 배경에는 잘 갖춰진 임도망이 있다.

산림 분야 탄소중립 추진을 위해 사유림 산주의 적극적 참여가 필요하다. 그러나 산림경영의 수익성이 매우 낮아서 산주들의 관심도가 매우 낮은 것이 현실이다. 따라서 산림 소유자들의 산림경영계획서 작성을 독려할 인센티브 메커니즘이 필요하다.

국산 목재 이용 현황

우리나라의 연간 목재 소비량은 3,000만m³ 내외를 유지해 왔으나 2020년 2,793만m³으로 내려갔다. 목재·목제품 소비에서 차지하는 국산 목재의 비율(목재 자급률)은 15.9%이다. 한때 세계 합판 수출 1위였던 우리나라의 목재산업은 외국산 원목의 수입이 어려워지면서 쇠퇴하였다. 국내 목재산업이 주로 외국산 목재 가공으로 성장해 온 탓이다. 이는 그동안 국내 산림자원이 미숙했기 때문이다. 또 국내 임업의 경쟁력이 낮은 것도 그 이유의 하나이다.

용도별 목재 수급 변화를 보면, 수입 원목 공급량은 점차 감소하고 국내 원목 공급은 크게 늘었다가 다시 감소했다. 원목 자급률은 높은데, 이는 원목 수입이 감소하고 목제품 수입이 증가했기 때문이다. 목재 소비가 가장 많은 부문은 펄프 공업으로 전

표 5-3 용도별 목재 수급 변화 (산림청, 2020)

	2010년			2015년			2020년		
	국산 원목	수입 원목	제품 수입	국산 원목	수입 원목	제품 수입	국산 원목	수입 원목	제품 수입
제재용	429	3,788	1,209	1,013	3,218	2,156	564	2,546	2,115
합판용	-	393	2,560	5	427	2,822	-	117	1,757
펄프용	892	-	11,574	973	-	9,663	904	-	9,165
보드용	1,611	46	1,653	1,849	132	2,127	1,239	6	1,417
바이오매스용	29	-	-	373	-	2,791	553	-	4,887
기타	754	-	2,674	701	-	2,348	1,187	-	1,468
계	3,175	4,227	19,670	4,914	3,777	21,907	4,447	2,669	20,809

체의 36.1%를 차지한다. 그다음이 바이오매스(19.5%), 제재업(18.7%) 순이다. 펄프용 목재 소비는 감소 경향을 보이는 반면 바이오매스용 소비가 크게 증가하였다. 바이오매스용 목재 소비는 대부분 제품 수입으로 충당한다. 국산 원목 소비가 높은 부문은 보드류 제조업이다.

목제품 생산에 사용하는 원재료를 분석해 보면, 목제품 제조에 사용한 국산 목재(원목) 비중은 제재업 17.4%, 합판 2.9%, 섬유판 56.1%, 목재 칩 39.2% 등이다. 탄소중립에 기여하는 한편 임업의 수익성을 개선하려면 탄소 반감기가 긴 제재목, 합판 등에 국산 목재 이용이 많아야 한다. 그러나 국산 원목이 장수명 목제품으로 사용되는 비율은 낮은 편이다. 제재업과 합판산업이 수입 원목 가공 중심으로 성장하였기에 국내 임업과 목재산업의 연계성이 낮다. 목재의 탄소 고정 기능을 높이려면 국산 목재를 내구성 높은 장수명 제재목으로 많이 이용하며, 임업과 목재산업의 연계성을 높여야 한다.

국산 목제품은 다양한 부문에서 이용된다. 건축, 토목, 가정용품, 포장재, 제지, 농업, 기타로 구분하는데 제재목과 합판은 건축·토목용이 많고 파티클 보드와 섬유판은 가정용품 이용이 많다. 또 방부 목재는 건축용이 많다. 국산 목제품은 토목과 포장재 등 단수명 제품에 쓰이는 경우가 많다. 그러므로 국산 목재를 건축이나 가정용품 등에 사용할 수 있도록 기술을 개발하고 유통구조를 개선해야 한다.

표 5-4 **목제품별 원자재 이용 현황** (《2019년 기준 목재 이용 실태 조사 보고서》, 산림청, 2020)

단위: m³, %

	합계	국산 원목	수입 원목	원목 외	원목 외 제품	국산 원목 비중
일반제재업	3,214,755	560,644	2,507,657	146,454	제재목(수입)	17.4
합판	281,500	8,300	151,956	121,244	단판(수입)	2.9
섬유판	2,375,323	1,332,033	106,311	936,979	죽데기	56.1
파티클 보드	879,762	–	–	879,762	폐목재	–
목재 칩	2,633,785	1,032,445	113,820	1,487,520	폐목재	39.2
방부 목재	119,401	485	22,444	96,472	제재목(수입)	0.4
목탄/목초액	80,812	80,812	–	–	대나무류	100.0
톱밥/목분	214,478	203,060	3,700	7,718		94.7
표고버섯	118,144	118,144	–	–		100.0
목재 펠릿	394,739	309,649	–	85,090	폐목재	78.4
장작	556,161	556,161	–	–		100.0
성형 목탄	7,700	4,800	150	2,750	목재가공 부산물	62.3

그림 5-6 **국산 목재생산과 이용** (《임업통계연보》, 2021)

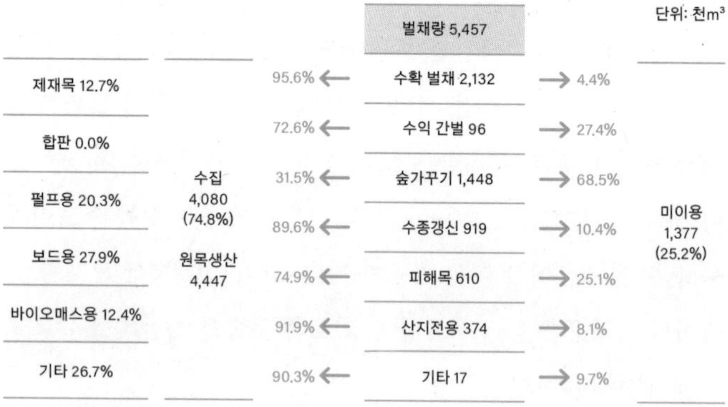

단위: 천m³

벌채량 5,457

이용	수집/원목생산	수집 비율	벌채 구분	미이용 비율	미이용
제재목 12.7%	수집 4,080 (74.8%)	95.6% ←	수확 벌채 2,132	→ 4.4%	미이용 1,377 (25.2%)
합판 0.0%	원목생산 4,447	72.6% ←	수익 간벌 96	→ 27.4%	
펄프용 20.3%		31.5% ←	숲가꾸기 1,448	→ 68.5%	
보드용 27.9%		89.6% ←	수종갱신 919	→ 10.4%	
바이오매스용 12.4%		74.9% ←	피해목 610	→ 25.1%	
기타 26.7%		91.9% ←	산지전용 374	→ 8.1%	
		90.3% ←	기타 17	→ 9.7%	

국산 목재생산과 이용 현황을 보면, 연간 벌채량은 2020년 기준으로 546만m³이며, 이 가운데 74.8%는 수집·이용하지만 25.2%는 미이용 잔재로서 임지에 남겨진다. 임목은 대개 보드류 및 펄프 제조 원료로 사용된다. 이는 품질보다 수량을 중시하며 가격이 낮다. 벌채량은 순 임목 생장량의 25% 이하에 해당하며, 많은 편은 아니다. 최근에는 수확 벌채에서 발생하는 가지와 숲 가꾸기 산물 등을 미이용 산림 바이오매스로 인정하여 에너지용으로 많이 사용한다.

탄소중립을 위한 산림 분야 대책에서 벌기령도 중요한 이슈의 하나였다. 벌기령은 경제적 벌기령, 최적재적 벌기령, 공예적 벌기령 등 다양한 기준이 있는데 임목의 용도에 따라 선택이 달라진다. 벌기령 선택은 목재산업과 연관지어 생각해야 한다. 제재용재로 사용하려면 50년생 이상에서 수확하는 것이 바람직하지만, 국내 임업이 대체로 원료용재 공급을 목적으로 하기 때문에 이른 벌기를 원하기도 한다. 원료용재는 보드류 또는 펄프 제조에 주로 쓰이는데, 줄기 직경보다 물량이 중요하다. 법정 벌기령은 정부보조금을 지원받는 대가로 조림 이후 일정 기간 숲을 유지해야 하는 의무로 이해해야 한다. 참고로 일본의 경우 지자체가 정하는 벌기령은 30년 내외이지만 실제 수확 벌기령은 45~50년이다. 일본에서 임목은 대개 제재용재로 쓰이기 때문이다.

3. 탄소중립을 위한 산림 정책

일본: 적극적인 산림 흡수원 정책

일본은 교토의정서 제1차 공약기간2008~2012년에 산림 흡수원 목표를 연평균 4,756만 CO_2톤(1990년도 총배출량 대비 약 3.8%)으로 정하였다. 일본도 우리나라와 마찬가지로 신규조림·재조림을 할 수 있는 토지가 많지 않기 때문에 산림경영을 중심으로 산림 흡수원 대책을 추진한다. 여기에서 산림경영은 간벌을 말한다. 간벌은 숲에서 임목을 솎아베는 것이므로 간벌한 숲의 수확기 임목재적은 미간벌 숲의 수확기 임목재적보다 적다. 그러나 솎아벤 임목재적을 더하면 간벌한 숲의 임목재적이 더 많다는 것이다. 간벌재의 유효 이용을 전제로 하는 것이다. 이에 〈산림의 간벌 등 실시 촉진에 관한 특별 조치법(간벌조치법)〉을 제정하고 간벌을 대폭 촉진하였다. 산림 정비와 보안림(공익용 임지)의 적절한 관리, 목재 및 목질 바이오매스 이용 등 산림 흡수원 대책을 적극 실시하였고 그 결과 목표를 달성하였다.

교토의정서 제2차 공약기간2013~2020년에는 2020년도 온실가스 감축 목표(2005년 총 배출량 대비 3.8% 이상 감축)에서 산림 흡수원 대책으로 약 3,800만 CO_2톤(2005년 총 배출량 대비 2.7%) 이상의 흡수량을 확보하기로 하였다. 이를 위해 2013년 〈산림의 간벌 등의 촉진에 관한 특별 조치법〉을 개정 연장하여 이전과 마찬가지로 간벌을 더욱 촉진하고 보안림의 적절한 관리, 목재 및 목질 바이오매스의 이용 등 산림 흡수원 대책을 추진하였다.

일본은 파리협정과 2015년 기후변화협약 사무국에 제출한 약속 초안 등을 바탕으로 지구온난화대책을 종합적·계획적으로 추진하기 위해 '지구온난화대책계획'을 2016년 5월 결정하였다. 이 계획에서 2020년도 온실가스 감축 목표를 2005년도 대비 3.8% 이상 감축, 2030년도 온실가스 감축 목표를 2013년도 대비 26.0% 감축으로 설정하였다. 각 목표에서 각각 약 3,800만 CO_2톤(2.7%) 이상, 약 2,780만 CO_2톤(2.0%)을 산림 흡수량에서 확보하기로 한다.

표 5-5 **일본의 온실가스 감축 목표, 산림 흡수량** (일본 임야청)

	교토의정서 제1기 (2008~2012)	교토의정서 제2기 (2013~2020)	파리협정 (2021~)
온실가스 감축 목표치	기간 평균 6% (1990년 대비)	2020년도 3.8% 이상 (2005년 대비)	2030년도 26.0% (2013년 대비)
산림 흡수원 목표치	기간 평균 3.8%	2020년도 2.7% 이상	2030년도 2.0%
필요한 산림 정비량 (간벌 면적)	연평균 78만 헥타르 (55만 헥타르)	연평균 81만 헥타르 (52만 헥타르)	연평균 90만 헥타르 (45만 헥타르)

산림의 탄소 흡수량 목표를 달성하기 위한 구체적 시책으로 적절한 간벌에 의한 건전한 산림 정비, 보안림의 적절한 관리, 효율적이고 안정적인 임업 경영체의 육성, 국민이 참가하는 숲가꾸기 추진, 목재 및 목질 바이오매스 이용 등을 종합적으로 추진할 것을 제시하였다. 산림 흡수량에는 수확 후 목제품에 의한 탄소 저장량 변화량도 포함된다. 2019년도 산림 흡수량은 1,170만 탄소톤(약 4,290만 CO_2톤), 이 중에서 수확 후 목제품의 저장량은 103만 탄소톤(약 379만 CO_2톤)이다.

파리협정은 온실가스 저배출형 발전을 위한 장기전략을 작성하고 보고하도록 요구한다. 일본 정부는 '파리협정에 기초한 성장전략으로서 장기전략'을 2019년 6월 결정하는데, 최종 도달점으로 금세기 후반 가능한 일찍 '탈탄소사회' 실현을 지향하고 동시에 2050년까지 온실가스 80% 감축을 위해 노력할 것을 발표하였다. 그리고 배출 감축 대책과 함께 간벌과 속성수 식재를 포함하는 재조림 등 적절한 산림 정비, 목재 이용 확대를 위한 혁신 창출, 목질 바이오매스 유래물질의 용도 확대 등 산림 흡수원 대책을 추진하기로 하였다. 구체적인 산림 분야 기후변화 대응 정책에는 임업·목재산업을 성장산업으로 유도하고 목재 이용을 확대한다는 내용이 담겨 있다.

표 5-6 **일본의 산림 분야 기후변화 대응 정책** (일본 임야청)

세부 정책	추진 과제
건전한 산림 정비	·간벌 실시, 육성 복층림 임업, 장벌기 시업 등 다양한 산림 정비 ·산림 작업도를 적절히 배치, 자연환경을 배려한 임도망 정비 ·자연조건에 따라 벌채와 활엽수 도입 등 침활 혼효림화 추진 ·조림비 절감, 성장이 우수한 종묘 개발, 야생 조수 피해 대책, 주벌 후의 재조림 추진 ·벌채·조림 신고제 등의 적정한 운용으로 재조림 확보 ·오지 수원림에서 미입목지 해소, 황폐한 마을숲 재생
보안림의 적절한 관리와 보전	·보안림(공익용 임지) 규제의 적정한 운용, 보안림의 계획적 지정 ·보호림 제도에 의한 보전과 시민단체와 협력하는 자연식생 복원·보전 ·산지재해 우려가 높거나 오지 황폐 산림에서 치산사업의 계획적 추진 ·산림 병충해 방지, 산불 예방대책 추진
안정적인 임업경영 육성	·산림 소유자, 경계의 명확화, 산림시업의 집약화 추진 ·지자체에서 산림의 토지 소유자 등의 정보 정비 ·산림경영 계획 작성에 기초하여 저비용으로 효율적인 시업 실행 ·임도와 고성능 임업기계를 조합하여 효율적인 작업 시스템 구축 ·임업 후계자 육성 ·의욕 있는 경영자에 시업·경영 위탁, 공적 산림 정비
국민 참가의 숲가꾸기	·전국 식목제 등 녹화행사를 통해 국민이 참가하는 숲가꾸기 확대 ·기업의 숲가꾸기 참가 촉진 및 광범한 주체의 숲가꾸기 활동 추진 ·자원봉사자의 기술 향상과 안전체제 정비 ·산림 환경교육 ·지역 주민과 산림 소유자가 협력하는 산림 보전과 산림자원 이용 ·국립공원에서 산림생태계 유지 회복 사업 추진
목재와 산림 바이오매스 이용	·주택에서 지역산 목재 이용 ·공공건물과 비주택 건물에서 목재 이용 촉진 ·고품질 목제품 공급을 위해 목재 가공시설 정비 ·전시효과와 상징성 높은 목조 공공건물 정비 ·임산물의 새로운 이용 기술, 목질 신소재의 연구·개발, 실용화 ·목질 바이오매스의 저비용 수집·운반 시스템 확립, 에너지와 제품 이용 ·지역 목재 이용 확대를 위해 '나무사용운동' 등 소비자 대책 추진

우리나라: 목재를 활용하는 순환형 임업

나무는 광합성을 통해 대기의 탄소를 흡수·고정하면서 자란다. 나무에 고정된 탄소는 목재와 목제품에 저장된다. 그러므로 목조주택이나 목제가구 등 목제품을 이용하는 것은 그 안에 저장된 탄소를 계속 유지하는 것과 같다. 이 때문에 목조주택을 제2의 숲 또는 탄소 통조림이라 부르기도 한다. 또 목재는 철이나 콘크리트와 같은 물질재료와 비교하여 제조·가공 과정에서 매우 적은 에너지를 사용한다. 다른 물질재료 대신에 목재를 사용한다면 그만큼 이산화탄소 배출을 줄이는 셈이 된다. 또한 목재를 에너지로 이용하면 화석연료를 대체하여 탄소 배출을 억제할 수 있다. 이처럼 목재를 이용하면 숲이 흡수한 탄소를 인간사회로 가져와 저장하고 온실가스 배출량을 크게 줄여 저탄소사회 실현에 공헌할 수 있고 나아가 지속가능한 발전에 기여할 수 있다.

이러한 관점에서 탄소중립을 위한 산림·임업 전략은 목재 이용을 늘리면서 임업을 활성화하는 것이다. 목재는 적절히 이용하면(순환과 균형) 얼마든지 이용할 수 있는 재생가능한 자원이다. '조림→숲가꾸기→수확→이용→조림'의 순환을 반복하면서 목재를 생산하고 산림생태계의 건강성을 유지하는 것이다. 이 과정에서 탄소 흡수량 증대, 산촌 일자리 창출, 산촌 활력 증진, 산림생태계 건강성 증진 등을 기대할 수 있다. 이를 순환형 임업이라 한다.

순환형 임업은 수확한 목재를 유효하게 이용하는 것에서 시

표 5-7 **순환형 임업**

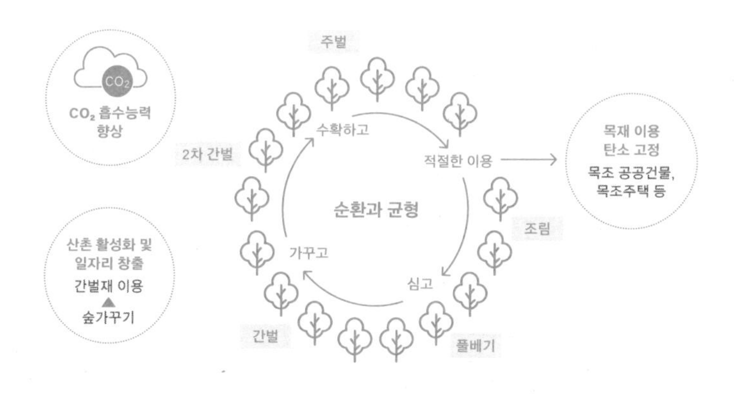

작해야 한다. 국산 목재 이용을 증진하여(시장경제의 순환) 산림 경영을 활성화하고(산림의 순환) 목제품과 산림의 탄소 저장을 증대하여 탄소중립에 기여할 수 있다. 이는 임업·목재산업의 성장을 유도하는 것이며, 이를 통해 산림의 공익기능 증진과 산촌형 일자리를 창출할 수 있다. 이를 산림·임업의 녹색성장이라 할 수 있다.

순환형 임업을 위한 세부 추진 과제는 다음과 같다.

국산 목제품 이용

산림은 어느 정도 임령에 도달하면 생장이 느려지고 탄소 흡수량도 줄어든다. 따라서 수확한 임목을 목제품 형태로 가공해 탄소를 저장하는 한편 새로운 숲을 조성하는 것이 필요하다. 수확한 임목은 적절히 이용하지 않으면 산림이 흡수한 탄소를 다시 대기로 배출하게 된다. 그러므로 산림의 탄소 흡수능력을 유지·증진하려면 국산 목재 이용을 증진해야 한다. 여기에서 국산 목재는 '국내 산림에서 생산되어 국내에서 가공 또는 제품화된 목재와 목제품'을 가리킨다.

소비문화를 바꾸기 위한 국민들의 의식개혁도 필요하다. 국민들이 숲과 목제품에 친근감을 가질 수 있도록 다양한 접근이 필요하다. 특히 어릴 때부터 나무와 친근감을 갖도록 목재 교육을 추진하고 어린이집과 초등학교 등에서 목재이용 교육을 확대할 필요가 있다.

공공건물의 목조화, 내장의 목질화

국산 목재의 경쟁력이 낮기 때문에 시장의 힘으로 국산 목재 소비를 증대하기는 용이치 않다. 우리나라 주거문화는 아파트 중심이어서 목조주택을 확산하는 것도 쉽지 않다. 공공부문에서 국산 목재 이용을 솔선할 필요가 있다. 공공건물의 목조화, 내장의 목질화, 상징건물의 목조화 등을 추진해야 한다. 목조건축은 그 자체로 탄소를 저장하면서, 동시에 다른 물질을 대체하여 탄소 배출을 저감한다. 도시공원, 학교, 공공건물 등에서 '국산 목재 우선구매제'를 적용하여 국산 목재 이용을 증진해야 한다. 건물 설계서를 작성할 때부터 국산 목재 사용을 장려하거나 조달에서 가점을 부여하는 방식이 필요하다.

일본은 〈공공건축물에서 목재의 이용 촉진에 관한 법률〉에서 공공건물의 목조화와 내장 목질화를 지원하고 있으며, 지자체에서도 조례를 통해 공공건물 건축에서 지역 목재를 사용하도록 요구한다. 캐나다 또한 '우드 퍼스트 액트Wood First Act'를 통해 정부 보조의 건물에 국산 목재 사용을 요구한다.

국산 목재가 건축이나 가구 등 내구성 제품으로 이용되도록 기술을 개발하고, 국산 목재 가공업체가 경쟁력을 강화할 수 있도록 지원해야 한다. 합판(또는 제재목) 시설 현대화를 지원하면서 국산 목재 사용을 촉구하여 국산 목재 이용을 증진해야 할 것이다. 주요 선진국은 이미 집성재 또는 CLT Cross Laminated Timber 기술을 응용하여 고층빌딩 건축에도 목재를 사용하고 있다. 목재가 다양한 건축에 사용될 수 있도록 건축 규제 완화도 검토해야 한다.

산림 바이오매스를 에너지로 이용

산림 바이오매스를 에너지로 이용하면 화석연료 사용을 직접 대체하여 탄소 배출을 저감할 수 있다. 산림 바이오매스를 목재 칩 또는 목재 펠릿으로 가공하여 발전 또는 열 생산에 이용하는 것이다. 수확한 임목을 파쇄하여 연료로 사용하는 것은 바람직하지 않기 때문에 우리나라에서는 숲가꾸기 산물과 임목수확의 부산물 등 미이용 바이오매스를 사용하도록 하고 있다.

한편, 산림 바이오매스를 발전에 사용하는 경우 대량의 원료가 필요하기 때문에 원료공급에서 문제를 초래할 수 있다. 그러므로 우리나라 실정에 비추어 소규모 분산형 열에너지로 이용하는 것이 바람직하다. 산림 바이오매스를 목재 칩으로 가공하여 소규모 단위에서 열에너지로 이용하는 것이다. 이 방법은 발전보다 에너지 전환 효율이 높고 시설을 운영하기에도, 지역에서 수용하기에도 더 쉽다. 소규모 열에너지 생산에 필요한 연료는 지자체의 통상적 산림사업에서도 조달할 수 있는 규모이다. 이를 통해 화석연료를 대체하고 농산촌 에너지 자립을 실현할 수 있다. 또한 기존 화석연료 사용을 줄임으로써 돈이 지역의 바깥으로 또는 국외로 빠져나가는 것을 억제하여 지역경제 활성화에도 기여할 수 있다. 산림 바이오매스를 원활하게 수집하려면 농산촌 기반의 산림 바이오매스 공급망을 갖추어야 한다.

임업 활성화, 임업 방식 개선

탄소중립을 추진하는 데 국산 목재 이용을 증진하는 것이 중요하다. 그러려면 국산 목재를 공급하는 임업의 활성화가 전제되어야 한다. 산림경영의 인프라인 임도와 임업 기계화에 투자하여 생산비를 낮추어야 한다.

조림·육림에서도 비용 절감이 필요하다. '인공조림-개벌'의 임업 방식은 나름의 합리성을 가지고 있지만, 조림·육림에 높은 비용이 소요되고 목재 가격이 낮은 현실에서 지속가능한 산림경영 방식이라 보기 어렵다. 또한 개벌로 인한 토양의 탄소 배출, 산지재해 등도 우려된다. 기존의 친환경 벌채를 정착시키고, 맹아

갱신 또는 천연하종갱신을 확대할 필요가 있다. 독일의 근자연임업Close-to-Nature Forest Management, 스위스의 친자연육림Near-Natural Silviculture을 참고할 필요가 있다. 유럽도 인건비가 비싸서 목재수확으로 조림비를 충당하지 못하기 때문에 인공조림보다 천연갱신을 선호한다. 일본은 조림 보육비 절감을 위해 컨테이너묘 개발·보급과 벌채-조림 일관작업을 추진하고 있다.

산림경영계획서 작성 지원

산림이 흡수한 탄소량 중 감축 성과로 인정받는 것은 인위적 활동의 결과만이다. 따라서 적극적인 산림관리를 확대할 필요가 있다. 산림 소유자가 산림경영계획서를 작성한다면 적극적인 산림관리의 근거가 될 수 있다. 그러므로 사유림 소유자들이 산림경영계획서를 충실히 작성할 수 있도록 지원하는 방안이 필요하다.

또한 산림경영계획서와 함께 숲가꾸기 활동 정보를 전산화하여 관리하는 것이 필요하다. 이러한 정보들이 온실가스 측정·보고·검증MRV, Measuring, Reporting, Verifying 체계의 기초가 되기 때문이다. 투명한 온실가스 보고·검증 체계를 구축하는 것은 과학적 산림경영과 탄소중립 대책을 추진하기 위해 반드시 필요하다.

6장

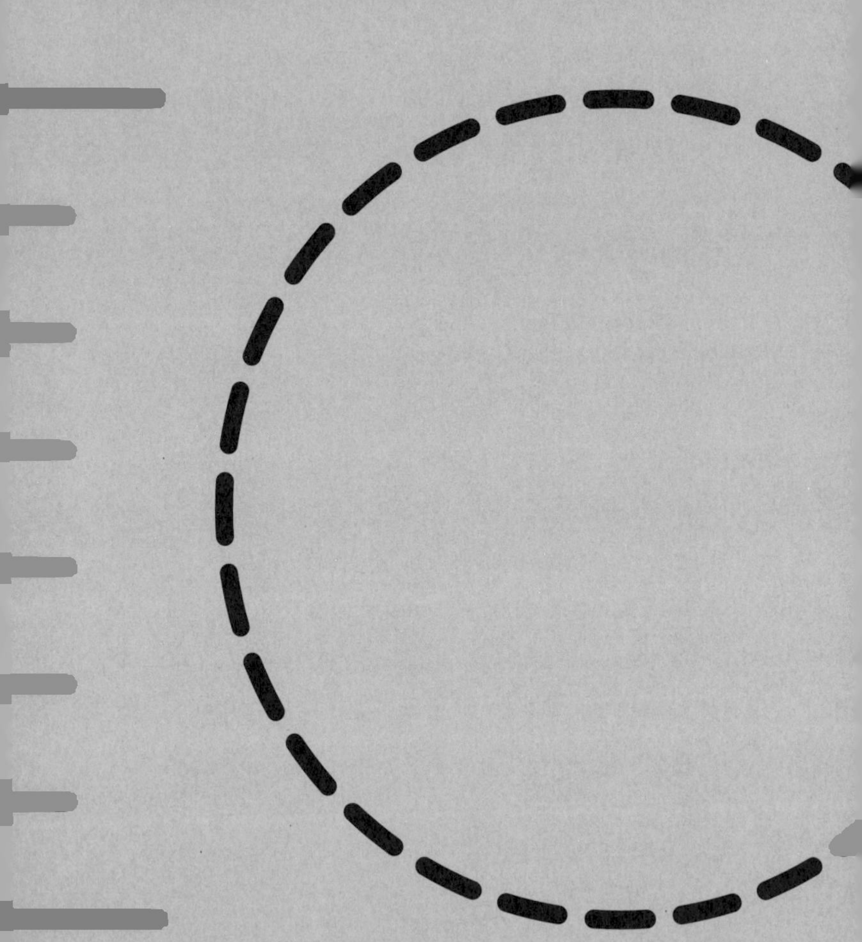

산림탄소계정

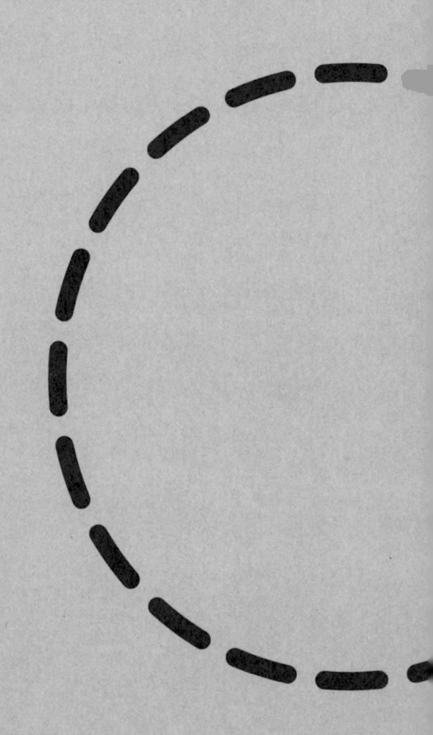

글

이경학(국민대학교 산림환경시스템학과 교수)

김영환(국립산림과학원 연구관)

손요환 (고려대학교 환경생태공학과 교수)

산림은 우리 국토의 63%를 차지하는 온실가스 흡수원으로 국가 탄소중립을 달성하는데 중요한 역할을 한다. 산림의 역할을 객관적으로 평가받으려면 국제적으로 인정받을 수 있는 탄소계정 체계를 갖추어야 한다. 탄소계정은 유엔기후변화협약 당사국 등 온실가스 감축 의무를 가진 주체가 약속한 온실가스 감축 목표를 달성했는지 평가하기 위해 온실가스 배출량과 흡수량을 산정하는 것이다.
그런데 유엔기후변화협약에 따른 산림 부문의 탄소계정과 탄소중립을 위한 산림 부문의 기여량을 평가하는 것은 다소 차이가 있다.
우리나라는 국제지침에 맞춰 산림탄소계정체계를 준비해 왔다.
탄소중립에 기여하는 산림탄소 흡수원 활동의 감축 결과를 국제적으로 인정받기 위해서는 좀 더 완전하고 신뢰성 높은 탄소계정 체계를 갖추는 것이 필요하다.

1. 산림탄소계정과 탄소중립

탄소계정이란 유엔기후변화협약 당사국 등 온실가스 감축 의무를 가진 주체가 약속한 온실가스 감축 목표를 달성하였는지를 평가하기 위해서 온실가스 배출원에 의한 배출량과 흡수원에 의한 흡수량을 산정하는 것이다. 그런데 유엔기후변화협약에 따른 산림 부문의 탄소계정과 탄소중립을 위한 산림 부문의 기여량을 평가하는 것은 다소 차이가 있다. 파리협약에 따른 산림 부문 탄소계정에서는 신규조림, 재조림, 산림전용 등 토지이용 변화 활동과 산림경영활동에 따른 산림의 탄소 저장고(바이오매스, 토양, 고사목, 낙엽층, 수확된 목제품)의 탄소 저장량 변화를 산정·평가하고 있다. 반면 목재의 화석연료 대체효과와 배출집약적 원자재 대체효과는 실제로 탄소중립에는 기여하지만, 에너지 등 타 부문의 탄소계정에 포함된다. 따라서 산림 부문의 총체적인 탄소중립 기여를 평가하려면 에너지 공급, 산업, 건물 등 대체효과 관련 부문과의 전략적 연계와 협의가 필요할 것이다.

2. 온실가스 인벤토리와 탄소계정 지침

국가 온실가스 통계 산정 지침

파리협정 4.13조에서는 2030 국가 온실가스 감축 목표와 관련된 온실가스 배출량과 흡수량을 산정함에 있어 당사국총회에서 채택된 지침에 따라 탄소계정을 산정할 것을 강조하고 있다. 이와 관련하여 유엔기후변화협약 당사국은 IPCC의 지침에 따라 국가 온실가스 인벤토리와 탄소계정을 산정하여 보고해야 할 의무를 갖게 된다. 국가 온실가스 인벤토리는 당사국의 일반적인 온실가스 배출량과 흡수량 현황을 말하고, 탄소계정은 당사국의 감축 목표 이행평가를 위하여 배출량과 흡수량을 산정하는 것을 말한다. 일반적으로 탄소계정은 국가 온실가스 인벤토리를 기반으로 목표 이행평가를 위해 추가 정보를 제공하는 방식으로 이루어진다.

IPCC는 1996년부터 온실가스 인벤토리 산정을 위한 지침을 개발하였으며, 산림 분야의 경우에는 〈2006년 IPCC 가이드라인 제4권〉에서 '농업·임업 및 기타 토지이용 분야AFOLU, Agriculture, Forestry and Other Land Use'에 대한 온실가스 인벤토리 산정 지침을 제시하고 있다. 이 지침에서는 토지이용 유형을 산림지forest land·농경지cropland·초지grassland·습지wetlands·정주지settlements·기타other land로 구분하고 각각의 유형별로 온실가스 배출량 및 흡수량 통계를 산출하도록 하고 있다. 또한 2013년에는 교토의정서를 위한 LULUCF 보충서(2013 KP-LULUCF)를 제시하여 산림경영기준선을 설정하는 등 교토의정서 2차 공약기간의 탄소계정을 위한 지침을 추가로 제시하였다. 이러한 지침들은 파리협정에 따른 향후 산림탄소계정에 그대로 적용될 것으로 예상된다. 다음 표는 IPCC가 그동안 산림 부문 국가 온실가스 인벤토리 및 탄소계정과 관련된 지침을 개발한 과정을 보여준다.

표 6-1 **산림 부문 관련 IPCC 국가 온실가스 인벤토리 및 탄소계정 지침 개발**

구분	주요 개선사항
1996 IPCC GL	온실가스 통계 산출 방법, IPCC 기본 계수
2006 IPCC GL	온실가스 산정 방식(축적차이법/획득손실법) 및 산정 수준(tier) 구분, 수확된 목제품 추가
2013 KP 보충서	산림 부문의 인위적 활동에 의한 흡수량 산정 방법(산림경영기준선)
2019 개선 보고서	상대생장식 추가, 토양부문 산출 방법 개선, IPCC 기본계수 확대 등

국가 온실가스 인벤토리 지침(2006 IPCC 가이드라인)

산림지의 온실가스 인벤토리 산정 지침

산림지에서는 광합성으로 대기에서 흡수한 이산화탄소가 유기물이 되어 일부는 대사 에너지로 사용되고, 나머지는 지상부 및 지하부 바이오매스에 축적되면서 임목이 생장한다. 임목 바이오매스 중 일부는 낙엽층, 고사목, 토양유기물 등 산림 내 다른 탄소 저장고로 직간접적으로 이동하거나, 수확된 목제품 형태로 저장된다. 각 탄소 저장고에 저장된 탄소는 시간이 흐름에 따라 부후되어 배출이 일어나거나 산불 등 자연교란에 의해 다시 대기 중으로 배출된다.

그림 6-1 **산림의 탄소 순환 프로세스** (2006 IPCC 국가 온실가스 인벤토리 지침)

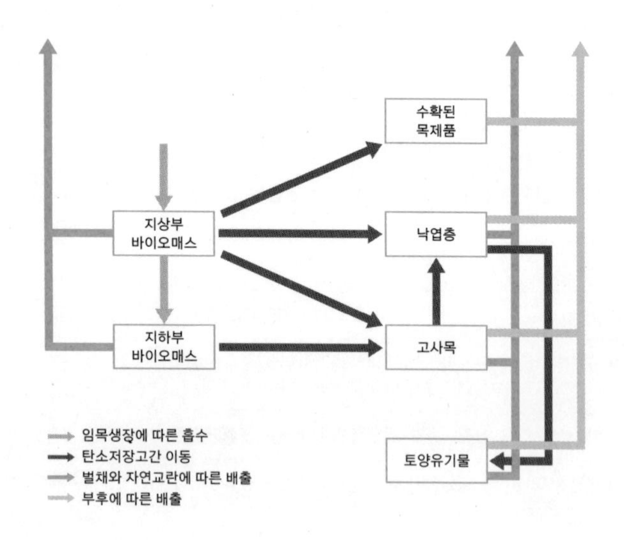

〈2006 IPCC 가이드라인〉에서는 이와 같은 산림의 탄소 순환 프로세스를 바탕으로 산림지에 대해서는 지상부·지하부 바이오매스, 고사목, 낙엽층, 토양 탄소의 5개 탄소 저장고에 대해서 획득손실법Gain-Loss Method 또는 축적차이법Stock-Difference Method을 이용하여 배출량 및 흡수량을 산정하도록 제시하고 있다.

획득손실법은 산림의 모든 탄소 순환 프로세스 즉, 임목생장을 통한 흡수, 탄소 저장고 간 이동, 각 탄소 저장고별 부후에 따른 배출 등을 직접 산정하여 순 흡수량을 산출하는 방식이다. 축적차이법은 각 탄소 저장고의 t_1년도와 t_2년도의 탄소 축적(저장량)을 조사하고, 그 차이를 $(t_2 - t_1)$로 나누어 연간 탄소 순 흡수량을 산출하는 방식이다.

수식 6-1 **축적차이법에 따른 임목 바이오매스 탄소 축적 변화량 추정 방법**

$$\Delta C = \frac{C_{t_2} - C_{t_1}}{t_2 - t_1}$$

여기서, ΔC : 탄소 축적의 변화량, C_{t_1} : t_1 연도의 탄소 저장량, C_{t_2} : t_2 연도의 탄소 저장량

$$C = \sum_{i,j} \{ A_{i,j} \times V_{i,j} \times BCEF_{S\,i,j} \times (1 + R_{i,j}) \times CF_{i,j} \}$$

여기서, C : 탄소 저장량, $A_{i,j}$: 산림면적, $V_{i,j}$: 임목축적,
$BCEF_{S\,i,j}$: 바이오매스 확장·전환계수, $R_{i,j}$: 뿌리함량비, $CF_{i,j}$: 탄소전환계수

〈2006 IPCC 가이드라인〉에서는 온실가스 산정 수준과 토지이용 변화 파악 수준을 3단계로 구분하고 있다. 온실가스 산정 수준은 국가고유계수가 없는 1단계부터 국가고유계수가 있는 2단

계, 그리고 국가 내 공간별, 시간별 변화를 반영할 수 있는 3단계까지로 구분되고 있다. 토지이용 변화 파악 수준은 토지이용 분류체계에 따른 국가 단위의 총 면적만 제시하는 1단계, 토지이용간 전용되는 면적 변화 흐름이 파악되는 2단계, 토지이용간 변화가 시공간적으로 파악되는 3단계로 구분되고 있다.[1]

표 6-2 **온실가스 산정 수준(tier) 및 면적변화 접근 수준(approach)**

구분/수준	1	2	3
tier	국제 및 IPCC 계수 적용	국가고유계수 적용	시공간 단위 계수 적용
approach	국가 전체 비공간 자료	토지이용별 공간 자료	토지이용별 시공간 변화 자료

우리나라의 온실가스 산정 수준은 임목, 즉 지상부와 지하부 바이오매스만 tier 2이고 산림토양, 농경지, 초지, 습지는 tier 1 수준으로 되어 있으며, 정주지는 비산정NE, Non Estimated으로 되어 있다. 또한, 우리나라의 LULUCF 부문별 면적은 국가통계자료를 이용하여 총 면적만 산출하고 있어 토지이용 변화 수준은 approach 1 수준인 것으로 파악되고 있다.[2]

표 6-3 **우리나라 LULUCF 부문들의 온실가스 산정 수준**

주요 항목	산림지	농경지	초지	습지
GL	2006 IPCC GL	2003 GPG-LULUCF	2003 GPG-LULUCF	2006 IPCC GL
산정 항목	바이오매스, 토양	토양	토양	토양
방법론	tier 2(바이오매스) tier 1(토양)	tier 1	tier 1	tier 1

한편 고사목, 낙엽층 및 토양 탄소에 대해서 미국, 일본 등 주요 국가들은 국가산림자원조사 자료를 바탕으로 자국의 환경을 반영한 탄소 모델을 이용하여(tier 3) 온실가스 통계를 산정하는 반면, 일부 국가들은 축적차이법(tier 2)으로 산정하거나 탄소 저장량 변화가 없는 것(tier 1)으로 보고하고 있다. 미국은 국가산림자원조사 자료를 바탕으로 탄소 저장고별 탄소 저장량을 추정하고, 자체 개발한 모델FCAF, Forest Carbon Accounting Framework에 적용하여 모든 탄소 저장고의 탄소 축적 변화량을 산정하고 있다(tier 3). 일본은 고사목, 낙엽층, 토양의 탄소 저장량 산정에 있어 미국에서 개발한 모델(CENTURY)에 자국의 환경(수종 구성, 기후 등)을 반영한 모델(CENTURY-jfos)을 활용하고 있다. 캐나다(CBM-CFS3), 호주(FullCAM), 독일(Yasso07) 등도 자국에 맞는 고유의 탄소 모델을 개발하여 산정에 활용하고 있다(tier 3). 반면 헝가리, 네덜란드 등은 국가산림자원조사를 바탕으로 고사목, 낙엽층에 대해서 tier 2 수준으로 산정하며, 토양에 대해서는 탄소 저장량 변화가 없는 것으로 가정하여 보고하고 있다(tier 1).

수확된 목제품의 온실가스 인벤토리 산정 지침

2011년 제17차 기후변화 당사국총회에서 수확된 목제품은 교토의정서 제2차 공약기간부터 산림 부문의 탄소 저장고로 포함되어 탄소계정이 의무화되었다. IPCC 지침에는 수확된 목제품의 탄소 저장량 산정 방법으로 축적변화접근법과 생산접근법이 제시되어 있다.

축적변화접근법은 국내에서 생산하거나 외국에서 수입하여, 국내에서 이용되는 목제품의 탄소 저장량을 산정하는 것으로 산정 경계는 국가 경계가 된다. 반면 생산접근법은 국내에서 생산하여 국내에서 이용되거나 외국에 수출되는 목제품의 탄소 저장량을 산정하는 것으로, 외국에서 생산하여 국내로 수입된 목제품은 제외된다. 축적변화접근법을 적용하면 다른 나라에서 목재를 많이 수입하는 것으로도 탄소 저장량을 늘릴 수 있다. 그런데 이

그림 6-2 **축적변화접근법의 모식도** (2006 IPCC 국가 온실가스 인벤토리 지침)

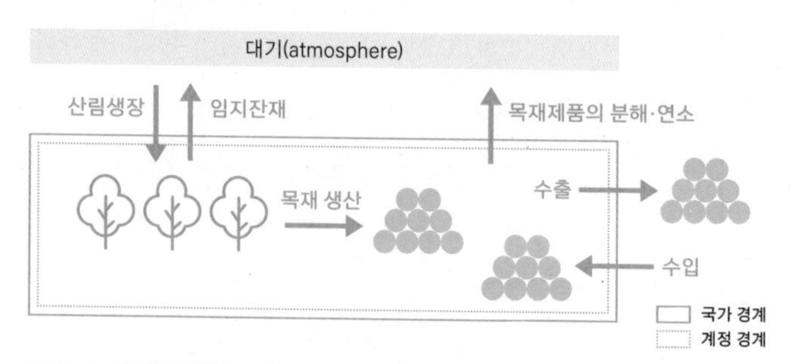

그림 6-3 **생산접근법의 모식도** (2006 IPCC 국가 온실가스 인벤토리 지침)

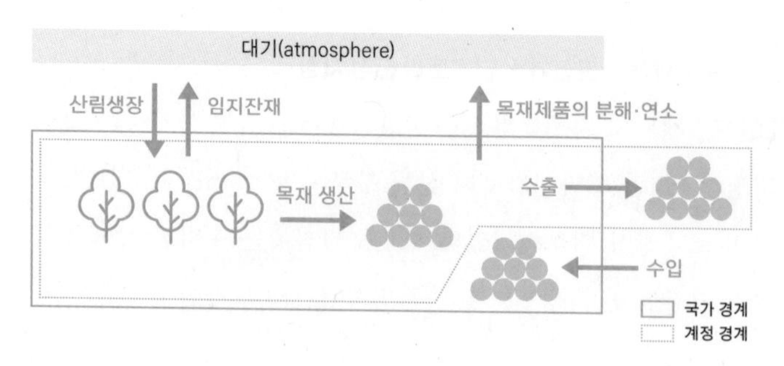

는 당사국·지역 내에서 탄소 순환체제를 활성화하기 위한 노력과는 거리가 있다. 따라서 우리나라를 포함하여 대부분의 당사국들이 생산접근법을 적용하여 탄소 저장량 변화를 산정하고 있다.

주요 국가의 온실가스 인벤토리 보고 현황

유엔기후변화협약 당사국들은 IPCC의 지침에 따라서 국가 온실가스 통계를 산정하여 유엔기후변화협약에 보고하고 있다. 주요 선진국의 현황을 살펴보면 미국은 산림 부문에서 총 배출량의

표 6-4 **2018년 기준 주요 국가별 온실가스 총 배출량 및 산림 부문 순 흡수량 현황**

(〈2020 국가 온실가스 인벤토리 보고서〉, UNFCCC 홈페이지)

국가	총 배출량* (백만CO_2톤)	산림탄소 저장고별 순 흡수량(백만 CO_2톤)*					
		소계**	바이오매스 (지상+지하)	고사목	낙엽층	토양 (무기 토양)	수확된 목제품
호주	558.1	−69.3(12.4%)	−59.6	−6.6	−1.0	3.0	−5.1
오스트리아	79.0	−6.3(8.0%)	−5.0	−0.8	−0.7	2.2	−2.0
캐나다	729.0	−14.0(1.9%)	−119.3	−99.0	100.3	−26.0	130.0
체코	128.1	5.7(4.4%)	7.3	0.1	−0.1	−0.1	−1.5
핀란드	56.4	−28.8(51.1%)	−15.4	−	−	−9.0	−4.4
프랑스	452.0	−51.7(11.4%)	−50.5	1.5	−1.4	−0.4	−0.9
독일	858.4	−73.1(8.5%)	−50.3	−3.9	0.2	−15.9	−3.2
이탈리아	427.5	−33.7(7.9%)	−31.8	−0.3	−0.5	−0.9	−0.2
일본	1,240.4	−61.0(4.9%)	−58.1	1.5	−0.3	−2.1	−2.0
뉴질랜드	78.9	−27.8(35.2%)	−14.8	−3.2	0.3	0.6	−10.7
스웨덴	51.8	−56.0(108.1%)	−35.7	−5.9	7.5	−16.2	−5.7
러시아	2,220.1	−798.3(36.0%)	−647.5	−56.8	−18.0	−81.0	15.7
영국	465.9	−20.2(4.3%)	−10.2	−3.7	−0.5	−3.6	−2.2
미국	6,676.6	−776.0(11.6%)	−546.7	−99.8	−26.2	−4.5	−98.8

* (−)는 흡수, (+)는 배출, ** 괄호( ) 안의 수치는 총 배출량 대비 산림 부문 순 흡수량의 비율

11.6%인 776백만 CO_2톤을 순 흡수하고 있으며, 러시아는 36.0%인 798백만 CO_2톤을 순 흡수하고 있다. 그리고 독일은 8.5%인 73백만 CO_2톤을, 핀란드는 51.1%인 29백만 CO_2톤을, 일본은 4.9%인 61백만 CO_2톤을 순 흡수하는 것으로 나타났다. 전체적으로 보면 산림지에서는 체코를 제외하고 순 흡수를 기록하여 탄소 저장량이 증가하고 있으며, 수확된 목제품에서는 순 배출을 기록한 러시아와 캐나다를 제외하고는 탄소 저장량이 증가함을 알 수 있다.

한편 우리나라는 산림 부문을 포함한 국가 온실가스 인벤토리와 관련하여 〈기후변화협약 국가보고서NC〉▲를 통해 4차례, 〈격년갱신보고서BUR〉▲▲를 통해 3차례 등 총 7차례 작성하여 유엔기후변화협약에 제출한 바 있다.

표 6-5 **우리나라의 온실가스 인벤토리 보고서 제출 현황**

구분	1998	2003	2012	2014	2017	2019
NC	제1차	제2차	제3차			제4차
BUR				제1차	제2차	제3차

▲ 기후변화협약 국가보고서(NC, National Communication) : 유엔기후변화협약에 참여한 국가들이 기후변화 당사국 총회의 지침에 따라 주기적으로 제출하는 보고서.

▲▲ 격년갱신보고서(BUR, Biennial Update Report) : 기후변화협약 국가는 선진국의 특정 의무를 담은 부속서(Annex I, II) 그룹과 비부속서(Non-Annex I) 그룹으로 나뉘는데, 우리나라는 협약 가입 당시 비부속서 그룹으로 분류되었다. 격년갱신보고서는 비부속서(Non-Annex I) 그룹 국가들이 2년마다 제출해야 하는 온실가스 관련 보고서로 온실가스 배출량과 개선 방향, 온실가스 배출 원인 등을 포함하고 있다.

산림 부문 인위적 활동에 따른 온실가스 감축량 산정

교토의정서에서는 당사국의 온실가스 배출 감축 목표 이행에 활용할 수 있는 산림 부문의 인위적 활동을 제3.3조와 제3.4조에 규정하고 있다.

교토의정서 제3.3조 활동은 토지이용 변화를 가져오는 인위적 활동으로서 신규조림, 재조림, 산림전용 등이 이에 해당된다. 이러한 활동에 따른 온실가스 배출 감축량은 활동이 일어난 평가 대상지에 대해 평가 대상 연도의 탄소 저장량에서 활동 이전의 탄소 저장량을 빼서 구한다. 일반적으로 신규조림·재조림의 경우에는 타 용도 토지를 탄소 흡수원인 산림지로 전환하는 것이기 때문에 흡수량이 '+'이고(순 흡수), 산림전용의 경우에는 이와 반대의 경우이기 때문에 흡수량이 '-'(순 배출)이다.

교토의정서 제3.4조 활동은 산림지, 농경지, 초지 등을 경영·관리하여 온실가스를 감축하는 활동이다. 이 중 산림 부문에 해당되는 산림경영활동에 따른 온실가스 감축량은 평가 대상 연도 산림경영활동 대상지의 온실가스 순 흡수량에서 산림경영기준선을 빼서 구한다. 이러한 면에서 보면 산림 관련 토지이용 변화가 상대적으로 적은 우리나라는 신규조림, 재조림, 산림전용 활동보다는 산림경영·관리 활동이 주된 탄소감축 활동이므로 산림경영기준선을 정하는 것이 중요하다고 할 수 있다.

교토의정서 제3.4조에서는 산림경영에 따른 온실가스 감축량 산정을 위해 산림경영기준선을 설정하도록 요구한 바, IPCC 에서는 2013 교토의정서에 따른 산림 및 토지이용 분야(KP-LULUCF) 보충서에서 산림경영기준선 설정을 위한 지침을 제시하였다. IPCC 지침에서는 산림경영을 '산림의 생태적·경제적·사회적 기능이 잘 발휘되도록 지속가능한 방식으로 산림을 관리하는 활동'으로 정의하였다. 그리고 중복 산정double counting을 피하기 위하여 산림경영에 따른 탄소계정 대상지가 신규조림·재조림 및 산림전용에 따른 계정 대상지와 중복되지 않도록 구분할 것을 요구하고 있다.

또한 산림경영 면적을 정할 때, 1990년 이후 실제로 조림·숲가꾸기·목재수확 등 산림경영활동과 산불 진압 등 보호 활동이 이루어진 산림만을 대상으로 하는 '협의적 접근법'이나, 산림경영 대상이 되는 전체 산림을 대상으로 하는 '광의적 접근법'을 적용하도록 하고 있다.

표 6-6 **국가별 산림경영기준선 설정 방식** (〈산림경영기준선 기술평가 종합 보고서〉, UNFCCC, 2011)

설정 방식	국가
국가 고유 BAU 전망	호주, 오스트리아, 캐나다, 불가리아, 덴마크, 핀란드, 독일, 아이슬란드, 아일랜드, 리히텐슈타인, 뉴질랜드, 폴란드, 포르투갈, 슬로베니아, 스웨덴, 스위스, 영국 등 17개국
지역 통합 BAU 전망	체코, 헝가리, 프랑스, 스페인 등 EU 14개국
1990년 흡수량 기준	벨라루스, 노르웨이, 러시아
1990~2009년 평균	그리스
1990~2008년 추세선	사이프러스, 몰타
기준선 '0'	일본

주요 당사국이 산림경영에 따른 계정 대상지에 대해서 산림경영기준선을 정한 방식을 보면 크게 ①BAU 전망 방식(기존 경영 방식 유지에 따른 흡수량 전망), ②기준 연도·기간 또는 추세선 방식, ③기준선 '0' 방식(협의적 접근법 적용) 등 3가지이다.

이와 같은 방식에 따라 설정한 주요 당사국의 산림경영기준선과 탄소 저장고의 포함 여부를 살펴보면 뉴질랜드와 일본을 제외하고는 순 흡수를 기록하고 있다. 특히 일본의 경우에는 '협의

표 6-7 **주요 국가별 산림경영기준선 현황 및 탄소 저장고별 포함 여부**

국가	산림경영 기준선* (백만CO_2톤)	산림경영기준선 탄소 저장고(2011)					
		지상부 바이오매스	지하부 바이오매스	낙엽층	고사목	토양	수확된 목제품
호주	-0.2~4.1	○	○	○	○	△	○
오스트리아	-6.516 (-2.121)	○	○	X (안정화)		X (안정화)	○
캐나다	-114.30 (-70.60)	○	○	○	○	○	○
체코	-4.686 (-2.697)	○	○	X (안정화)	X (안정화)	X (안정화)	○
프랑스	-67.410 (-63.109)	○	○	X (안정화)	X (안정화)	X (안정화)	○
독일	-22.41 (-2.07)	○	○	X (변화 없음)	○	X (변화 없음)	○
이탈리아	-22.166 (-21.182)	○	○	○	○	○	○
일본	0**	-	-	-	-	-	-
뉴질랜드	11.15	○	○	○	○	○	X
러시아	-116.3	○	○	○	○	○	X
영국	-8.268 (-3.442)	○	○	○	○	○	○

* (-)는 흡수원, (+)는 배출원, ( ) 괄호 안의 수치는 수확된 목제품을 제외한 산림경영기준선
** 일본의 경우 '협의적 접근법'으로 산림경영 면적을 정의하고 기준선 '0' 방식을 적용

적 접근법'으로 산림경영에 따른 계정 대상지를 정의하고, 산림경영기준선 '0' 방식을 적용한다. 수확된 목제품을 포함한 당사국들의 경우에는 포함하지 않았을 때보다 기준선이 더 작게(순 흡수량이 더 크게) 나타남으로써 목제품 내 탄소 저장량이 증가하는 것으로 유추할 수 있다. 특히 독일과 오스트리아 등에서 이러한 경향이 뚜렷한 것으로 나타나 이들 국가에서는 '조림-숲가꾸기-수확-목재 이용-재조림'의 산림탄소 순환 시스템이 상대적으로 잘 정착된 것으로 보인다. 그리고 독일, 오스트리아, 체코, 프랑스 등 산림경영·관리 역사가 오래된 국가에서는 낙엽층, 토양 등 일부 탄소 저장고의 저장량이 안정화되었거나 변화가 없다는 것을 알 수 있다.

3. 일본의 산림탄소계정 관리

▲▲▲

일본의 산림 온실가스 인벤토리

우리나라와 산림을 둘러싼 자연적, 사회경제적 환경이 유사한 일본은 IPCC 지침에 따라 전국 토지를 산림지·농경지·초지·습지·정주지로 유형 구분하고, 각 토지 유형에 따른 온실가스 배출량 및 흡수량 통계를 산출하고 있다. 그 중 산림지의 경우에는 지상부·지하부 바이오매스, 고사목, 낙엽층, 토양, 수확된 목제품 등 6개 탄소 저장고에 대해서 축적차이법을 이용하여 배출량 및 흡수량을 산정하고 있다.

산림지의 지상부·지하부 바이오매스에 대해서는 일본 국가산림자원 데이터베이스 시스템(NFRDB)▲에 등록된 산림자원 정보를 토대로 국가고유계수를 적용하여 탄소 축적 및 흡수량을 산정한다.

산림 부문 바이오매스 탄소 저장량 산정을 위해 침엽수 17개

▲ 일본 국가산림자원 데이터베이스 시스템(NFRDB, National Forest Resources Database): 각 지역의 국유림 관리소에서 수종별 면적, 축적 등 산림자원조사 자료와 항공 사진, 위성 영상 등을 등록·관리하는 데이터베이스 시스템이다.

그림 6-4 **일본 국가산림자원 데이터베이스 시스템(NFRDB)과 온실가스 통계**

(《기후변화, 숲, 그리고 인간》, 국립산림과학원, 2012)

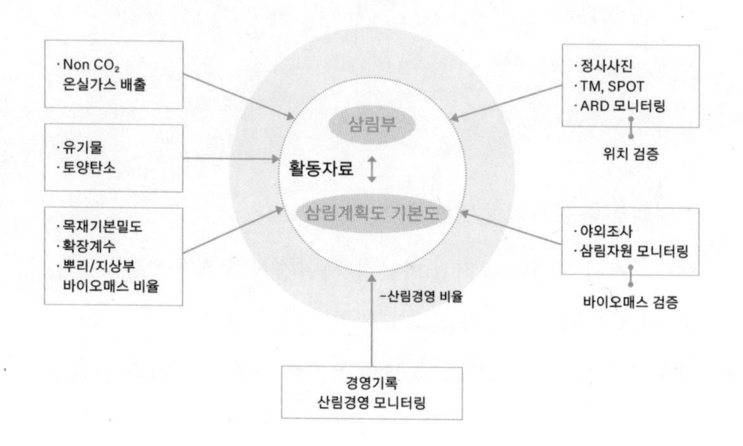

그림 6-5 **일본의 산림 바이오매스 순 흡수량 변화 추이**

(《일본 국가 온실가스 인벤토리 보고서》, 일본 환경성, 2020)

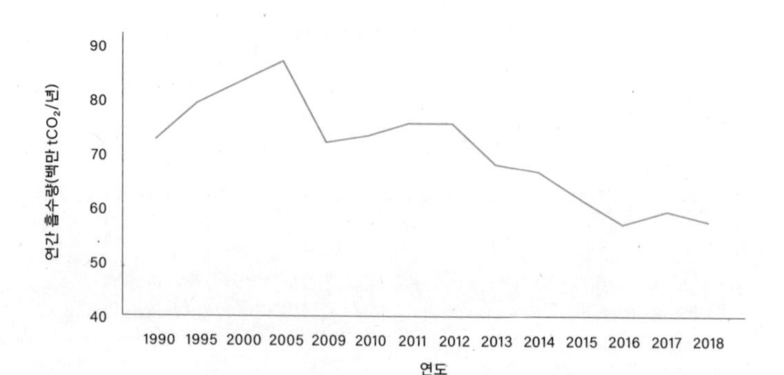

수종, 활엽수 21개 수종에 대해서 목재 기본밀도, 바이오매스 확장계수, 뿌리함량비, 탄소전환계수 등 국가 고유 탄소계수를 개발하여 적용하고 있다(tier 2 수준). 고사목·낙엽층·토양의 탄소 저장량을 산정할 때는 미국에서 개발된 모델(CENTURY)에 자국의 환경(수종구성, 기후 등)을 반영한 모델(CENTURY- jfos)을 개발하여 활용하고 있다(tier 3 수준).

일본의 2020년 국가 온실가스 인벤토리 보고서에 따르면, 지상부 및 지하부 바이오매스의 순 흡수량은 1990년 73백만 CO_2톤에서 2005년 88백만 CO_2톤으로 증가하였으나, 이후 지속적으로 감소하여 2018년 순 흡수량은 58백만 CO_2톤으로 나타났다.

보고서에서는 지상부 및 지하부 바이오매스의 이산화탄소 순 흡수량이 급격히 하락하는 원인으로 영급 구조를 언급하고 있

그림 6-6 **일본 인공림의 영급 구조**(1영급=5년)

(《일본 국가 온실가스 인벤토리 보고서》, 일본 환경성, 2020)

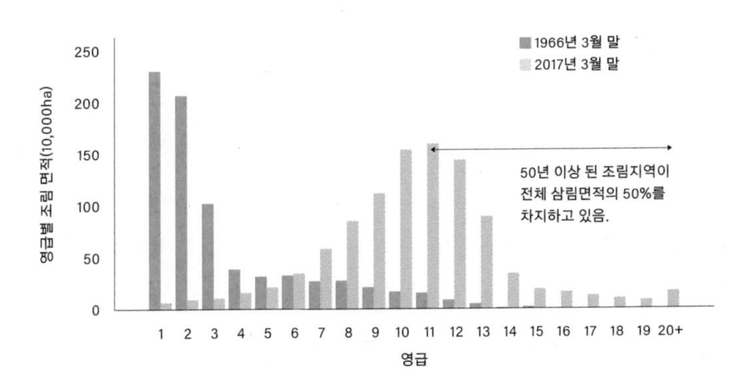

다. 일본은 1950~1960년대 대규모 조림이 이루어져 2018년 현재 51년 이상된 산림의 비율이 전체 산림의 50%를 차지하고 있다. 이에 따라 일본의 주요 조림 수종들이 대부분 50년이 넘어가면서 단위 면적당 연간 임목 생장량이 급격히 하락하는 것이 이산화탄소 순 흡수량 감소의 원인이 되고 있다. 일본 삼림총합연구소에서 분석한 자료에서도 삼나무, 편백 등 일본 인공림의 주요 수종들은 임령이 증가함에 따라 이산화탄소 흡수량이 점차 감소하는 것으로 나타났다.

표 6-8 **일본 인공림의 주요 임상별 이산화탄소 흡수량** (일본 삼림총합연구소 ffpri.affrc.go.jp)

단위: CO_2톤/ha/년

구분	20년생	40년생	60년생	80년생
삼나무림	12.1	8.4	4.0	2.9
편백림	11.4	7.3	4.0	1.1

일본의 산림탄소계정 (산림경영기준선 설정)

앞서 언급한 바와 같이 국가온실가스 감축 목표에 산림 부문 온실가스 흡수량을 활용하려면 산림경영기준선을 결정해야 한다. 일본은 IPCC 지침에 제시된 협의적 접근법을 적용하여 산림경영면적을 정의하고 기준선 '0' 방식을 적용하고 있다. 협의적 접근법에 따라 1990년 이후 실제로 산림경영활동이 이루어진 산림의 면적을 구하고, 여기에 국립공원 등 법적 보호 지역 면적을 합한 것을 전체 산림면적으로 나누어 산림경영률을 산출하고 있으며, 해당 산림경영 대상지의 온실가스 순 흡수량을 국가 감축 목표 달성에 활용하고 있다.

표 6-9 **일본 육성림의 산림경영률*** (《일본 국가 온실가스 인벤토리 보고서》, 일본 환경성, 2020)

구분	수종	지역**	사유림	국유림
인공림	삼나무	도호쿠(東北), 북간토(北関東), 호쿠리쿠(北陸), 토산(東山)	0.87	0.91
		남간토(南関東), 도카이(東海)	0.69	0.86
		긴키(近畿), 주고쿠(中国), 시코쿠(四国), 규슈(九洲)	0.75	0.91
	편백	도호쿠(東北), 간토(関東), 주부(中部)	0.81	0.92
		긴키(近畿), 주고쿠(中国), 시코쿠(四国), 규슈(九洲)	0.84	0.93
	일본잎갈나무	전국	0.86	0.82
	그 외	전국	0.68	0.82
준(semi) 천연림	전체	전국	0.39	0.66

* 일본 육성림의 산림경영률 자료는 2016년 말 기준, 전국 22,300개 표본점 자료를 활용하였으며, 산림경영률의 불확도는 5%

** '지역'은 일반적으로 여러 개의 현(prefecture)을 포함하는 규모임

4. 우리나라의 산림탄소계정 관리

우리나라 산림 온실가스 인벤토리 산정

탄소 저장고별 온실가스 인벤토리 산정 현황

우리나라는 환경부 온실가스종합정보센터GIR에서 IPCC 지침을 토대로 매년 온실가스 통계 산정·보고·검증 지침을 작성하고 있으며, 이에 따라 각 부문별 산정 기관에서 배출량·흡수량 통계를 산정하고 관장 기관에서 이를 검토한 후 총괄 기관에 제출한다. 산림 부문의 온실가스 흡수량 통계는 〈탄소 흡수원의 유지 및 증진에 관한 법률〉 시행령 제31조 2항에 따라 국립산림과학원에서 산정하고 있다.

각 부문별로 제출된 온실가스 배출량·흡수량 통계는 온실가스종합정보센터의 검증 절차를 거쳐 〈국가 온실가스 인벤토리 보고서〉로 매년 공표되고 있다. 〈2020년 국가 온실가스 인벤토리 보고서〉에 따르면 임목 바이오매스(지상부 및 지하부)는 tier 2 수준으로 통계를 보고하고 있으며, 고사목·낙엽층·토양 탄소는 tier 1 수준(변화 없음)으로 보고하고 있다. 임목 바이오매스는 국가산림자원조사를 통해 임목축적 등 활동자료를 구축하고, 국가

그림 6-7 **우리나라 산림 분야 온실가스 통계 산정 및 보고체계**

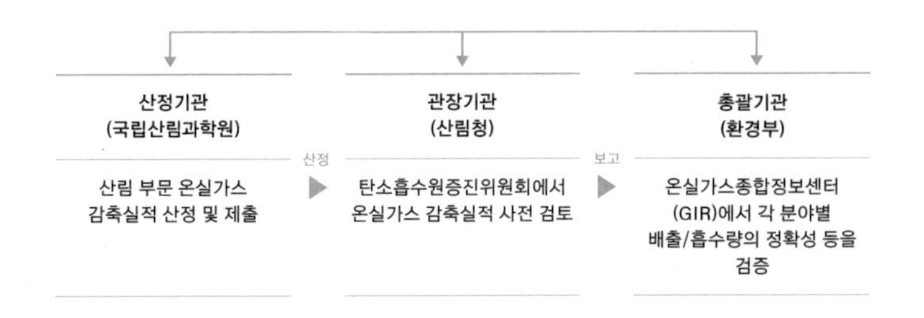

표 6-10 **우리나라 주요 수종별 국가고유계수 : 지상부·지하부 바이오매스**

(〈국가 온실가스 배출·흡수 계수〉, 환경부 온실가스종합정보센터, 2013, 2014, 2017)

수종	목재 기본밀도(D)	바이오매스 확장계수(BEF)	뿌리-지상부 비율(R)
강원지방소나무	0.42	1.48	0.26
중부지방소나무	0.47	1.41	0.25
일본잎갈나무	0.45	1.34	0.29
리기다소나무	0.50	1.33	0.36
해송	0.48	1.52	0.29
잣나무	0.41	1.74	0.28
삼나무	0.35	1.31	0.23
편백	0.43	1.35	0.20
기타 침엽수	0.46	1.43	0.27
굴참나무	0.72	1.34	0.32
상수리나무	0.72	1.45	0.31
신갈나무	0.66	1.60	0.39
졸참나무	0.66	1.55	0.43
붉가시나무	0.83	1.70	0.19
아까시나무	0.64	1.47	0.48
자작나무	0.55	1.30	0.29
백합나무	0.46	1.24	0.23
현사시나무	0.36	1.17	0.16
기타 활엽수	0.68	1.51	0.36

고유계수를 적용하여 온실가스 통계를 산정하고 있다. 산림 분야 국가고유계수는 2013년 6개 수종, 2014년 9개 수종, 2017년 4개 수종 등 총 19개 수종에 대해서 목재 기본 밀도, 바이오매스 확장 계수, 뿌리함량비를 개발하여 총 57개 국가고유계수가 등록되어 있다.

고사목, 낙엽층, 토양의 탄소 저장량은 20년 이상 탄소 축적 변화량을 모니터링하여 통계를 산출하도록 IPCC 지침에서 권고하여 2006년부터 변화량을 모니터링하고 있으며, 2022년부터 조사자료에 대한 분석을 실시할 계획이다. 고사목, 낙엽층 및 토양에 대한 국가고유계수로는 현재 10개 주요 수종에 대하여 고사목 부후 등급별 탄소 전환 계수, 낙엽층 탄소전환계수, 토양 탄소전환계수 등 총 70개 계수가 등록되어 있다.

수확된 목제품에 대해서는 2008년부터 목재이용 실태조사를 통해 국산 목재를 이용한 제품별 생산량을 조사하고, 이를 토대로 2021년부터 목제품의 탄소 저장량 통계를 산정하여 제출하고 있다. 산불에 의한 온실가스 배출량 통계는 2022년부터 산정할 예정이다.

국가산림자원조사

우리나라는 국가산림자원조사를 통하여 얻은 임목축적 등 관련 통계를 IPCC 가이드라인에 따른 산림지 온실가스 인벤토리 산정에 필요한 활동자료로 활용하고 있다. 우리나라는 1972년부터 국

표 6-11 **우리나라 주요 수종별 국가고유계수 : 낙엽층·고사목**

(《국가 온실가스 배출·흡수계수》, 환경부 온실가스종합정보센터, 2015)

수종	고사목 탄소전환계수 (CF)	낙엽층 헥타르당 탄소저장량(B·CF)	낙엽층 탄소전환계수 (CF)
강원지방소나무	0.51	9.03	0.47
중부지방소나무	0.49	11.85	0.45
낙엽송	0.51	7.01	0.40
리기다소나무	0.51	7.95	0.43
잣나무	0.49	7.36	0.47
기타 침엽수	0.51	11.25	0.44
굴참나무	0.49	6.49	0.45
상수리나무	0.51	5.07	0.38
신갈나무	0.51	7.3	0.40
기타 활엽수	0.51	6.63	0.44

표 6-12 **우리나라 주요 수종별 국가고유계수 : 토양 탄소**

(《국가 온실가스 배출·흡수계수》, 환경부 온실가스종합정보센터, 2015)

수종	토양 헥타르당 탄소저장량 (B·CF)	토양 가밀도 (bulk density)	토양 석력 함량 (frag)	토양 탄소전환계수 (SOC)
강원지방소나무	53.16	1.14	0.32	18.04
중부지방소나무	37.83	1.10	0.30	16.31
낙엽송	46.71	0.79	0.27	20.37
리기다소나무	36.35	1.03	0.41	15.74
잣나무	37.77	1.08	0.28	14.57
기타 침엽수	38.75	0.86	0.25	16.94
굴참나무	57.09	0.84	0.29	24.44
상수리나무	64.30	0.96	0.27	23.59
신갈나무	64.02	0.85	0.23	28.46
기타 활엽수	55.68	0.99	0.28	26.96

가산림자원조사를 시작했으며 국가 온실가스 통계, 지속가능한 산림경영 지표 등 산림을 둘러싼 새로운 정보 요구에 적극적으로 대응하기 위해 2006년 제5차 국가산림자원조사2006~2010년부터 개선된 방식의 조사체계를 적용하고 있다.

개선된 사항을 요약하면, 먼저 전국 산림에 4천 개 표본점(부표본점을 포함하면 16,000개 표본점)을 설치하였다. 그리고 2006년부터 매년 약 800개 표본점에서 지상부·지하부 바이오매스를 산정하는 데 필요한 임목재적과 낙엽층, 고사목, 토양탄소 등의 탄소 저장고에 대한 조사를 실시하였다. 이러한 체계로 제5차2006~2010년, 제6차2011~2015년, 제7차2016~2020년에 이어 제8차2021~2025년 국가산림자원조사가 진행되고 있다.

그림 6-8 **국가산림자원조사 체계** (〈제5차 국가산림자원조사 보고서〉, 국립산림과학원, 2011)

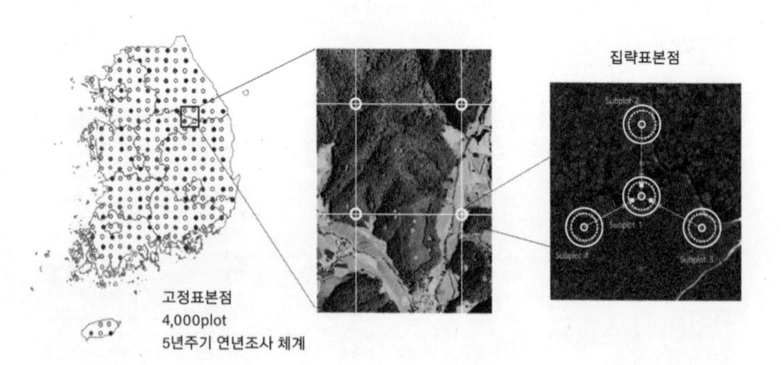

우리나라의 산림탄소계정

우리나라는 산림경영활동에 따른 탄소계정을 산정할 때 필요한 산림경영기준선을 결정하기 위해 IPCC 지침에 제시된 기준선 '0' 방식(협의적 접근법)의 적용을 준비하고 있다. 기준선 '0' 방식을 적용하려면 산림경영에 대한 협의적 접근이 필요하다. 이를 위해 전체 산림면적 대비 1990년 이후 실제로 조림·숲가꾸기·벌채 등 산림작업 활동과 산림보호 활동이 이루어진 산림의 비율, 즉, '산림경영률'을 산정해야 한다. 현재 우리나라는 국유림 경영정보시스템과 사유림 경영정보시스템을 통해 산림경영 이력을 관리하고 있으므로 각 시스템에 등록된 이력 자료를 토대로 산림경영 면적을 산정하고 있다. 동일 임소반(국유림) 혹은 지번(공·사유림)에서 여러 활동이 이루어질 수 있으므로 보수적 산정을 위해서 최

그림 6-9 **최대시업 면적법을 적용한 경영면적 산정 예시**
(《우리나라 산림경영률 산정과 정책적 활용 방안》, 국립산림과학원, 2021)

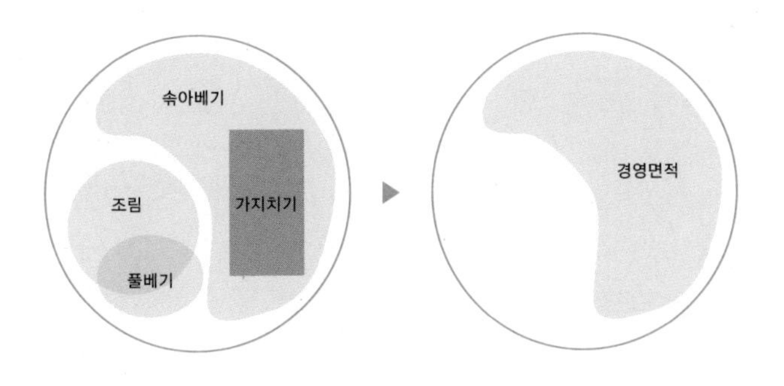

대시업 면적법을 적용하고 있다. 즉 동일 임소반·지번에서 여러 가지 산림시업이 이루어졌을 때 가장 큰 면적을 차지하는 시업의 면적을 그 임소반 혹은 지번의 산림경영 면적으로 삼는 것이다.

최대시업 면적법을 통해 산림경영률을 시범적으로 계산한 결과를 보면 2020년 기준으로 우리나라의 산림경영률은 54.3%로 분석되었으며, 최근 5년간 매년 평균 1%씩 증가하고 있는 것으로 나타났다. 산림 분야가 국가온실가스 감축 목표에 좀 더 기여하려면 임도망 등 산림경영 기반을 확충하고, 이를 토대로 목재생산뿐만 아니라 수원함양, 산림휴양 등 산림의 다양한 공익적 기능을 증진시키기 위한 보다 적극적인 산림경영활동을 추진하여 산림경영률을 높일 필요가 있다.

5. 산림탄소계정의 발전 방향

산림은 우리 국토의 63%를 차지하는 중요한 온실가스 흡수원으로서 국가 탄소중립을 달성하는데 중요한 역할을 한다. 그리고 이러한 산림의 역할을 객관적으로 평가받기 위해서는 국제적으로 인정받을 수 있는 탄소계정 체계를 갖추어야 한다. 우리나라는 국제 지침에 따라 산림탄소계정 체계를 준비해왔지만, 탄소중립 달성에 기여하기 위해서는 좀 더 완전하고 신뢰성 높은 탄소계정 체계를 갖추는 것이 필요하다. 이를 위해 다음과 같은 몇 가지 사항을 보완할 필요가 있다.

첫째, 산림 부문의 모든 탄소 저장고에 대해 온실가스 통계를 산정하는 체계를 갖추는 것이 필요하다. 아직까지 탄소 저장량 통계가 산정되고 있지 않은 낙엽층, 고사목, 토양을 산림탄소계정에 반영함으로써 산림 부문의 탄소중립 기여도를 높일 수 있을 것이다.

둘째, 산림 부문 온실가스 인벤토리를 고도화시키는 것이다. 세부적으로는 먼저 국가 토지이용 매트릭스 체계를 구축하여 신규조림·재조림 및 산림전용 면적과 산림지 면적의 산정을 객관화시키는 것이 필요하다. 그리고 산림 부문 온실가스 인벤토리를 수종별, 지역별로 세분화하고, 낙엽층, 고사목, 산림토양에 대해서 탄소 축적 변화량을 분석할 수 있는 탄소 모델 개발도 필요하다.

셋째, 산림경영활동 이력에 대한 고해상도 공간자료를 구축하고, 신뢰성 있는 측정·보고·검증체계를 구축해야 할 것이다. 이는 산림 부문에서 국가 탄소중립에 가장 크게 기여하는 산림경영활동에 대한 탄소계정을 국제적으로 인정받기 위해 반드시 필요하다.

넷째, 다양한 측면에서 산림경영기준선 방식을 중장기적으로 검토하는 것이다. 2050년 탄소중립에 이르기까지 불확실성이 상대적으로 큰 산림 부문의 탄소계정에 대한 협상은 계속될 것으로 전망된다. 따라서 이에 대한 국제적 논의를 주시하고, 우리나라에 적합하고 국제적으로도 인정받을 수 있는 산림경영기준선 설정을 위한 다양한 검토가 필요할 것이다.

마지막으로 산림 부문이 국가 탄소중립에 기여하는 정도를 산정할 수 있는 종합적인 평가체계를 구축해야 한다. 산림 부문의 탄소계정은 바이오매스, 낙엽층, 고사목, 토양, 목재제품 등의 탄소 저장고에 더 많은 탄소를 저장함으로써 탄소중립에 기여하는 것을 평가하게 된다. 그런데 산림과 이로부터 수확한 목재를 활용한 '산림탄소 순환 시스템'을 구축하면 목질 바이오매스 공급에 따른 화석연료 대체효과와 목재공급에 따른 배출집약적 원자재 대체효과를 가져올 수 있으며 이는 에너지 등 타 부문의 배출감축 효과로 이어진다. 따라서 산림 부문 탄소계정에 더하여 목재를 다른 에너지원·원자재와 온실가스 배출 측면에서 비교하기 위한 전과정평가 등을 포함하는 산림 부문의 종합적인 국가 탄소중립 기여 평가체계가 필요하다.

7장

산림탄소경영을 위한 제언

글

이우균(고려대학교 환경생태공학과 교수)
최정기(강원대학교 산림과학부 교수)

탄소중립은 온실가스 배출을 줄이는 것만으로는 달성할 수 없다. 배출된 대기 중의 이산화탄소를 흡수하는 흡수원 관리를 통해 배출과 흡수의 순 합계를 '0'으로 만들 수 있다. 탄소 흡수원인 산림은 토지 및 환경자원으로서 다양한 기능을 제공한다. 산림은 땅과 나무로 구성되므로 땅의 토지 관리, 나무의 환경 관리 측면을 충분히 고려한 산림탄소경영으로 탄소중립 시대 산림의 역할을 찾아야 한다. 그러자면 적극적이고 포괄적이면서 과학적이고 부문간 시너지를 일으키는 사회 소통형 임업으로 전환이 불가피하다. 또한 탄소 흡수원이자 저장고인 산림과 대체재인 목재가 임업으로서 지속성을 확보할 수 있도록 정책적으로 지원하는 것도 반드시 필요하다.

1. 임업을 통해 산림탄소경영으로 전환

▲▲▲

탄소중립(이산화탄소 순 배출 '0')은 화석연료 기반의 기존 산업과 사회체계로는 기후변화에 대응할 수 없다는 절심함에서 출발한다. 그리고 탄소중립 달성은 우리 사회 전반의 전환transformation을 요구한다. 주요한 이산화탄소 흡수원인 산림이 탄소중립을 위해 제 역할을 하려면 산림을 기반으로 하는 임업 부문의 전환이 불가피하다.

토지이용, 토지이용 변화와 임업(LULUCF)▲의 흡수원은 모두 토지를 기반으로 하고 있다. 따라서 흡수원 관리는 토지를 기반으로 하는 임업, 농업 등의 산업을 통해 이루어져야 한다. 산림이 이산화탄소 흡수 기능을 충분히 발휘하게 하려면 '적극적'이고 '포괄적'이면서 '과학적'이고 부문간 '시너지'를 일으키는 '사회 소통형' 토지 기반의 임업으로 활성화하는 산림탄소경영으로 전환해야 한다.

▲ LULUCF(Land Use-Land Use Change and Forestry): 기후변화협약에서 '토지이용, 토지이용 변화 및 임업' 부문을 말하는 것으로 인간의 토지이용에 따라 변화되는 온실가스의 증감을 의미한다.

'적극적'이라는 말은 임업을 기반으로 산림의 온실가스 흡수-저장-대체기능이 충분히 발휘되도록 해야 한다는 의미이다. 우리나라 산림 중 산림탄소경영이 필요한 구역을 설정하고, 그 지역에서는 흡수량 유지 및 증진을 위한 산림관리가 임업이라는 산업활동을 통해 이루어져야 한다. 우리나라 산림의 1/3은 이러한 탄소 순환형 임업, 즉 적극적인 산림탄소경영의 대상지로 볼 수 있다.

'포괄적'이라는 것은 탄소 저장고인 수확된 목제품을 많이, 그리고 오래 쓰는 것이 임업의 범주에 포함되어야 한다는 것이다. 이를 위해서는 산림탄소경영에서 수확된 목제품이 탄소 저장고로 쓰일 수 있는지 면밀히 검토해야 한다. 그렇지 않은 경우에는 목재수확이 곧 탄소 배출로 이어지기 때문이다. 이런 이유로 벌기령에 도달했다 하더라도, 자연적인 탄소 저장고BECCS, Bio-Energy Carbon Capture Storage 역할을 할 수 있는 목제품 수확이 없는 단순한 벌채는 지양되어야 한다. 또한 산림탄소경영과 동시에 생물다양성 유지 등과 같은 산림의 환경생태적 기능의 훼손을 최소화해야 한다. 산림탄소경영 지역 외의 산림에서도 환경생태적 기능이 최적으로 발휘될 수 있도록 하는 산림공간관리도 '포괄적' 산림관리에 포함되어야 한다. 이러한 지역에 사유림이 포함되어 있다면 산림의 환경생태 서비스에 대한 지불 및 시장가치화를 위한 내부화도 '포괄적 임업'에 속한다. 물론 산림탄소경영 지역의 탄소중립형 수익성도 '포괄적으로' 고민해야 할 부분이다.

'과학적' 측면에서는 산림 및 임업 부문에서의 탄소중립 달성에 기여하기 위해 온실가스 흡수원의 정확한 면적을 파악하고 흡수량을 산정하는 것이 필요하다. 즉, 시공간 산림 경영 활동이력 정보기반의 산림탄소계정체계가 최고 수준으로 완성될 필요가 있다. 현재의 전국 단위로 되어 있는 면적 및 온실가스 산정 수준을 토지이용 및 흡수량 변화가 시공간적으로 파악될 수 있는 최고의 면적 변화 파악(approach 3) 및 온실가스 산정(tier 3) 수준으로 향상해야 한다. 기후변화에 관한 정부간 협의체에서는 정상적인 산림경영활동의 산림경영률에 따른 온실가스 흡수량만 인정한다. 우리나라의 산림은 산림사업 활동자료가 잘 관리되지 않아 산림경영률이 낮게 나타나기 때문에 흡수량 전체를 인정받지 못하고 있다. 산림관리 시공간 이력 정보를 수집, 보유, 관리, 분석, 공유함으로써 산림 활동자료를 최고 수준으로 관리해야 우리의 '산림을 관리한다'는 산림경영률을 증명할 수 있다. 그리고 이를 통해 발생하는 산림탄소 흡수량을 높은 신뢰성을 바탕으로 국제적 인증을 받을 수 있다.

산림을 포함한 흡수원의 최고의 면적 파악 수준(approach 3) 및 온실가스 산정 수준(tier 3) 달성을 위해서는 온실가스 흡수원 간 경계와 면적이 정확해야 한다. 즉, LULUCF 분야별 정합성이 필요하다. LULUCF의 흡수원은 부문 간의 유기적 연계성이 크기 때문에 방법론, 데이터 수집 및 활용 등에서 발생하는 불일치를 최소화하고 정합성을 확보할 필요가 있다. 우리나라의 경우,

LULUCF 분야 간 산정기관이 상이하여 통합적으로 산정·관리하는 체계가 아니기 때문에, LULUCF 분야별로 비교적 동일하게 적용될 수 있는 활동자료를 적용할 필요가 있다.

'시너지'는 생태계 서비스와 같이 시장에서 거래되지 않는 비시장적 가치를 환경서비스산업으로서 시장가치로 환산할 때 발생한다. 산림사업의 산물은 직접적으로 생산되는 임산물을 제외하면 생태계 서비스와 같이 시장에서 거래되지 않는 비시장적 가치가 대부분을 차지한다. 이러한 시장가치로 환산되지 못하는 산림자원은 산림 소유자에게 적극적인 산림관리 대상이 되지 못한다. 이러한 상황에서 사유림의 산림관리 소홀은 산림의 고령화, 쇠퇴화, 궁극적으로는 흡수량 저하로 이어질 수 있으므로 보다 적극적으로 산림관리를 유도하는 방법을 모색하여야 한다. 임업의 생태계 서비스 직불제 도입 등을 통해 비시장가치인 산림의 생태계 서비스의 내부화(시장가치화)가 이루어져야 하며, 비거래형 산림탄소상쇄제도의 해결을 통한 임업의 활성화가 필요하다.

현재 시행되고 있는 산림탄소상쇄사업을 보다 적극적으로 활용하여 산림탄소 흡수량을 상쇄배출권으로 인정을 받아야 한다. 또한 임업의 생산물 및 서비스 인증제 등을 도입하여 환경서비스산업으로 임업을 활성화해야 한다. 즉, 산림의 탄소 흡수 및 저장 등을 포함한 산림의 생태계 서비스가 산림경영의 수익으로 이어질 수 있도록 해야 환경서비스산업으로서 임업이 활성화될 수 있을 것이다.

'사회 소통적 측면'에서는 산림경영활동 감리체계의 투명성 및 정확성 제고를 통해 임업을 위한 산림사업이 사회적으로 인정될 필요가 있다. 현재의 조림·숲가꾸기·벌채에 대한 감리제도를 강화해 산림사업의 신뢰도를 향상시킬 필요가 있다. 이를 위해서는 산림경영활동에 대한 현장 감리체계를 산림탄소계정 측정-보고-검증체계와 연계시켜 산림경영활동의 사회적 투명성을 확보해야 한다.

2. 탄소중립을 위한 임업 정책 지원

기후변화에 대응할 수 있는 유력한 환경수단인 산림은 탄소 흡수원이자 저장원이며 탄소 다배출 제품과 화석연료의 대체재로서 탄소중립에 기여한다. 이 책 전반에 걸쳐 국내외의 여러 연구를 통해 산림탄소경영의 과학적 근거를 살펴보았다. 또한 실질적인 온실가스 감축을 위한 국제 기준에 맞추기 위한 산림 온실가스 인벤토리와 산림탄소계정의 현황도 살펴보았다. 이제 탄소중립을 향한 토지 기반의 산업인 임업에 대한 보다 구체적인 정책과 실행이 필요한 때이다.

우선 탄소 흡수원 측면에서 산림을 보전 및 복원하며 흡수원을 확충하려는 노력이 필요하다. 특히 신규조림 등을 통해 탄소 흡수원을 적극적으로 확충해야 한다. 백두대간과 비무장지대DMZ 일원 등 핵심 산림 생태축을 보전하고 복원해야 한다. 도시숲을 확대하는 등의 방법으로 신규조림지를 찾아낼 수 있다. 또한 해양 생태계를 통해 흡수되는 블루 카본blue carbon을 확충하는 등 산림 외의 탄소 흡수원을 확보하기 위한 노력도 꾸준히 해야 한다.

탄소 저장고로서 산림의 지속가능성을 확보하려면 임업에 대한 적극적인 지원과 전환이 요구된다. 임도·임업기계 등 경영기반을 확충하는 것은 기본이다. 목재수확을 확대하고 그 자리에 후계림을 조성함으로써 산림 내 수종과 연령의 다양성을 높여야 한다. 또한 목재생산, 수원함양, 재해방지 등 산림의 주요 기능을 고려한 숲가꾸기로 산림의 경제적·생태적 가치를 증진해야 한다. 사유림에서 발생하는 공익적 가치를 합리적으로 평가하고 그에 대한 합당한 지원과 보상 방안을 마련함으로써 방치된 산림을 더욱 가치있게 활용할 수 있다. 아울러 산림재해를 예측하고 예방하는 스마트 기술을 개발하는 등 기술적 역량과 인력의 전문성을 강화해 산림재해로 인한 피해를 최소화해야 한다.

탄소 다배출 제품의 대체재로서 산림의 효과를 최대화하려면 법과 제도의 지원이 필요하다. 공공건축물의 목재 이용 활성화를 위한 법적 기반을 마련하고 탄소 저장량 표시 인증제도를 활성화함으로써 장수명 목재 이용을 확대할 필요가 있다. 목재친화도시 조성, 고층 목조건축 확대를 위한 기술 고도화, 배출집약적 제품을 대체하는 목제품 개발과 상용화를 지원하는 노력도 필요하다. 또한 지역 단위에서 산림 바이오매스 에너지 순환을 활성화시키는 등 국내 목재산업의 수요-공급의 선순환체계를 구축하려는 노력이 필요하다.

마지막으로 산림탄소계정 체계의 보완이 필요하다. 우선, 산림 부문의 온실가스 산정 수준과 면적 변화 파악 수준의 고도화를 위한 정책적 지원이 필요하다. 또한, 산림에서의 다양한 시업 활동이 산림탄소 순환시스템으로 통합 관리되어 산림 활동으로 흡수되는 양이 국제적으로 인정받을 수 있는 체계를 갖추도록 지원하는 정책도 강구되어야 한다. 그리고 산림에서 사회로 이동한 목재가 배출집약적 원자재의 대체제로서 인정받을 수 있는 전과정평가 등을 포함하는 산림 부문의 산림탄소 순환평가체계를 임업의 활동 범주 내에서 갖추어야 한다.

나가는 글:

숲과 나무의 중요성을 언급하는 것은 새삼스럽다. 자라는 동안 이산화탄소를 흡수한 나무는 벌채되면 목제품이나 목조건물이 되어 오랜 기간 탄소를 고정하는 역할을 한다. 그런데 수목과 산림이 탄소를 얼마나 흡수해서 고정하는지에 대한 논쟁은 오랜 시간 계속되어 왔다. 나무를 언제 벌채해야 숲을 경제적 근거로 삼는 임업인과 산림을 환경으로 누리는 일반 국민 모두가 만족할 수 있을 지, 접점을 도출하는 것이 필요하다.

지난해 '30억 그루 나무 심기' 정책과 벌채 이슈에서 시작된 갈등은 몇 달에 걸친 토론과 협상을 거쳐야 했다. 갈등해소전문가를 위원장으로 두고 산림 측과 환경 측 위원으로 구성된 '산림 부문 탄소중립민관협의회'는 서로 평행선을 이루던 의견 차를 좁혀 가며 접점을 찾아냈고 마침내 합의를 이루었다. 하지만 합의문이 만들어지는 과정은 결코 쉽지 않았다. 다행히 거의 모든 위원들이 평소 품은 산림에 대한 애정과 사명감으로 적극적으로 의견을 개진한 덕분에 결론에 다다를 수 있었다.

위원회에서 도출한 합의가 산림 부문의 탄소중립에 관한 모든 문제를 해결할 수 있는 것은 아니다. 이 책 또한 마찬가지이다. 현재 시점에서 논의되는 산림탄소에 대한 많은 내용이 정리되어 있음에도 불구하고 여기에 제시된 과학적인 담론이 모두를 만족시킬 수 있는 범위는 아니다. 다만 탄소중립에 대한 소모적인 논쟁을 줄이고자 객관적이고 과학적인 근거를 제시했다는 점에 이 책의 의미가 있다.

지난 몇 년 간 산림 벌채와 탄소중립 이슈로 정부와 환경단체, 임업계 사이에서 일어난 극심한 대립과 갈등은 지속되어 왔다. 사유림과 경제림의 벌목 적정성, 벌목 연령, 고령림의 탄소 흡수 능력과 같은 사실을 다른 측면에서 바라보면서 다툼이 있었다. 갈등은 사회가 다양해지면서 자연스럽게 대두되기도 한다. 그렇다고 마냥 방치해도 되는 것은 아니다. '과학적이고 객관적인 근거'를 제시하는 전문가들의 연구 결과가 갈등 해결의 열쇠가 될 수 있다. 그런 측면이 이 책의 시작이었다. 산림의 벌채와 탄소 흡수에 대한 국내외의 종합적인 시각이 필요했다. 그래서 이 책은 산림 분야의 여러 전문가가 공동 집필하였다. 산림은 종합적이고 총체적인 학문이다. 앞으로도 산림 연구는 학제간 전문가들이 공동으로 연구를 진행하여 종합적인 결과를 내는 것이 타당하다.

산림 벌채는 환경문제를 발생시킬 수도 있지만, 효율적이고 과학적으로 산림을 경영한다면 환경파괴가 아니라 합리적인 목적을 달성하게 해주는 우리 주변의 자원이 될 수 있다. 그렇기 때문에 지속적인 연구가 필요하다. 과학적이고 객관적인 사실을 바탕으로 벌채, 탄소 흡수, 산림관리 정책과 활동이 이루어져야 우리 사회에서 산림에 대한 갈등도 줄어들고, 사회 구성원 모두가 공감할 수 있는 부분이 형성될 것이다. 이는 산림을 기반으로 경제활동을 하는 주체인 임업인에게 혜택을 주는 것이자 산림을 누리면서 생활하는 모든 국민을 만족시키는 길이다.

산림 관련 전문가들은 여전히 과학적인 연구 결과가 부족하다고 한다. 산림은 1~2년 안에 변하는 것이 아니라 수십 년, 수백 년을 통해 결과가 나타나는 특수성이 있다. 그래서 산림 연구는 과학적인 근거를 확보하기 어렵다. 그러나 이 책을 마중물 삼아 앞으로 더 충실한 연구 결과가 도출될 수 있도록 지속적인 연구가 수행되어야 할 것이다.

이 한 권의 책을 만들기 위해 산림 관련 대학교와 연구소의 여러 저자들이 4개월 넘는 시간 동안 매주 토요일 아침 8시부터 회의에 참여해 적극적으로 토론하며 각 부문에서 전문성을 담은 글을 썼다. 그 모든 노력에 감사드린다. 산림, 탄소와 관련된 사회문제가 대두될 때마다 산림의 중요성과 역할에 대한 과학적인 자료를 제공하고, 산림에 대한 대중의 인식이 정확해지도록 애써 주신 점에 대해서도 거듭 감사드린다.

2022년 봄

한국산림과학회 25대 회장

우수영

미주:

1장 기후변화, 탄소중립, 산림

1. Stern,N. (2006). Stern review: the economics of climate change. United Kingdom.
2. Cui, G., Lee, W. K., Kim, D., Lee, E. J., Kwak, H., Choi, H. A., ... & Jeon, S. (2014). Estimation of forest carbon budget from land cover change in South and North Korea between 1981 and 2010. Journal of Plant Biology, 57(4), 225-238.

2장 산림을 위협하는 기후변화

1. 서정욱, 박원규. 2011. 제천 의림지 소나무 연륜생장 쇠퇴도 분석을 통한 고사 연도 및 원인규명 연구. 환경복원녹화, 14.2: 1-10.
2. 윤미해, 이우균, & 김문일. 2013. 기후인자가 임목의 연륜생장에 미치는 영향. 한국기후변화학회지, 4(3), 255-267.
3. 신만용, 정상영, 한원성, & 이돈구. 2008. 입지유형별 미기후가 천연 활엽수림의 임목 생장에 미치는 영향. 한국농림기상학회지, 10(1), 9-16.
4. 이상태, 박문섭, 전향미, 박진영, & 조현서. 2008. 기후인자가 Pinus densiflora 의 연륜 생장에 미치는 영향. 한국농림기상학회지, 10(4), 177-186.
5. Lee JH, Choi BH. (2010) Distribution and northernmost limit on the Korea 3. Peninsula of three evergreen trees. Ko-rean J Pl Taxon.
6. Sanchez-Salguero, R., Camarero, J. J., Gutiérrez, E., Gazol, A., Sangüesa-Barreda, G., Moiseev, P., & Linares, J. C. (2018). Climate warming alters age-dependent growth sensitivity to temperature in eurasian alpine treelines. Forests, 9(11), 688.
7. Vaganov, E. A., Hughes, M. K., Kirdyanov, A. V., Schweingruber, F. H., & Silkin, P. P. (1999). Influence of snowfall and melt timing on tree growth in subarctic Eurasia. Nature, 400(6740), 149-151.

8. Seo, J. W., Eckstein, D., Jalkanen, R., & Schmitt, U. (2011). Climatic control of intra-and inter-annual wood-formation dynamics of Scots pine in northern Finland. Environmental and Experimental Botany, 72(3), 422-431.

9. Allen, C. D., Macalady, A. K., Chenchouni, H., Bachelet, D., McDowell, N., Vennetier, M., ... & Cobb, N. (2010). A global overview of drought and heat-induced tree mortality reveals emerging climate change risks for forests. Forest ecology and management, 259(4), 660-684.

10. Gert-Jan Nabuurs,Ari Pussinen,Timo Karjalainen,Markus Erhard,Koen Kramer, (2002), Stemwood volume increment changes in European forests due to climate change—a simulation study with the EFISCEN model.

11. Matskovsky, V., Venegas-Gonzalez, A., Garreaud, R., Roig, F. A., Gutierrez, A. G., Munoz, A. A., ... & Canales, C. (2021). Tree growth decline as a response to projected climate change in the 21st century in Mediterranean mountain forests of Chile. Global and Planetary Change, 198, 103406.

12. 환경부(MOTIVE 연구단). 2016. 부문별 기후변화 영향 및 취약성 통합평가 모형 기반구축 및 활용기술 개발 최종보고서.

13. 최고미, 김문일, 이우균, 강현우, 정동준, 고은 진& 김찬회. 2014. 기후와 지형 조건을 반영한 우리나라 주요 수종의 반경 생장 반응 예측. 한국기후변화학회지, 5(2), 127-137.

14. Dongfan Piao, Moonil Kim, Go-Mee Choi, Jooyeon Moon, Hangnan Yu , Woo-Kyun Lee, Sonam Wangyel Wang, Seong Woo Jeon, Yowhan Son, Yeong-Mo Son, Guishan Cui, (2018), Development of an Integrated DBH Estimation Model Based on Stand and Climatic Conditions.

15. Byun, J. G., Lee, W. K., Kim, M., Kwak, D. A., Kwak, H., Park, T., ... & Saborowski, J. (2013). Radial growth response of Pinus densiflora and Quercus spp. to topographic and climatic factors in South Korea. Journal of Plant Ecology, 6(5), 380-392.

16. Kim, M., Lee, W. K., Choi, G. M., Song, C., Lim, C. H., Moon, J., ... & Forsell, N. (2017). Modeling stand-level mortality based on maximum stem number and seasonal temperature. Forest Ecology and Management, 386, 37-50.

17. 이종열, 한승현, 김성준, 장한나, 이명종, 박관수, 김춘식, 손영모, 김래현, 손요환. 2015a. RCP 8.5 기후변화 시나리오에 따른 소나무림과 굴참나무림의 산림탄소 동태 변화 추정 연구. 한국농림기상학회지.

18. 환경부(MOTIVE 연구단). 2016. 부문별 기후변화 영향 및 취약성 통합평가 모형 기반구축 및 활용기술 개발 최종보고서.

19. 김은숙, 이지선, 박고은, & 임종환. 2019. 아고산 침엽수림 분포 면적의 20년간 변화 분석. 한국산림과학회지, 108(1), 10-20.
20. 이상철, 최성호, 이우균, 박태진, 오수현, 김순아, 2011: 기후변화 시나리오에 따른 산림분포 취약성 평가, 한국임학회지, 100(2), 256-265.
21. Kim, M., Lee, W. K., Choi, G. M., Song, C., Lim, C. H., Moon, J., ... & Forsell, N. (2017). Modeling stand-level mortality based on maximum stem number and seasonal temperature. Forest Ecology and Management, 386, 37-50.
22. 박민지, 박근애, 이용준, & 김성준. 2010. 미래 산림식생변화 예측을 위한 개선된 CA-Markov 기법의 적용. 한국농공학회논문집, 52(1), 61-68.
23. 유소민, 김문일, 임철희, 송철호, 김세진, 이우균. 2020. 기후변화에 따른 멸종위기 침엽수종 분포 변화 예측. 한국기후변화학회지.
24. 박현철, 이정환, 이관규, & 엄기증. 2015. 구상나무와 분비나무 분포지의 환경 특성 및 기후변화 민감성 평가. 환경영향평가, 24(3), 260-277.
25. Choi, S., Lee, W. K., Kwak, D. A., Lee, S., Son, Y., Lim, J. H., & Saborowski, J. (2011). Predicting forest cover changes in future climate using hydrological and thermal indices in South Korea. Climate Research, 49(3), 229-245.
26. Lim, C. H., Yoo, S., Choi, Y., Jeon, S. W., Son, Y., & Lee, W. K. (2018). Assessing climate change impact on forest habitat suitability and diversity in the Korean Peninsula. Forests, 9(5), 259.
27. Koo, K. A., Park, S. U., & Seo, C. (2017). Effects of climate change on the climatic niches of warm-adapted evergreen plants: expansion or contraction?. Forests, 8(12), 500.
28. Lim, C. H., Yoo, S., Choi, Y., Jeon, S., Son, Y., & Lee, W. K. (2018). Assessing climate change impact on forest habitat suitability and diversity in the Korean Peninsula. Forests, 9(5), 259; 산림청. 2018. 제6차 산림기본계획 pp. 153.
29. 김석우, 전근우, 김진학, 김민식, 김민석, 2012, 2011년 집중호우로 인한 산사태 발생특성 분석, 한국임학회지.
30. 차성은, 임철희, 김지원, 김문일, 송철호, & 이우균. 2018. 수도권 집중호우에 따른 산사태 발생 위험지역 분석. 대한공간정보학회지, 26(3), 3-11.
31. 한국농촌경제연구원. 2018. 기후변화에 따른 산림병해충 영향과 대응과제.

32. 김재욱, 정휘철 and 박용하. (2016). 기후변화에 따른 솔수염하늘소(Monochamus alternatus) 잠재적 분포 변화 예측. 한국응용곤충학회지, 55(4), 501-511.

33. Pinol, J., J. Terradas, and F. Lloret. (1998). Climate warming, wildfire hazard, and wildfire occurrence in coastal eastern Spain. Climate Change. 38(3): 345-357; Flannigan, M. D., B. J. Stocks, and B. M. Wotton. (2000). Climate change and forest fires. The Science of the Total Environment. 262: 221-229; McCoy, V. M. and C. R. Burn. (2005). Potential alteration by climate change of the forest-fire regime in the boreal forest of centeral Yukon Territoty. Arctic. 58(3): 276-285; Taylor, A. R., Wang, J. R., & Kurz, W. A. (2008). Effects of harvesting intensity on carbon stocks in eastern Canadian red spruce (Picea rubens) forests: An exploratory analysis using the CBM-CFS3 simulation model. Forest Ecology and Management, 255(10), 3632-3641; 이동근. 2011. 기후변화 취약성 평가 표준화 방법론 개발. 서울대학교.

34. 원명수, 윤석희, 구교상, 김경하, 2011. 1990년대와 2000년대 건조계절의 산불발생 시공간 변화 분석, 한국지리정보학회지, 14(3), 150-162.

35. 권원태. 2005. 기후변화의 과학적 현황과 전망. 한국기상학회지. 41(2-1): 325-336; 최광용, 권원태. David A. Robinson. 2006. 우리나라 사계절 개시일과 지속기간. 대한지리학회지. 41(4): 435-456.; 성미경, 임규호, 최은호, 이윤영, 원명수, 구교상. 2010. 기후변화에 따른 한반도 산불 발생의 시공간적 변화 경향. 대기. 20(1): 27-35.

36. 이시영, 한상열, 원명수, 안상현, & 이명보. 2004. 기상특성을 이용한 전국 산불발생확률모형 개발. 한국농림기상학회지, 6(4), 242-249.

37. 원명수, 윤석희, 장근창. 2016. 2000 년대 기후변화를 반영한 봄철 산불발생확률모형 개발. 한국농림기상학회지, 18(4), 199-207.

38. Kim, S., Lim, C. H., Kim, G., Lee, J., Geiger, T., Rahmati, O., ... & Lee, W. K. (2019). Multi-temporal analysis of forest fire probability using socio-economic and environmental variables. Remote Sensing, 11(1), 86.

39. Lim, C. H., Kim, Y. S., Won, M., Kim, S. J., & Lee, W. K. (2019). Can satellite-based data substitute for surveyed data to predict the spatial probability of forest fire? A geostatistical approach to forest fire in the Republic of Korea. Geomatics, Natural Hazards and Risk, 10(1), 719-739.

3장 탄소를 흡수하는 산림

1. Kim, M., Lee, W. K., Choi, G. M., Song, C., Lim, C. H., Moon, J., ... & Forsell, N. (2017). Modeling stand-level mortality based on maximum stem number and seasonal temperature. Forest Ecology and Management, 386, 37-50.
2. Hong, M., Song, C.H, Kim M., Kim. J.W., Lee, S., Lim, C.H., Lee, W. K. (2022). Application of integrated Korean forest growth dynamics model to meet NDC target by considering forest management scenarios and budget. Carbon Balance Management.
3. 배재수, & 김은숙. (2019). 1910 년 한반도 산림의 이해: 조선임야분포도의 수치화를 중심으로. 한국산림과학회지, 108(3), 418-428.
4. Gunalay, Y., & Kula, E. (2012). Optimum cutting age for timber resources with carbon sequestration. Resources Policy, 37(1), 90-92.
5. Zhou, T., Shi, P., Jia, G., Dai, Y., Zhao, X., Shangguan, W., ... & Luo, Y. (2015). Age...dependent forest carbon sink: Estimation via inverse modeling. Journal of Geophysical Research: Biogeosciences, 120(12), 2473-2492.
6. Luyssaert, S., Schulze, E., Börner, A., Knohl, A., Hessenmöller, D., Law, B. E., ... & Grace, J. (2008). Old-growth forests as global carbon sinks. Nature, 455(7210), 213-215.
7. Pregitzer, K. S., & Euskirchen, E. S. (2004). Carbon cycling and storage in world forests: biome patterns related to forest age. Global change biology, 10(12), 2052-2077.
8. Stephenson, N. L., Das, A. J., Condit, R., Russo, S. E., Baker, P. J., Beckman, N. G., ... & Zavala, M. A. (2014). Rate of tree carbon accumulation increases continuously with tree size. Nature, 507(7490), 90-93.
9. 산림청. 2020. 2019년 기준 목재이용실태조사보고서.
10. Kim, M., Lee, W., Kurz, W., Kwak, D., Morken, S., Smyth, C., & Ryu, D. (2017). Estimating carbon dynamics in forest carbon pools under IPCC standards in South Korea using CBM-CFS3. iForest-Biogeosciences and Forestry, 10, 83-92.
11. Kim, M., Kraxner, F., Forsell, N., Song, C., & Lee, W. K. (2021). Enhancing the provisioning of ecosystem services in South Korea under climate change: The benefits and pitfalls of current forest management strategies. Regional Environmental Change, 21(1), 1-10.

12. Hong, M., Song, C. H, Kim M., Kim. J. W., Lee, S., Lim, C. H., Cho K. J., Son, Y., & Lee, W. K. 2022, Application of integrated Korean forest growth dynamics model to meet NDC target by considering forest management scenarios and budget. Carbon Balance Management.

13. Hong, M., Song, C. H, Kim M., Kim. J. W., Lee, S., Lim, C. H., Cho K. J., Son, Y., & Lee, W. K. 2022, Application of integrated Korean forest growth dynamics model to meet NDC target by considering forest management scenarios and budget. Carbon Balance Management.

14. 정주상, 박은식, & 오동하. (1998). 지리정보시스템을 이용한 실무형 산림경영전산모델의 개발. 한국산림과학회지 (구 한국임학회지), 87(2), 300-307.

15. 김한수, 원현규, 최조룡, & 우종춘. (2000). 지리정보시스템 (GIS) 을 이용한 벌채가능지역의 구분 및 입목가격 산정에 관한 연구. 한국지리정보학회지, 3(3), 54-68.

16. 송정은, 장광민, 한희, 설아라, 정우담, & 정주상. (2012). 산림수확 시뮬레이터 HARVEST 응용에 의한 벌채지 공간배치 사례연구. 한국산림과학회지 (구 한국임학회지), 101(1), 96-103.

17. Byun, J. G., Lee, W. K., Kim, M., Kwak, D. A., Kwak, H., Park, T., ... & Saborowski, J. (2013). Radial growth response of Pinus densiflora and Quercus spp. to topographic and climatic factors in South Korea. Journal of Plant Ecology, 6(5), 380-392.

    최고미, 김문일, 이우균, 강현우, 정동준, 고은 진& 김찬회. 2014. 기후와 지형 조건을 반영한 우리나라 주요 수종의 반경 생장 반응 예측. 한국기후변화학회지, 5(2), 127-137.

    Piao, D., Kim, M., Choi, G. M., Moon, J., Yu, H., Lee, W. K., ... & Cui, G. (2018). Development of an integrated DBH estimation model based on stand and climatic conditions. Forests, 9(3), 155.

    Kim, M., Kraxner, F., Forsell, N., Song, C., & Lee, W. K. (2021). Enhancing the provisioning of ecosystem services in South Korea under climate change: The benefits and pitfalls of current forest management strategies. Regional Environmental Change, 21(1), 1-10.

18. Choi, S., Lee, W. K., Kwak, H., Kim, S. R., Yoo, S., Choi, H. A., ... & Lim, J. H. (2011). Vulnerability assessment of forest ecosystem to climate change in Korea using MC1 model (< special issue> multipurpose forest management). Journal of Forest Planning, 16(Special_Issue), 149-161.

19. 유소민, 김문일, 임철희, 송철호, 김세진, 이우균. 2020. 기후변화에 따른 멸종위기 침엽수종 분포 변화 예측. 한국기후변화학회지.

20. Kwak, H., Lee, W. K., Saborowski, J., Lee, S. Y., Won, M. S., Koo, K. S., ... & Kim, S. N. (2012). Estimating the spatial pattern of human-caused forest fires using a generalized linear mixed model with spatial autocorrelation in South Korea. International Journal of Geographical Information Science, 26(9), 1589-1602.

    차성은, 임철희, 김지원, 김문일, 송철호, & 이우균. 2018. 수도권 집중호우에 따른 산사태 발생 위험지역 분석. 대한공간정보학회지, 26(3), 3-11.

21. Kim 등 2019, 2020, Hong, M., Song, C.H, Kim M., Kim. J.W., Lee, S., Lim, C.H., Lee, W. K. 2022, Application of integrated Korean forest growth dynamics model to meet NDC target by considering forest management scenarios and budget. Carbon Balance Management.

22. Sivrikaya, F., Başkent, E. Z., Şevik, U., Akgül, C., Kadıoğulları, A. İ., & Değermenci, A. S. (2010). A GIS-based decision support system for forest management plans in Turkey. Environmental Engineering & Management Journal (EEMJ), 9(7).

23. Wyniawskyj, N. S., Napiorkowska, M., Petit, D., Podder, P., & Marti, P. (2019, July). Forest monitoring in guatemala using satellite imagery and deep learning. In IGARSS 2019-2019 IEEE International Geoscience and Remote Sensing Symposium (pp. 6598-6601). IEEE.

24. Marčeta, D., Petković, V., Ljubojević, D., & Potočnik, I. (2020). Harvesting system suitability as decision support in selection cutting forest management in Northwest Bosnia and Herzegovina. Croatian Journal of Forest Engineering: Journal for Theory and Application of Forestry Engineering, 41(2), 1-17.

4장 탄소를 저장하는 산림

1. Garcia-Nieto, A. P., Garcia-Llorente, M., Iniesta-Arandia, I., & Martin-Lopez, B. (2013). Mapping forest ecosystem services: from providing units to beneficiaries. Ecosystem Services, 4, 126-138.

2. TEEB 한국위원회. 2011. 생태계와 생물다양성의 경제학(TEEB)-TEEB 도시를 위한 안내서: 도시관리 관점에서의 생태계서비스 pp. 40.

Costanza, R., De Groot, R., Braat, L., Kubiszewski, I., Fioramonti, L., Sutton, P., ... & Grasso, M. (2017). Twenty years of ecosystem services: how far have we come and how far do we still need to go?. Ecosystem Services, 28, 1-16.

국토지리정보원, 2020. 대한민국 국가지도집 2 홈페이지 자료.

3. Daily, G. C. (1997). Introduction: what are ecosystem services? In Nature's services: Societal dependence on natural ecosystems, (ed.) Daily, G. C. p.1-10. Island Press, Washington DC.
4. Costanza, R., d'Arge, R., De Groot, R., Farber, S., Grasso, M., Hannon, B., ... & Van Den Belt, M. (1997). The value of the world's ecosystem services and natural capital. Nature, 387(6630), 253-260.
5. MEA (2005). Ecosystems and human well-being: current state and trends assessment. Chapter 21: Forest and Woodland Systems. Millennium ecosystem assessment, 585-621.
6. 육근형, 강민구, 강완모, 고인수, 배소연, 이민규& 이도원. 2010. 생태계서비스와 인간 문화의 바탕이 되는 생물다양성과 위협 요인. 환경논총(Journal of Environmental Studies), 49, 1-25.
7. MEA (2005). Ecosystems and human well-being: current state and trends assessment. Chapter 21: Forest and Woodland Systems. Millennium ecosystem assessment, 585-621.
8. 육근형, 강민구, 강완모, 고인수, 배소연, 이민규& 이도원. 2010. 생태계서비스와 인간 문화의 바탕이 되는 생물다양성과 위협 요인. 환경논총(Journal of Environmental Studies), 49, 1-25.
9. 국립생태원. 2016. 생태계서비스를 위협하는 요인 무엇일까요? 홈페이지 자료.
10. 국립생태원. 2016. 생태계서비스를 위협하는 요인 무엇일까요? 홈페이지 자료.
11. 국립생태원. 2016. 생태계서비스를 위협하는 요인 무엇일까요? 홈페이지 자료.
12. 국립생태원. 2016. 생태계서비스를 위협하는 요인 무엇일까요? 홈페이지 자료.
13. Gallai, N., Salles, J. M., Settele, J., & Vaissiere, B. E. (2009). Economic valuation of the vulnerability of world agriculture confronted with pollinator decline. Ecological economics, 68(3), 810-821.

14. Potts, S. G., Roberts, S. P., Dean, R., Marris, G., Brown, M. A., Jones, R., ... & Settele, J. (2010). Declines of managed honey bees and beekeepers in Europe. Journal of Apicultural Research, 49(1), 15-22.

15. Vanbergen, A. J., & Initiative, T. I. P. (2013). Threats to an ecosystem service: pressures on pollinators. Frontiers in Ecology and the Environment, 11(5), 251-259.

16. 국립수목원. 2013. 생물다양성과 생태계서비스의 지속가능한 활용: 생태계서비스에 대한 이해와 수목원의 역할(한국생태학회 하계 심포지엄 발표자료).

17. 국립산림과학원. 2007. 녹색댐 기능증진을 위한 숲가꾸기 효과. 연구보고 07-04. pp. 133.

18. Kim, S., Lee, B., Seo, Y., Jang, M., & Lee, Y. J. (2011). Effects of forest tending works on the crown fuel characteristics of Pinus densiflora S. et Z. stands in Korea. Journal of Korean Society of Forest Science, 100(3), 359-366.

19. Chaudhary, A., Burivalova, Z., Koh, L. P., & Hellweg, S. (2016). Impact of forest management on species richness: global meta-analysis and economic trade-offs. Scientific Reports, 6(1), 1-10.

20. Mori, A. S., & Kitagawa, R. (2014). Retention forestry as a major paradigm for safeguarding forest biodiversity in productive landscapes: A global meta-analysis. Biological Conservation, 175, 65-73.

21. Rosenvald, R., & Lohmus, A. (2008). For what, when, and where is green-tree retention better than clear-cutting? A review of the biodiversity aspects. Forest Ecology and Management, 255(1), 1-15.

22. Sterkenburg, E., Clemmensen, K. E., Lindahl, B. D., & Dahlberg, A. (2019). The significance of retention trees for survival of ectomycorrhizal fungi in clear-cut Scots pine forests. Journal of Applied Ecology, 56(6), 1367-1378.

23. Spake, R., Ezard, T. H., Martin, P. A., Newton, A. C., & Doncaster, C. P. (2015). A meta-analysis of functional group responses to forest recovery outside of the tropics. Conservation Biology, 29(6), 1695-1703.

24. Gustafsson, L., Baker, S. C., Bauhus, J., Beese, W. J., Brodie, A., Kouki, J., ... & Franklin, J. F. (2012). Retention forestry to maintain multifunctional forests: a world perspective. BioScience, 62(7), 633-645.

25. Bremer, L. L., & Farley, K. A. (2010). Does plantation forestry restore biodiversity or create green deserts? A synthesis of the effects of land-use transitions on plant species richness. Biodiversity and Conservation, 19(14), 3893-3915.

26. Felton, A., Knight, E., Wood, J., Zammit, C., & Lindenmayer, D. (2010). A meta-analysis of fauna and flora species richness and abundance in plantations and pasture lands. Biological Conservation, 143(3), 545-554.

27. Pei, N., Wang, C., Jin, J., Jia, B., Chen, B., Qie, G., ... & Zhang, Z. (2018). Long-term afforestation efforts increase bird species diversity in Beijing, China. Urban Forestry and Urban Greening, 29, 88-95.

28. Verschuyl, J., Riffell, S., Miller, D., & Wigley, T. B. (2011). Biodiversity response to intensive biomass production from forest thinning in North American forests: a meta-analysis. Forest Ecology and Management, 261(2), 221-232.

29. Gokbulak, F., Serengil, Y., Ozhan, S., Ozyuvac ı , N., & Balc ı , N. (2008). Effect of timber harvest on physical water quality characteristics. Water Resources Management, 22(5), 635-649.

30. Wang, X., Burns, D. A., Yanai, R. D., Briggs, R. D., & Germain, R. H. (2006). Changes in stream chemistry and nutrient export following a partial harvest in the Catskill Mountains, New York, USA. Forest Ecology and Management, 223(1-3), 103-112.

31. Cassiano, C. C., Salemi, L. F., Garcia, L. G., & de Barros Ferraz, S. F. (2021). Harvesting strategies to reduce suspended sediments in streams in fast-growing forest plantations. Ecohydrology and Hydrobiology, 21(1), 96-105.

32. Huang, M., Zhang, L., & Gallichand, J. (2003). Runoff responses to afforestation in a watershed of the Loess Plateau, China. Hydrological Processes, 17(13), 2599-2609.

33. Woodman, R. F. (1999). Trifolium ambiguum (Caucasian clover) in montane tussock grasslands, South Island, New Zealand. New Zealand Journal of Agricultural Research, 42(3), 207-222.

34. Ochoa-Tocachi, B. F., Buytaert, W., De Bievre, B., Celleri, R., Crespo, P., Villacis, M., ... & Arias, S. (2016). Impacts of land use on the hydrological response of tropical Andean catchments. Hydrological Processes, 30(22), 4074-4089.

35. Bren, L., & Hopmans, P. (2007). Paired catchments observations on the water yield of mature eucalypt and immature radiata pine plantations in Victoria, Australia. Journal of Hydrology, 336(3-4), 416-429.

36. Rowe, L. K., & Pearce, A. J. (1994). Hydrology and related changes after harvesting native forest catchments and establishing Pinus radiata plantations. Part 2. The native forest water balance and changes in streamflow after harvesting. Hydrological Processes, 8(4), 281-297.

37. 국립산림과학원. 2007. 산림시업에 따른 유역의 물 환경 변화 연구. 연구보고 07-04. pp. 255.

38. Cerullo, G. R., Edwards, F. A., Mills, S. C., & Edwards, D. P. (2019). Tropical forest subjected to intensive post-logging silviculture maintains functionally diverse dung beetle communities. Forest Ecology and Management, 444, 318-326.

39. Tripathi, B. M., Edwards, D. P., Mendes, L. W., Kim, M., Dong, K., Kim, H., & Adams, J. M. (2016). The impact of tropical forest logging and oil palm agriculture on the soil microbiome. Molecular Ecology, 25(10), 2244-2257.

40. Mahayani, N. P. D., Slik, F. J., Savini, T., Webb, E. L., & Gale, G. A. (2020). Rapid recovery of phylogenetic diversity, community structure and composition of Bornean tropical forest a decade after logging and post-logging silvicultural interventions. Forest Ecology and Management, 476, 118467.

41. Ding, Y., Zang, R., Lu, X., & Huang, J. (2019). Functional features of tropical montane rain forests along a logging intensity gradient. Ecological Indicators, 97, 311-318.

42. Cabrera, O., Hildebrandt, P., Stimm, B., Gunter, S., Fries, A., & Mosandl, R. (2020). Functional Diversity Changes after Selective Thinning in a Tropical Mountain Forest in Southern Ecuador. Diversity, 12(6), 256.

43. Buendia, E., Tanabe, K., Kranjc, A., Baasansuren, J., Fukuda, M., Ngarize, S., ... & Federici, S. (2019). Refinement to the 2006 IPCC guidelines for national greenhouse gas inventories. IPCC: Geneva, Switzerland, 5, 194.

44. Lippke, B., Oneil, E., Harrison, R., Skog, K., Gustavsson, L., & Sathre, R. (2011). Life cycle impacts of forest management and wood utilization on carbon mitigation: knowns and unknowns. Carbon Management, 2(3), 303-333.

45. Nunery, J. S., & Keeton, W. S. (2010). Forest carbon storage in the northeastern United States: net effects of harvesting frequency, post-harvest retention, and wood products. Forest Ecology and Management, 259(8), 1363-1375.

46. D'Amato, A. W., Bradford, J. B., Fraver, S., & Palik, B. J. (2011). Forest management for mitigation and adaptation to climate change: Insights from long-term silviculture experiments. Forest Ecology and Management, 262(5), 803-816.

Harmon, M. E. (2001). Carbon sequestration in forests: addressing the scale question. Journal of Forestry, 99(4), 24-29.

Harmon, M. E., & Marks, B. (2002). Effects of silvicultural practices on carbon stores in Douglas-fir western hemlock forests in the Pacific Northwest, USA: Results from a simulation model. Canadian Journal of Forest Research, 32(5), 863-877.

Taylor, A. R., Wang, J. R., & Kurz, W. A. (2008). Effects of harvesting intensity on carbon stocks in eastern Canadian red spruce (Picea rubens) forests: An exploratory analysis using the CBM-CFS3 simulation model. Forest Ecology and Management, 255(10), 3632-3641.

McKinley, D. C., Ryan, M. G., Birdsey, R. A., Giardina, C. P., Harmon, M. E., Heath, L. S., ... & Skog, K. E. (2011). A synthesis of current knowledge on forests and carbon storage in the United States. Ecological Applications, 21(6), 1902-1924.

47. Perez-Garcia, J., Lippke, B., Comnick, J., & Manriquez, C. (2005). An assessment of carbon pools, storage, and wood products market substitution using life-cycle analysis results. Wood and Fiber Science, 37, 140-148.

48. Manning, P., van der Plas, F., Soliveres, S., Allan, E., Maestre, F. T., Mace, G., ... & Fischer, M. (2018). Redefining ecosystem multifunctionality. Nature Ecology & Evolution, 2(3), 427-436.

49. Manning, P., van der Plas, F., Soliveres, S., Allan, E., Maestre, F. T., Mace, G., ... & Fischer, M. (2018). Redefining ecosystem multifunctionality. Nature Ecology & Evolution, 2(3), 427-436.

Garland, G., Banerjee, S., Edlinger, A., Miranda Oliveira, E., Herzog, C., Wittwer, R., ... & van Der Heijden, M. G. (2021). A closer look at the functions behind ecosystem multifunctionality: A review. Journal of Ecology, 109(2), 600-613.

50. Manning, P., van der Plas, F., Soliveres, S., Allan, E., Maestre, F. T., Mace, G., ... & Fischer, M. (2018). Redefining ecosystem multifunctionality. Nature Ecology & Evolution, 2(3), 427-436.

Garland, G., Banerjee, S., Edlinger, A., Miranda Oliveira, E., Herzog, C., Wittwer, R., ... & van Der Heijden, M. G. (2021). A closer look at the functions behind ecosystem multifunctionality: A review. Journal of Ecology, 109(2), 600-613.

51. Manning, P., van der Plas, F., Soliveres, S., Allan, E., Maestre, F. T., Mace, G., ... & Fischer, M. (2018). Redefining ecosystem multifunctionality. Nature Ecology & Evolution, 2(3), 427-436.
52. Byrnes, J. E., Gamfeldt, L., Isbell, F., Lefcheck, J. S., Griffin, J. N., Hector, A.& Emmett Duffy, J. (2014). Investigating the relationship between biodiversity and ecosystem multifunctionality: challenges and solutions. Methods in Ecology and Evolution, 5(2), 111-124.
53. Huang, X., Li, S., & Su, J. (2020). Selective logging enhances ecosystem multifunctionality via increase of functional diversity in a Pinus yunnanensis forest in Southwest China. Forest Ecosystems, 7(1), 1-13.
54. Yuan, Z., Ali, A., Loreau, M., Ding, F., Liu, S., Sanaei, A., ... & Le Bagousse-Pinguet, Y. (2021). Divergent above- and below-ground biodiversity pathways mediate disturbance impacts on temperate forest multifunctionality. Global Change Biology, 27(12), 2883-2894.
55. Eyvindson, K., Duflot, R., Trivino, M., Blattert, C., Potterf, M., & Monkkonen, M. (2021). High boreal forest multifunctionality requires continuous cover forestry as a dominant management. Land Use Policy, 100, 104918.
56. Peura, M., Burgas, D., Eyvindson, K., Repo, A., & Monkkonen, M. (2018). Continuous cover forestry is a cost-efficient tool to increase multifunctionality of boreal production forests in Fennoscandia. Biological Conservation, 217, 104-112.
57. Gustafsson, L., Baker, S. C., Bauhus, J., Beese, W. J., Brodie, A., Kouki, J., ... & Franklin, J. F. (2012). Retention forestry to maintain multifunctional forests: a world perspective. BioScience, 62(7), 633-645.
58. Hyvarinen et al. 2005; Aubry, K. B., Halpern, C. B., & Peterson, C. E. (2009). Variable-retention harvests in the Pacific Northwest: A review of short-term findings from the DEMO study. Forest Ecology and Management 258, 398-408.
59. Baker, S. C., & Read, S. M. (2011). Variable retention silviculture in Tasmania's wet forests: ecological rationale, adaptive management and synthesis of biodiversity benefits. Australian Forestry, 74(3), 218-232.

60. Huggard, D. J., & Vyse, A. (2002). Edge effects in high-elevation forests at Sicamous Creek. Extension Note (No. 17). British Columbia Ministry of Forest Science.

61. Pardini, R., Bueno, A. D. A., Gardner, T. A., Prado, P. I., & Metzger, J. P. (2010). Beyond the fragmentation threshold hypothesis: regime shifts in biodiversity across fragmented landscapes. PLoS ONE, 5(10), e13666.

62. Gustafsson, L., Bauhus, J., Asbeck, T., Augustynczik, A. L. D., Basile, M., Frey, J., ... & Storch, I. (2020). Retention as an integrated biodiversity conservation approach for continuous-cover forestry in Europe. Ambio, 49(1), 85-97.

63. Kuuluvainen, T. (2009). Forest management and biodiversity conservation based on natural ecosystem dynamics in northern Europe: the complexity challenge. Ambio, 309-315.

64. Bauhus, J., Puettmann, K. J., & Kuhne, C. (2013). Close-to-nature forest management in Europe: does it support complexity and adaptability of forest ecosystems. In Managing forests as complex adaptive systems: building resilience to the challenge of global change, (eds.) Puettmann, K., Messier C., Coates, K. D. p.187-213. Routledge, New York.

65. Bauhus, J., Puettmann, K. J., & Kuhne, C. (2013). Close-to-nature forest management in Europe: does it support complexity and adaptability of forest ecosystems. In Managing forests as complex adaptive systems: building resilience to the challenge of global change, (eds.) Puettmann, K., Messier C., Coates, K. D. p.187-213. Routledge, New York.

66. Blattert, C., Lemm, R., Thees, O., Hansen, J., Lexer, M. J., & Hanewinkel, M. (2018). Segregated versus integrated biodiversity conservation: Value-based ecosystem service assessment under varying forest management strategies in a Swiss case study. Ecological Indicators, 95, 751-764.

67. IPCC. (2019). 2019 Refinement to the 2006 IPCC guideline for national greenhouse gas inventories. IPCC.

68. Jo, J. H., Choi, M., Lee, C. B., Lee, K. H., & Kim, O. S. (2021). Comparing Strengths and Weaknesses of Three Approaches in Estimating Social Demands for Local Forest Ecosystem Services in South Korea. Forests, 12(4), 497.

69. Bennett, E. M., Peterson, G. D., & Gordon, L. J. (2009). Understanding relationships among multiple ecosystem services. Ecology Letters, 12(12), 1394-1404.

70. Manning, P., van der Plas, F., Soliveres, S., Allan, E., Maestre, F. T., Mace, G., ... & Fischer, M. (2018). Redefining ecosystem multifunctionality. Nature Ecology & Evolution, 2(3), 427-436.

    Jo, J. H., Choi, M., Lee, C. B., Lee, K. H., & Kim, O. S. (2021). Comparing Strengths and Weaknesses of Three Approaches in Estimating Social Demands for Local Forest Ecosystem Services in South Korea. Forests, 12(4), 497.

71. Jo, J. H., Choi, M., Lee, C. B., Lee, K. H., & Kim, O. S. (2021). Comparing Strengths and Weaknesses of Three Approaches in Estimating Social Demands for Local Forest Ecosystem Services in South Korea. Forests, 12(4), 497.

5장 대체제인 목재제품

1. 일본 우드마일즈연구회. 2008. 건설 시의 목조 주택의 이산화탄소 배출량(建設時における木造住宅の二酸化炭素排出量).

6장 산림탄소계정

1. IPCC. (2019). 2019 Refinement to the 2006 IPCC guideline for national greenhouse gas inventories. IPCC.
2. 국토교통부. 2020 기후변화대응을 위한 정주지 관리정책방향연구.

참고문헌:

국립기상과학원. 2018, 한반도 100년의 기후변화. pp.31.

국립기상과학원. 2020, 한반도 기후변화전망보고서.

국립산림과학원. 2007. 녹색댐 기능증진을 위한 숲가꾸기 효과. 연구보고 07-04. pp. 133.

국립산림과학원. 2007. 산림시업에 따른 유역의 물 환경 변화 연구. 연구보고 09-29호.

국립산림과학원. 2011. 제5차 국가산림자원조사 보고서. 국립산림과학원 연구자료 제440호.

국립산림과학원. 2012. 기후변화, 숲, 그리고 인간.

국립산림과학원, 2018, 기후변화에 따른 산림생태계 영향평가 및 적응연구(Ⅱ).

국립산림과학원. 2018. 산림공익기능 평가 결과와 시사점. pp. 29.

국립산림과학원. 2019. 산림자원 순환경제 정책연구 TF 제1차 자문회의 자료집.

국립산림과학원. 2020, 이상기상 및 기후변화에 따른 산림피해 현황.

07-04. pp. 255.

국립산림과학원. 2021. 우리나라 산림경영률 산정과 정책적 활용 방안. NIFOS 산림 정책이슈 제146호.

국립생태원. 2016. 국가 생태계서비스 평가 가이드라인 pp. 52.

국립생태원. 2016. 생태계서비스를 위협하는 요인 무엇일까요? 홈페이지 자료.

국립생태원. 2020. 기후변화, 우리생태계에 얼마나 위험할까?

국립수목원. 2013. 생물다양성과 생태계서비스의 지속가능한 활용: 생태계서비스에 대한 이해와 수목원의 역할(한국생태학회 하계 심포지엄 발표자료).

국토지리정보원. 2016. 대한민국 국가지도집 Ⅱ 2020 pp. 251.

고석민, 이승우, 윤찬영, & 김기홍. 2012. GIS 를 이용한 강원지역 토석류 특성분석. 한국측량학회지, 31(1).

권원태. 2005. 기후변화의 과학적 현황과 전망. 한국기상학회지. 41(2-1): 325-336.

권혁춘, 이병걸, 이창선, & 고정우. 2011. 로지스틱회귀분석기법과 인공신경망기법을 이용한 제주지역 산사태가능성분석. 대한공간정보학회지, 19(3), 33-40.

김은숙, 이지선, 박고은, & 임종환. 2019. 아고산 침엽수림 분포 면적의 20 년간 변화 분석. 한국산림과학회지, 108(1), 10-20.

대한민국정부. 2020. 지속가능한 녹색사회 실현을 위한 대한민국 2050 탄소중립 전략 pp. 118~119.

민경택, 장철수, 허경태. 2011. 기후변화에 대응한 목재수급 정책과제. 한국농촌경제연구원.

민경택. 2019. 입목가 평가를 통한 임업의 수익성 분석. 한국산림과학회지 108(3): 405-417.

박민지, 박근애, 이용준, & 김성준. 2010. 미래 산림식생변화 예측을 위한 개선된 CA-Markov 기법의 적용. 한국농공학회논문집, 52(1), 61-68.

박현철, 이정환, 이관규, & 엄기증. 2015. 구상나무와 분비나무 분포지의 환경 특성 및 기후변화 민감성 평가. 환경영향평가, 24(3), 260-277.

배재수. 2009. 한국의 산림 변천: 추이, 특징 및 함의. 한국산림과학회지, 98(6), 659-668.

변재균, 이우균, 노대균, 김성호, 최정기, & 이영진. (2010). 중부지방 소나무와 참나무류의 반경생장량과 지형, 기후인자의 관계. 한국산림과학회지, 99(6), 908-913.

산림청. 2009. 기후변화와 산림 pp. 246.

산림청. 2014. 산림탄소상쇄제도 가이드북 pp. 48.

산림청. 2018. 제6차 산림기본계획 pp. 153.

산림청. 2020. 2019년 기준 목재이용실태조사보고서.

산림청. 2020. 임업통계연보.

산림청. 2021. 임업통계연보.

산림청. 2021. 2050 탄소중립 달성을 위한 산림 부문 추진전략(안). 산림청 브리핑자료(2021.5.17).

서정욱, 박원규. 2011. 제천 의림지 소나무 연륜생장 쇠퇴도 분석을 통한 고사 연도 및 원인규명 연구. 환경복원녹화, 14.2: 1-10.

성미경, 임규호, 최은호, 이윤영, 원명수, 구교상. 2010. 기후변화에 따른 한반도 산불 발생의 시공간적 변화 경향. 대기. 20(1): 27-35.

신만용, 정상영, 한원성, & 이돈구. 2008. 입지유형별 미기후가 천연 활엽수림의 임목 생장에 미치는 영향. 한국농림기상학회지, 10(1), 9-16.

오치영, 김경탁, & 최철웅. 2009. SPOT5 영상과 GIS 분석을 이용한 인제 지역의 산사태 특성 분석. 대한원격탐사학회지, 25(5), 445-454.

원명수, 윤석희, & 장근창. 2016. 2000 년대 기후변화를 반영한 봄철 산불발생확률모형 개발. 한국농림기상학회지, 18(4), 199-207.

원명수, 윤석희, 구교상, 김경하, 2011. 1990년대와 2000년대 건조계절의 산불발생 시공간 변화 분석, 한국지리정보학회지, 14(3), 150 – 162.

유동훈, 이우균, 송철호, 임철희, 이슬기, & 박동범. 2016. 벌기령 단축이 미래 산림의 이산화탄소 흡수량에 미치는 영향 분석. 한국기후변화학회지, 7(2), 157-167.

유소민, 김문일, 임철희, 송철호, 김세진, 이우균. 2020. 기후변화에 따른 멸종위기 침엽수종 분포 변화 예측. 한국기후변화학회지.

육근형, 강민구, 강완모, 고인수, 배소연, 이민규& 이도원. 2010. 생태계서비스와 인간 문화의 바탕이 되는 생물다양성과 위협 요인. 환경논총(Journal of Environmental Studies), 49, 1-25.

윤미해, 이우균, & 김문일. 2013. 기후인자가 임목의 연륜생장에 미치는 영향. 한국기후변화학회지, 4(3), 255-267.

이동근. 2011. 기후변화 취약성 평가 표준화 방법론 개발. 서울대학교.

이상철, 최성호, 이우균, 박태진, 오수현, 김순아, 2011: 기후변화 시나리오에 따른 산림분포 취약성 평가, 한국임학회지, 100(2), 256 – 265.

이상태, 박문섭, 전향미, 박진영, & 조현서. 2008. 기후인자가 Pinus densiflora의 연륜 생장에 미치는 영향. 한국농림기상학회지, 10(4), 177-186.

이승우, 김기홍, 윤차영, 유한중, & 홍성재. 2012. 데이터베이스 구축을 통한 산사태 위험도 예측식 개발. 한국지반공학회논문집, 28(4), 23-39.

이시영, 한상열, 원명수, 안상현, & 이명보. 2004. 기상특성을 이용한 전국 산불발생확률모형 개발. 한국농림기상학회지, 6(4), 242-249.

이준호. 2018. 마을숲의 생태계서비스 가치평가-물건리 방조어부림을 대상으로. 서울대학교 대학원 논문. pp. 109.

일본 우드마일즈연구회. 2008. 건설 시의 목조 주택의 이산화탄소 배출량(建設時における木造住宅の二酸化炭素排出量).

차성은, 임철희, 김지원, 김문일, 송철호, & 이우균. 2018. 수도권 집중호우에 따른 산사태 발생 위험지역 분석. 대한공간정보학회지, 26(3), 3-11.

최고미, 김문일, 이우균, 강현우, 정동준, 고은 진& 김찬회. 2014. 기후와 지형 조건을 반영한 우리나라 주요 수종의 반경 생장 반응 예측. 한국기후변화학회지, 5(2), 127-137.

최광용, 권원태. David A. Robinson. 2006. 우리나라 사계절 개시일과 지속기간. 대한지리학회지. 41(4): 435-456.

한국갤럽조사연구소. 2015. 산림에 대한 국민의식조사 결과 보고서. 산림청.

한국농촌경제연구원. 2018. 기후변화에 따른 산림병해충 영향과 대응과제.

한국임업진흥원. 2020. 청정기후기술로써 산림바이오매스에너지 역할에 대한 국제동향 파악-정책결정자를 위한 요약서.

한국임학회. 2010. 숲으로의 초대 제6권 기후변화와 숲. pp. 40.

환경부 온실가스종합정보센터. 2013. 국가 온실가스 배출·흡수계수.

환경부 온실가스종합정보센터. 2014. 2014년 승인 국가 온실가스 배출·흡수계수.

환경부 온실가스종합정보센터. 2015. 2015년 승인 국가 온실가스 배출·흡수계수.

환경부 온실가스종합정보센터. 2017. 2017년 승인 국가 온실가스 배출·흡수계수.

환경부(MOTIVE 연구단). 2016. 부문별 기후변화 영향 및 취약성 통합평가 모형 기반구축 및 활용기술 개발 최종보고서.

환경부 온실가스종합정보센터. 2017. 2017년 승인 국가 온실가스 배출·흡수계수.

환경부 온실가스종합정보센터. 2018. 2018 국가 온실가스 인벤토리 보고서.

환경부 온실가스종합정보센터. 2020. 2020 국가 온실가스 인벤토리 보고서.

Allen, C. D., Macalady, A. K., Chenchouni, H., Bachelet, D., McDowell, N., Vennetier, M., ... & Cobb, N. (2010). A global overview of drought and heat-induced tree mortality reveals emerging climate change risks for forests. Forest ecology and management, 259(4), 660-684.

An, H., Seok, H. D., Lee, S. M., & Choi, J. (2019). Forest management practice for enhancing carbon sequestration in national forests of Korea. Forest Science and Technology, 15(2), 80 – 91. https://doi.org/10.1080/21580103.2019.1596843.

Aubry, K. B., Halpern, C. B., & Peterson, C. E. (2009). Variable-retention harvests in the Pacific Northwest: A review of short-term findings from the DEMO study. Forest Ecology and Management 258, 398-408.

Baker, S. C., & Read, S. M. (2011). Variable retention silviculture in Tasmania's wet forests: ecological rationale, adaptive management and synthesis of biodiversity benefits. Australian Forestry, 74(3), 218-232.

Bauhus, J., Puettmann, K. J., & Kuhne, C. (2013). Close-to-nature forest management in Europe: does it support complexity and adaptability of forest ecosystems. In Managing forests as complex adaptive systems: building resilience to the challenge of global change, (eds.) Puettmann, K., Messier C., Coates, K. D. p.187-213. Routledge, New York.

Bayne, E. M., & Hobson, K. A. (1998). The effects of habitat fragmentation by forestry and agriculture on the abundance of small mammals in the southern boreal mixedwood forest. Canadian Journal of Zoology 76(1): 62-69.

Bennett, E. M., Peterson, G. D., & Gordon, L. J. (2009). Understanding relationships among multiple ecosystem services. Ecology Letters, 12(12), 1394-1404.

Blattert, C., Lemm, R., Thees, O., Hansen, J., Lexer, M. J., & Hanewinkel, M. (2018). Segregated versus integrated biodiversity conservation: Value-based ecosystem service assessment under varying forest management strategies in a Swiss case study. Ecological Indicators, 95, 751-764.

Bolsinger, C. L. (1997). Washington's public and private forests (Vol. 218). US Department of Agriculture, Forest Service, Pacific Northwest Research Station.

Bremer, L. L., & Farley, K. A. (2010). Does plantation forestry restore biodiversity or create green deserts? A synthesis of the effects of land-use transitions on plant species richness. Biodiversity and Conservation, 19(14), 3893-3915.

Bren, L., & Hopmans, P. (2007). Paired catchments observations on the water yield of mature eucalypt and immature radiata pine plantations in Victoria, Australia. Journal of Hydrology, 336(3-4), 416-429.

Buendia, E., Tanabe, K., Kranjc, A., Baasansuren, J., Fukuda, M., Ngarize, S., ... & Federici, S. (2019). Refinement to the 2006 IPCC guidelines for national greenhouse gas inventories. IPCC: Geneva, Switzerland, 5, 194.

Byrnes, J. E., Gamfeldt, L., Isbell, F., Lefcheck, J. S., Griffin, J. N., Hector, A.& Emmett Duffy, J. (2014). Investigating the relationship between biodiversity and ecosystem multifunctionality: challenges and solutions. Methods in Ecology and Evolution, 5(2), 111-124.

Byun, J. G., Lee, W. K., Kim, M., Kwak, D. A., Kwak, H., Park, T., ... & Saborowski, J. (2013). Radial growth response of Pinus densiflora and Quercus spp. to topographic and climatic factors in South Korea. Journal of Plant Ecology, 6(5), 380-392.

Cabrera, O., Hildebrandt, P., Stimm, B., Gunter, S., Fries, A., & Mosandl, R. (2020). Functional Diversity Changes after Selective Thinning in a Tropical Mountain Forest in Southern Ecuador. Diversity, 12(6), 256.

Cassiano, C. C., Salemi, L. F., Garcia, L. G., & de Barros Ferraz, S. F. (2021). Harvesting strategies to reduce suspended sediments in streams in fast-growing forest plantations. Ecohydrology and Hydrobiology, 21(1), 96-105.

Cerullo, G. R., Edwards, F. A., Mills, S. C., & Edwards, D. P. (2019). Tropical forest subjected to intensive post-logging silviculture maintains functionally diverse dung beetle communities. Forest Ecology and Management, 444, 318-326.

Chaudhary, A., Burivalova, Z., Koh, L. P., & Hellweg, S. (2016). Impact of forest management on species richness: global meta-analysis and economic trade-offs. Scientific Reports, 6(1), 1-10.

Chen, Z, G Yu, Q Wang. 2020. Effects of climate and forest age on the ecosystem carbon exchange of afforestation. J. For. Res 31: 365-374.

Choi, S., Lee, W. K., Kwak, D. A., Lee, S., Son, Y., Lim, J. H., & Saborowski, J. (2011). Predicting forest cover changes in future climate using hydrological and thermal indices in South Korea. Climate Research, 49(3), 229-245.

Costanza, R., d'Arge, R., De Groot, R., Farber, S., Grasso, M., Hannon, B., ... & Van Den Belt, M. (1997). The value of the world's ecosystem services and natural capital. Nature, 387(6630), 253-260.

Costanza, R., De Groot, R., Braat, L., Kubiszewski, I., Fioramonti, L., Sutton, P., ... & Grasso, M. (2017). Twenty years of ecosystem services: how far have we come and how far do we still need to go?. Ecosystem Services, 28, 1-16.

Cui, G., Lee, W. K., Kim, D., Lee, E. J., Kwak, H., Choi, H. A., ... & Jeon, S. (2014). Estimation of forest carbon budget from land cover change in South and North Korea between 1981 and 2010. Journal of Plant Biology, 57(4), 225-238.

D'Amato, A. W., Bradford, J. B., Fraver, S., & Palik, B. J. (2011). Forest management for mitigation and adaptation to climate change: Insights from long-term silviculture experiments. Forest Ecology and Management, 262(5), 803-816.

Daily, G. C. (1997). Introduction: what are ecosystem services? In Nature's services: Societal dependence on natural ecosystems, (ed.) Daily, G. C. p.1-10. Island Press, Washington DC.

Davies, H., Doick, K., Handley, P., O'Brien, L., & Wilson, J. (2017). Delivery of ecosystem services by urban forests. Research Report-Forestry Commission, UK, (026). pp. 5.

Ding, Y., Zang, R., Lu, X., & Huang, J. (2019). Functional features of tropical montane rain forests along a logging intensity gradient. Ecological Indicators, 97, 311-318.

Dobner, M., Nicoletti, M. F., & Arce, J. E. (2019). Influence of crown thinning on radial growth pattern of Pinus taeda in southern Brazil. New Forests, 50(3), 437-454.

Eyvindson, K., Duflot, R., Trivino, M., Blattert, C., Potterf, M., & Monkkonen, M. (2021). High boreal forest multifunctionality requires continuous cover forestry as a dominant management. Land Use Policy, 100, 104918.

Fang, J., and M. J. Lechowicz, (2006), Climatic limits for the present distribution of beech (Fagus L.) species in the world, Journal of Biogeography, 33, 1804-1819.

FAO. (2015). Global Forest Resources Assessment.

FAO. (2020). Global Forest Resources Assessment.

Felton, A., Knight, E., Wood, J., Zammit, C., & Lindenmayer, D. (2010). A meta-analysis of fauna and flora species richness and abundance in plantations and pasture lands. Biological Conservation, 143(3), 545-554.

Flannigan, M. D., B. J. Stocks, and B. M. Wotton. (2000). Climate change and forest fires. The Science of the Total Environment. 262: 221-229.

Fritts, H.C. 1976. Tree Rings and Climate. Academic Press, London.

Gallai, N., Salles, J. M., Settele, J., & Vaissiere, B. E. (2009). Economic valuation of the vulnerability of world agriculture confronted with pollinator decline. Ecological economics, 68(3), 810-821.

Garcia-Nieto, A. P., Garcia-Llorente, M., Iniesta-Arandia, I., & Martin-Lopez, B. (2013). Mapping forest ecosystem services: from providing units to beneficiaries. Ecosystem Services, 4, 126-138.

Garland, G., Banerjee, S., Edlinger, A., Miranda Oliveira, E., Herzog, C., Wittwer, R., ... & van Der Heijden, M. G. (2021). A closer look at the functions behind ecosystem multifunctionality: A review. Journal of Ecology, 109(2), 600-613.

Giuggiola, A, J Ogee, A Rigling, A Gessler, H Bugmann, K Treydte. (2015). Improvement of water and light availability after thinning at a xeric site: which matters more? A dual isotope approach. New Phytologist 210: 108-121.

Giuggiola, A., Ogée, J., Rigling, A., Gessler, A., Bugmann, H., & Treydte, K. (2016). Improvement of water and light availability after thinning at a xeric site: which matters more? A dual isotope approach. New Phytologist, 210(1), 108-121.

Gokbulak, F., Serengil, Y., Ozhan, S., Ozyuvacı, N., & Balcı, N. (2008). Effect of timber harvest on physical water quality characteristics. Water Resources Management, 22(5), 635-649.

Gunalay, Y, E Kula. 2011. Optimum cutting age for timber resources with carbon sequestration. Resources Policy 37: 90-92.

Gundersen, P. et al. 2021. Old-growth forest carbon sinks overestimated. Nature, 591(7851), E21-E23.

Gustafsson, L., Baker, S. C., Bauhus, J., Beese, W. J., Brodie, A., Kouki, J., ... & Franklin, J. F. (2012). Retention forestry to maintain multifunctional forests: a world perspective. BioScience, 62(7), 633-645.

Gustafsson, L., Bauhus, J., Asbeck, T., Augustynczik, A. L. D., Basile, M., Frey, J., ... & Storch, I. (2020). Retention as an integrated biodiversity conservation approach for continuous-cover forestry in Europe. Ambio, 49(1), 85-97.

Harmon, M. E. (2001). Carbon sequestration in forests: addressing the scale question. Journal of Forestry, 99(4), 24-29.

Harmon, M. E., & Marks, B. (2002). Effects of silvicultural practices on carbon stores in Douglas-fir western hemlock forests in the Pacific Northwest, USA: Results from a simulation model. Canadian Journal of Forest Research, 32(5), 863-877.

Hong, M., Song, C.H, Kim M., Kim. J.W., Lee, S., Lim, C.H., Lee, W. K. (2022). Application of integrated Korean forest growth dynamics model to meet NDC target by considering forest management scenarios and budget. Carbon Balance Management.

Huang, M., Zhang, L., & Gallichand, J. (2003). Runoff responses to afforestation in a watershed of the Loess Plateau, China. Hydrological Processes, 17(13), 2599-2609.

Huang, X., Li, S., & Su, J. (2020). Selective logging enhances ecosystem multifunctionality via increase of functional diversity in a Pinus yunnanensis forest in Southwest China. Forest Ecosystems, 7(1), 1-13.

Huggard, D. J., & Vyse, A. (2002). Edge effects in high-elevation forests at Sicamous Creek. Extension Note (No. 17). British Columbia Ministry of Forest Science.

Hyvarinen, E., Kouki, J., Martikainen, P., & Lappalainen, H. (2005). Short-term effects of controlled burning and green-tree retention on beetle (Coleoptera) assemblages in managed boreal forests. Forest Ecology and Management, 212(1-3), 315-332.

IPCC. (2006). 2006 IPCC Guidelines for National Greenhouse Gas Inventories, Volume4 : Agriculture, Forestry and Other Land Use.

IPCC. (2019). Special Report on Climate Change and Land

IPCC. (2014). 2013 Revised Supplementary Methods and Good Practice Guidance Arising from the Kyoto Protocol.

IPCC. (2019). 2019 Refinement to the 2006 IPCC guideline for national greenhouse gas inventories. IPCC.

Janowiak, M., Connelly, W. J., Dante-Wood, K., Domke, G. M., Giardina, C., Kayler, Z., ... & Buford, M. (2017). Considering forest and grassland carbon in land management. General Technical Report, Washington Office, 95.

Jo, J. H., Choi, M., Lee, C. B., Lee, K. H., & Kim, O. S. (2021). Comparing Strengths and Weaknesses of Three Approaches in Estimating Social Demands for Local Forest Ecosystem Services in South Korea. Forests, 12(4), 497.

Kim, M., Kraxner, F., Forsell, N., Song, C., & Lee, W. K. (2021). Enhancing the provisioning of ecosystem services in South Korea under climate change: The benefits and pitfalls of current forest management strategies. Regional Environmental Change, 21(1), 1-10.

Kim, M., Lee, W. K., Choi, G. M., Song, C., Lim, C. H., Moon, J., ... & Forsell, N. (2017). Modeling stand-level mortality based on maximum stem number and seasonal temperature. Forest Ecology and Management, 386, 37-50.

Kim, S., Lee, B., Seo, Y., Jang, M., & Lee, Y. J. (2011). Effects of forest tending works on the crown fuel characteristics of Pinus densiflora S. et Z. stands in Korea. Journal of Korean Society of Forest Science, 100(3), 359-366.

Kim, S., Lim, C. H., Kim, G., Lee, J., Geiger, T., Rahmati, O., ... & Lee, W. K. (2019). Multi-temporal analysis of forest fire probability using socio-economic and environmental variables. Remote Sensing, 11(1), 86.

Koo, K. A., Park, S. U., & Seo, C. (2017). Effects of climate change on the climatic niches of warm-adapted evergreen plants: expansion or contraction?. Forests, 8(12), 500.

Koo, K. A., Park, S. U., Kong, W. S., Hong, S., Jang, I., & Seo, C. (2017). Potential climate change effects on tree distributions in the Korean Peninsula: Understanding model & climate uncertainties. Ecological modelling, 353, 17-27.

Korea forest service. (2007). The effect of forest cultivation to enhance the function of green dams (in Korean).

Kuuluvainen, T. (2009). Forest management and biodiversity conservation based on natural ecosystem dynamics in northern Europe: the complexity challenge. Ambio, 309-315.

Lee, J., et al. 2014. Estimating the carbon dynamics of South Korean forests from 1954 to 2012. Biogeosciences, 11(17), 4637-4650.

Lim, C. H., Kim, Y. S., Won, M., Kim, S. J., & Lee, W. K. (2019). Can satellite-based data substitute for surveyed data to predict the spatial probability of forest fire? A geostatistical approach to forest fire in the Republic of Korea. Geomatics, Natural Hazards and Risk, 10(1), 719-739.

Lim, C. H., Yoo, S., Choi, Y., Jeon, S., Son, Y., & Lee, W. K. (2018). Assessing climate change impact on forest habitat suitability and diversity in the Korean Peninsula. Forests, 9(5), 259.

Lippke, B., & Perez-Garcia, J. (2008). Will either cap and trade or a carbon emissions tax be effective in monetizing carbon as an ecosystem service. Forest Ecology and Management, 256(12), 2160-2165.

Lippke, B., Oneil, E., Harrison, R., Skog, K., Gustavsson, L., & Sathre, R. (2011). Life cycle impacts of forest management and wood utilization on carbon mitigation: knowns and unknowns. Carbon Management, 2(3), 303-333.

Liu, X, S Trogisch..... K Ma. (2018). Tree species richness increases ecosystem carbon storage in subtropical forests. Fro. R. Soc. B 285: 20181240.

Magurran, A. E., & McGill, B. J. (2011). Biological diversity: frontiers in measurement and assessment. Oxford University Press.

Mahayani, N. P. D., Slik, F. J., Savini, T., Webb, E. L., & Gale, G. A. (2020). Rapid recovery of phylogenetic diversity, community structure and composition of Bornean tropical forest a decade after logging and post-logging silvicultural interventions. Forest Ecology and Management, 476, 118467.

Manning, P., van der Plas, F., Soliveres, S., Allan, E., Maestre, F. T., Mace, G., ... & Fischer, M. (2018). Redefining ecosystem multifunctionality. Nature Ecology & Evolution, 2(3), 427-436.

Masiero, M., Pettenella, D., Boscolo, M., Kanti-Barua, S., Animon, I., & Matta, R. (2019). Valuing forest ecosystem services: a training manual for planners and project developers. Food and Agriculture Organization of The United Nations.

Matskovsky, V., Venegas-González, A., Garreaud, R., Roig, F. A., Gutiérrez, A. G., Muñoz, A. A., ... & Canales, C. (2021). Tree growth decline as a response to projected climate change in the 21st century in Mediterranean mountain forests of Chile. Global and Planetary Change, 198, 103406.

McCoy, V. M. and C. R. Burn. (2005). Potential alteration by climate change of the forest-fire regime in the boreal forest of centeral Yukon Territoty. Arctic. 58(3): 276-285.

McKinley, D. C., Ryan, M. G., Birdsey, R. A., Giardina, C. P., Harmon, M. E., Heath, L. S., ... & Skog, K. E. (2011). A synthesis of current knowledge on forests and carbon storage in the United States. Ecological Applications, 21(6), 1902-1924.

MEA (2003). Ecosystems and human well-being: a framework for assessment. Chapter 5: dealing with scale. Millennium ecosystem assessment, 107-147.

MEA (2005). Ecosystems and human well-being: current state and trends assessment. Chapter 21: Forest and Woodland Systems. Millennium ecosystem assessment, 585-621.

Ministry of the Environment, Japan. (2020). National Greenhouse Gas Inventory Report of Japan.

Mori, A. S., & Kitagawa, R. (2014). Retention forestry as a major paradigm for safeguarding forest biodiversity in productive landscapes: A global meta-analysis. Biological Conservation, 175, 65-73.

Nunery, J. S., & Keeton, W. S. (2010). Forest carbon storage in the northeastern United States: net effects of harvesting frequency, post-harvest retention, and wood products. Forest Ecology and Management, 259(8), 1363-1375.

Ochoa-Tocachi, B. F., Buytaert, W., De Bievre, B., Celleri, R., Crespo, P., Villacis, M., ... & Arias, S. (2016). Impacts of land use on the hydrological response of tropical Andean catchments. Hydrological Processes, 30(22), 4074-4089.

Palut, M. P. J., & Canziani, O. F. (2007). Contribution of working group II to the fourth assessment report of the intergovernmental panel on climate change.

Pardini, R., Bueno, A. D. A., Gardner, T. A., Prado, P. I., & Metzger, J. P. (2010). Beyond the fragmentation threshold hypothesis: regime shifts in biodiversity across fragmented landscapes. PLoS ONE, 5(10), e13666.

Pardini, R., Bueno, A. D. A., Gardner, T. A., Prado, P. I., & Metzger, J. P. (2010). Beyond the fragmentation threshold hypothesis: regime shifts in biodiversity across fragmented landscapes. PLoS ONE, 5(10), e13666.

Pei, N., Wang, C., Jin, J., Jia, B., Chen, B., Qie, G., ... & Zhang, Z. (2017). Long-term afforestation efforts increase bird species diversity in Beijing, China. Urban Forestry and Urban Greening, 29, 88-95.

Perez-Garcia, J., Lippke, B., Comnick, J., & Manriquez, C. (2005). An assessment of carbon pools, storage, and wood products market substitution using life-cycle analysis results. Wood and Fiber Science, 37, 140-148.

Petchey, O. L., & Gaston, K. J. (2006). Functional diversity: back to basics and looking forward. Ecology letters, 9(6), 741-758.

Peura, M., Burgas, D., Eyvindson, K., Repo, A., & Monkkonen, M. (2018). Continuous cover forestry is a cost-efficient tool to increase multifunctionality of boreal production forests in Fennoscandia. Biological Conservation, 217, 104-112.

Pinol, J., J. Terradas, and F. Lloret. (1998). Climate warming, wildfire hazard, and wildfire occurrence in coastal eastern Spain. Climate Change. 38(3): 345-357.

Porté, A., & Bartelink, H. H. (2002). Modelling mixed forest growth: a review of models for forest management. Ecological modelling, 150(1-2), 141-188.

Potts, S. G., Roberts, S. P., Dean, R., Marris, G., Brown, M. A., Jones, R., ... & Settele, J. (2010). Declines of managed honey bees and beekeepers in Europe. Journal of Apicultural Research, 49(1), 15-22.

Pregitzer, K. S., & Euskirchen, E. S. (2004). Carbon cycling and storage in world forests: biome patterns related to forest age. Global change biology, 10(12), 2052-2077.

Rosenvald, R., & Lohmus, A. (2008). For what, when, and where is green-tree retention better than clear-cutting? A review of the biodiversity aspects. Forest Ecology and Management, 255(1), 1-15.

Rowe, L. K., & Pearce, A. J. (1994). Hydrology and related changes after harvesting native forest catchments and establishing Pinus radiata plantations. Part 2. The native forest water balance and changes in streamflow after harvesting. Hydrological Processes, 8(4), 281-297.

Ruiz-Peinado, R., Bravo-Oviedo, A., López-Senespleda, E., Bravo, F., & del Río, M. (2017). Forest management and carbon sequestration in the Mediterranean region: A review. Forest Systems, 26(2). https://doi.org/10.5424/fs/2017262-11205

Ruiz-Peinado, R., Oviedo, J. A. B., Senespleda, E. L., Oviedo, F. B., & del Río Gaztelurrutia, M. (2017). Forest management and carbon sequestration in the Mediterranean region: A review. Forest Systems, 26(2), 10.

Runting, R. K., Bryan, B. A., Dee, L. E., Maseyk, F. J., Mandle, L., Hamel, P., ... & Rhodes, J. R. (2017). Incorporating climate change into ecosystem service assessments and decisions: a review. Global Change Biology, 23(1), 28-41.

Saarinen, N., Kankare, V., Yrttimaa, T., Viljanen, N., Honkavaara, E., Holopainen, M., ... & Vastaranta, M. (2020). Assessing the effects of thinning on stem growth allocation of individual Scots pine trees. Forest Ecology and Management, 474, 118344.

Sanchez-Salguero, R., Camarero, J. J., Gutiérrez, E., Gazol, A., Sangüesa-Barreda, G., Moiseev, P., & Linares, J. C. (2018). Climate warming alters age-dependent growth sensitivity to temperature in eurasian alpine treelines. Forests, 9(11), 688.

Schweingruber, F. H., Bartholin, T., Schaur, E., & Briffa, K. R. (1988). Radiodensitometric-dendroclimatological conifer chronologies from Lapland (Scandinavia) and the Alps (Switzerland). Boreas, 17(4), 559-566.

Seo, J. W., Eckstein, D., Jalkanen, R., & Schmitt, U. (2011). Climatic control of intra-and inter-annual wood-formation dynamics of Scots pine in northern Finland. Environmental and Experimental Botany, 72(3), 422-431.

Shi, S. W. et al. (2015). The impact of afforestation on soil organic carbon sequestration on the Qinghai Plateau, China. PloS one, 10(2), e0116591.

Smith, N. (1994). Twenty year re-measurement of old-growth permanent plots. Internal research document.

Spake, R., Ezard, T. H., Martin, P. A., Newton, A. C., & Doncaster, C. P. (2015). A meta-analysis of functional group responses to forest recovery outside of the tropics. Conservation Biology, 29(6), 1695-1703.

Stephenson, N. L., Das, A. J., Condit, R., Russo, S. E., Baker, P. J., Beckman, N. G., ... & Zavala, M. A. (2014). Rate of tree carbon accumulation increases continuously with tree size. Nature, 507(7490), 90-93.

Sterkenburg, E., Clemmensen, K. E., Lindahl, B. D., & Dahlberg, A. (2019). The significance of retention trees for survival of ectomycorrhizal fungi in clear-cut Scots pine forests. Journal of Applied Ecology, 56(6), 1367-1378.

Swenson, N. G., Erickson, D. L., Mi, X., Bourg, N. A., Forero-Montana, J., Ge, X., ... & Kress, W. J. (2012). Phylogenetic and functional alpha and beta diversity in temperate and tropical tree communities. Ecology, 93(sp8), S112-S125.

Taylor, A. R., Wang, J. R., & Kurz, W. A. (2008). Effects of harvesting intensity on carbon stocks in eastern Canadian red spruce (Picea rubens) forests: An exploratory analysis using the CBM-CFS3 simulation model. Forest Ecology and Management, 255(10), 3632-3641.

TEBB. (2010). Integrating the ecological and economic dimensions in biodiversity and ecosystem service valuation, Ch 1. http://www.teeꠓbweb.org/EcologicalandEconomicFoundation/tabid/1018/Default.aspx

TEEB 한국위원회. 2011. 생태계와 생물다양성의 경제학(TEEB)-TEEB 도시를 위한 안내서: 도시관리 관점에서의 생태계서비스 pp. 40.

Tilman, D. (2001). Functional diversity. Encyclopedia of biodiversity, 3(1), 109-120.

Tripathi, B. M., Edwards, D. P., Mendes, L. W., Kim, M., Dong, K., Kim, H., & Adams, J. M. (2016). The impact of tropical forest logging and oil palm agriculture on the soil microbiome. Molecular Ecology, 25(10), 2244-2257.

U.S. Forest Service. (2018). Impact, Risks, and Adaptation in the United States: Fourth National Climate Assessment, Volume Ⅱ.

UNFCCC. (2011). Synthesis report of the technical assessments of the forest management reference level submissions. FCCC/KP/AWG/2011/INF.2

UNFCCC. (2015). Paris Agreement. pp. 27.

UNFCCC. (2020). National Inventory Submission 2020. Internet : https:// unfccc.int/ghg-inventories-annex-i-parties/2020

Yoo, S. J., Lee, W. K., Son, Y. W., & Ito, A. (2012). Estimation of vegetation carbon budget in South Korea using ecosystem model and spatio-temporal environmental information. Korean Journal of Remote Sensing, 28(1), 145-157.

USDA Forest Service. (2019). Carbon Graphics. pp. 9.

Vaganov, E. A., Hughes, M. K., Kirdyanov, A. V., Schweingruber, F. H., & Silkin, P. P. (1999). Influence of snowfall and melt timing on tree growth in subarctic Eurasia. Nature, 400(6740), 149-151.

Vanbergen, A. J., & Initiative, T. I. P. (2013). Threats to an ecosystem service: pressures on pollinators. Frontiers in Ecology and the Environment, 11(5), 251-259.

Verschuyl, J., Riffell, S., Miller, D., & Wigley, T. B. (2011). Biodiversity response to intensive biomass production from forest thinning in North American forests: a meta-analysis. Forest Ecology and Management, 261(2), 221-232.

Wang, L., J. J. Qu., and X. Hao. (2008). Forest fire detection using the normalized multi-band drought index (NMDI) with satellite measurements. Agricultural and Forest Meteorology. 148(11): 1767-1776.

Wang, X., Burns, D. A., Yanai, R. D., Briggs, R. D., & Germain, R. H. (2006). Changes in stream chemistry and nutrient export following a partial harvest in the Catskill Mountains, New York, USA. Forest Ecology and Management, 223(1-3), 103-112.

Webb, C. O. (2000). Exploring the phylogenetic structure of ecological communities: an example for rain forest trees. The American Naturalist, 156(2), 145-155.

Whittaker, R. H. (1977). Evolution of species diversity in land communities. In Evolutionary Biology (eds.) Hecht, M. K. & Steere, B. W. N. C. p.1-67. Plenum Press, New York.

Whittaker, R. J., Willis, K. J., & Field, R. (2001). Scale and species richness: towards a general, hierarchical theory of species diversity. Journal of Biogeography, 28(4), 453-470.

Woodman, R. F. (1999). Trifolium ambiguum (Caucasian clover) in montane tussock grasslands, South Island, New Zealand. New Zealand Journal of Agricultural Research, 42(3), 207-222.

World Resources Institute. (2019). What Does "Net-Zero Emissions" Mean? 8 Common Questions, Answered. Internet : https://www.wri.org/ insights/ net-zero-ghg-emissions-questions-answered

Yuan, Z., Ali, A., Loreau, M., Ding, F., Liu, S., Sanaei, A., ... & Le Bagousse-Pinguet, Y. (2021). Divergent above- and below-ground biodiversity pathways mediate disturbance impacts on temperate forest multifunctionality. Global Change Biology, 27(12), 2883-2894.

Zhou, T., Shi, P., Jia, G., Dai, Y., Zhao, X., Shangguan, W., ... & Luo, Y. (2015). Age...dependent forest carbon sink: Estimation via inverse modeling. Journal of Geophysical Research: Biogeosciences, 120(12), 2473-2492.

저자들:

이우균 고려대학교 환경생태공학과 교수

산림 연구에서 시작해 기후변화까지 깊이 탐구하는 산림과학자이자 기후변화학자.

고려대학교에서 임학을 전공, 동 대학원에서 석사 학위를 받았으며 1993년 독일 괴팅겐대학교에서 임학 박사 학위를 받았다. 1996년부터 고려대학교 교수로 재직 중이며, 산림을 토지 기반의 임업으로 관리할 수 있는 과학적인 연구를 계속하고 있다.

이 책의 기획자이자 대표 저자로 산림이 탄소중립에 어떻게 기여할 수 있는지, 기후변화는 산림을 어떻게 위협하는지 서술하고 탄소 흡수원인 산림의 관리 실태와 방향성을 전하고자 했다. 산림이 탄소중립과 생태계 서비스에 대한 역할을 잘 발휘하는데 기여하기는 바라며 이 책을 기획했다.

《산림생장학》,《도시숲 이론과 실제》,《기후변화 교과서》,《대한민국 탄소중립 2050》,《Mid-Latitude Region Network Prospectus 2020》 등 10여 편의 국내외 단행본 출간에 참여하였다. 또한, 산림, 환경, 기후변화, GIS/RS분야에서 110여 편의 영문 논문, 210여 편의 국내 논문을 발표하였다.

김영환 국립산림과학원 연구관

산림경영을 기반으로, 기후변화 대응을 위한 산림 정책을 개발하고 연구하는 산림과학자.

경희대학교에서 임학을 전공, 국민대학교 대학원에서 석사 학위를 받았으며 2006년 미국 오리건주립대학교에서 임학 박사 학위를 받았다. 2011년 국립산림과학원에 임용되었으며, 지금은 '탄소중립정책연구단'을 맡아 산림 분야 탄소중립 연구를 총괄하면서 우리나라 산림의 온실가스 흡수량을 분석·전망하고 기후변화 대응을 위한 산림 정책을 연구하고 있다.

이 책의 공동 저자로 산림의 온실가스 흡수량 통계 산정을 위한 국제적 지침의 내용을 소개하고, 국내외 산림 온실가스 통계 산정 체계를 비교하여 설명하고 있다.

〈산림자원 선순환 체계 구축을 위한 국내 목재 생산 잠재량 분석〉, 〈신기후체제 대응 산림 부문 온실가스 감축 로드맵 이행 방안〉, 〈파리협정에 따른 주요 국가의 온실가스 감축 목표(NDC) 및 장기 전략〉 등 40여 편의 국립산림과학원 연구 보고서 및 연구 자료집 출간에 참여하였다. 또한 산림경영 및 기후변화 분야에서 20편의 학술 논문을 발표한 바 있다.

민경택 한국농촌경제연구원 연구위원

지속가능한 산림경영과 건강한 산림생태계 관리를 추구하는 산림경제학자.

서울대학교에서 산림자원학을 전공하고 동 대학원에서 석사 학위를 받았으며, 2010년 일본 도쿄대학에서 농학(산림 정책학) 박사 학위를 받았다. 2001년 한국농촌경제연구원에 입사한 이후 산림 정책 연구를 이어왔다. 주요 연구주제는 임업과 목재 산업, 임산물 시장 분석, 산촌 진흥, 임가 소득증대, 기후변화 대응, 산림 정책 평가 등이다.

이 책의 5장을 집필하면서 기후변화 대응에서 산림·목재 산업의 역할이 대체효과에 있음을 서술하고 우리의 생활 문화를 '철근·콘크리트' 중심에서 '목재' 중심으로 바꿀 것을 제안했다.

〈산림 바이오매스의 지역 에너지 이용 확대 방안〉, 〈산림경영의 수익성 개선을 위한 정책 과제〉, 〈기후변화에 대응한 목재수급 정책과제〉 등의 연구 보고서를 출간하였고, 산림 정책 관련 논문을 다수 발표하였다.

박주원 경북대학교 산림과학 · 조경학부 교수

산림과 인간의 관계, GIS/RS 및 빅데이터 기술을 이용한 효율적인 산림관리를 모색하는 산림과학자.

서울대학교에서 산림자원학을 전공, 동 대학원에서 석사 학위를 받았으며, 2011년 미국 워싱턴대학교에서 산림자원학 박사 학위를 받았다. 2012년 경북대학교 임학과 교수로 임용되었다. 숲과 인간이 서로 공존하며 번영할 수 있도록 사회경제적인 학문부터 GIS/RS 등 첨단 원격탐사 기술에 이르기까지 다양한 영역을 두루 산림경영 분야에 접목하는 연구를 하고 있다.

이 책에서는 ICT를 활용한 기후변화에 따른 산림자원의 효율적인 이용과 관리에 대해 제언하였다. 대한민국 산림이 탄소중립 목표에 발맞춰 나가는 발판이 되길 기대하며 이 책을 집필했다.

《신고 산림경영학》, 〈산불지도 작성 알고리즘 개발 및 제작기법 연구〉 등 6편의 저서를 출간하였다. 아울러 지속가능한 산림경영, 산림탄소 인벤토리, 산불, 산림 GIS/RS 분야에서 12여 편의 영문 논문, 14여 편의 국내 논문을 발표하였다.

서정욱 충북대학교 목재·종이과학과 교수

나이테를 이용하여 산림생태 및 기후변화를 연구하는 연륜연대학자이자, 목재 세포를 이용해 수종 식별 및 목재 특성을 연구하는 목재해부학자.

충북대학교에서 임학을 전공하고 동 대학원에서 석사 학위를, 2008년 독일 함부르크대학교에서 목재생물학 박사 학위를 받았다.

2014년부터 충북대학교 교수로 재직 중이며, 연륜연대학과 목재해부학을 가르치면서 나이테를 이용한 기후 및 산림생태 변화와 목재유물에 사용된 목재 수종·벌채 연도 및 고환경 관련 연구들을 수행하고 있다.

이 책에서는 나이테를 활용하여 숲에서 일어나는 다양한 생태 변화를 파악하는 연구와 기후가 수목생장에 미치는 영향을 소개했다.

연륜연대학 및 목재해부학과 관련된 연구 논문 25여 건을 국제 저널에 발표했으며, 30여 건은 국내 저널에 발표하였다. 〈한국 기후변화 평가 보고서 2020 (기상청) – 고기후 기록에 의한 정보〉와 목재 전공자를 위한 《목재해부학》』 및 전통 목조건축 전문가를 위한 《전통건축에 쓰이는 우리목재》 출간에 참여했다.

손요환 고려대학교 환경생태공학과 교수

생태계의 물질 생산과 양분 순환을 연구하는 산림토양학자이자 산림생태학자.

고려대학교 학부와 대학원에서 임학을 전공하였고 미국 콜로라도주립대학교에서 산림토양학으로 석사 학위를 받았으며, 1991년 미국 위스콘신대학교에서 산림생태학으로 박사 학위를 받았다. 1993년부터 고려대학교 교수로 재직 중이며, 육상생태계의 물질 생산과 탄소를 비롯한 양분 순환 그리고 기후변화를 포함한 각종 교란이 이들에 미치는 영향을 연구하고 있다.

이 책에서는 탄소 흡수원의 정량화 방안 및 생태계 서비스의 관계를 설명하고자 하였다.

《산림생태학》, 《산림토양학》, 《보전생물학》 등의 전문 서적을 집필하였고, 산림과 환경 및 기후변화에 관련된 다수의 학술 논문을 국내외 전문 학술지에 발표하였다.

우수영 서울시립대 환경원예학과 교수

오염과 같은 스트레스 환경에서 수목의 반응을 연구하는 식물생태학자.

서울대학교에서 임학을 전공, 동 대학원에서 석사 학위를 받았으며, 미국 워싱턴대학교에서 식물생태학 박사 학위를 받았다. 2002년부터 서울시립대학교 환경원예학과 교수로 재직하며 수목과 식물생리학 분야 특히 대기오염, 미세먼지 같은 스트레스 환경에서 수목이 어떻게 반응하는지에 대한 연구와 교육을 계속하고 있다.

이 책에서는 산림이 생태계 서비스와 어떠한 관련이 있는지에 대해서 기술하였다. 산림을 잘 관리하면 생태계 서비스를 극대화하면서 부정적인 측면은 최소화하고, 시간이 지나면서 생태계 서비스가 오히려 개선될 수 있는 방향에 대해서 서술하였다.

건조, 고온, 대기오염, 바람, 벌채 등 여러 환경스트레스에 대한 수목의 작용과 반응을 이론과 여러 사례를 제시한《수목환경생리학》을 출간했으며, 숲을 친환경적으로 관리하는 방안을 제시한《숲의 생태적 관리》와 한글, 영어, 프랑스어, 아랍어 4개국 언어로 지중해 식물을 소개한《북아프리카 튀니지 지중해 식물》출간에 참여했다.

이경학 국민대학교 산림환경시스템학과 교수

산림탄소계정을 연구하는 산림자원학자.

서울대학교 학부와 대학원에서 산림자원학으로 석사와 박사 학위를 받았다. 산림의 온실가스 흡수량과 배출량을 산정하는 산림 온실가스 인벤토리와 다양한 산림활동에 따른 온실가스 흡수량 증진 효과를 산정하는 산림탄소계정에 대한 연구를 계속하고 있다. 2019년부터 국민대학교 교수로 재직 중이다.

이 책에서는 산림탄소계정과 관련된 부분을 저술하였다. 이 책이 온실가스 흡수원과 저장고로서 산림과 목재의 역할을 정확하게 이해하며 이를 활용한 국가, 지자체, 기업 등의 산림탄소중립 활동을 촉진하고, 그 결과를 객관적으로 평가하는 데 도움이 되길 바라며 집필에 참여하였다.

《기후변화와 숲 그리고 인간》,《한국 주요 수종별 탄소배출계수 및 바이오매스 상대생장식》,《수확된 목제품(HWP)의 탄소계정 기반 구축 연구》,《해외 산림탄소상쇄 운영 표준, 도시녹지 온실가스 인벤토리: 서울시를 대상으로》, 그리고《Post-2012 산림탄소배출권 계정 논의 동향》등의 저서와 보고서를 발간하였다.

이창배 국민대학교 산림환경시스템학과 교수

산림생태계의 생물다양성을 중심으로 산림의 탄소흡수 기능 증진까지 탐구하는 산림생태학자.

서울대학교에서 산림자원학을 전공하고 동 대학원에서 석사 학위를, 2013년 충남대학교에서 산림생태학 박사 학위를 받았다. 2019년부터 국민대학교 교수로 재직하고 있다. 산림생태계의 생물다양성 분포 패턴과 제어 인자 그리고 생물다양성과 탄소 저장의 연계성을 파악하여 산림의 생물다양성과 탄소 흡수 기능을 동시에 증진시키기 위한 관리 기술 개발을 연구하고 있다.

이 책에서는 목재수확이 산림의 생물다양성 및 다기능성에 미치는 영향에 대한 전 세계 주요 연구들을 정리하고, 생물다양성과 다기능성을 유지하는 목재수확 방법을 소개했다. 지속가능한 산림의 이용과 보전에 동시에 기여하기를 바라는 마음을 담아 여러 연구 내용을 기술하였다.

《우리 숲 큰 나무 시리즈》, 《해외 주요 조림 수종 가이드》 등 8편의 국내 단행본 출간에 참여하였으며, 생물다양성, 산림생태학, 바이오매스 분야에서 50여 편의 국내외 논문을 발표하였다.

최솔이 고려대학교 환경생태공학부 연구원

토지 기반의 탄소 흡수원 유지 및 관리에 대해 연구하는 젊은 과학자.

고려대학교에서 환경 GIS/RS를 전공, 동 대학원에서 석사 학위를 받았으며, 2020년 박사 과정을 수료하였다.

국립수목원 코디네이터, 국립산림과학원의 리서치 펠로우 등을 거쳐 탄소 흡수원으로서 산림, 수목에 대한 꾸준한 관심을 가지고 연구를 수행하고 있다. 지금은 온실가스 흡수원 역할을 하는 LULUCF 부문의 토지 이용 변화를 분석하며, 정주지 분야의 온실가스 흡수원에 대한 연구를 수행하고 있다.

이 책에서는 기후변화와 토지 이용 변화에 따른 탄소 흡수원의 변화, 탄소 흡수량 증진 방향을 모색하기 위한 현재 산림의 현황을 전하였다. 기후변화와 토지 이용 변화에 대응할 수 있는 적절한 탄소 흡수량 관리 방향 설정에 도움이 되기를 바라며 이 책 집필에 참여하였다.

기후변화와 토지 피복 및 토지 이용 변화, LULUCF 부문의 온실가스 인벤토리에 관하여 국내 논문 8편, 영문 논문 2편을 발표하였다.

최정기 강원대학교 산림환경과학대학 교수
산림자원 모니터링 조사를 통한 산림 측정 및 산림생장 분야를 연구하는 산림과학자.

강원대학교에서 산림경영학을 전공, 동 대학원에서 석사 학위를 받았으며 1998년 미국 위스콘신대학교에서 임학 박사 학위를 받았다. 1999년부터 강원대학교 교수로 재직하며 기후변화 대응 산림자원 모니터링 센터를 운영하며 우리나라 주요 수종에 대한 입목 및 임분 생장 변화를 지속적으로 연구하고 있다.

이 책에서는 7장 '산림탄소경영을 위한 제언'을 정리했으며, 한국산림학회 24대 회장으로 산림탄소중립위원회의 활동을 지원하였다.

《산림경영학》,《산림경영의 이해》,《산림보건》 등의 단행본을 출간하고 산림 측정 및 생장 분야에서 80여 편의 국내외 논문을 발표하였다.

기후위기 대응 탄소중립 시대, 산림탄소경영의 과학적 근거

1판 1쇄 2022년 4월 15일

지은이 이우균 김영환 민경택
박주원 서정욱 손요환
우수영 이경학 이창배
최솔이 최정기

편집 이명제
디자인 김민정
교정 김은경

펴낸이 이명제
펴낸곳 지을

출판등록 제2021-000101호
주소 (04308) 서울시 용산구
청파로67길 4-8
홈페이지 www.jieul.co.kr
이메일 jieul.books@gmail.com

ISBN 979-11-976433-2-3 (03520)

ⓒ 이우균 김영환 민경택 박주원 서정욱 손요환 우수영
이경학 이창배 최솔이 최정기, 2022
이 책의 일부 또는 전부를 재사용하려면 반드시 저작권자와 지을
양측의 동의를 얻어야 합니다.

슬기로운 지식을 담은 책 **로운known**
로운은 지을의 지식책 브랜드입니다.